Chauffeurkurs

Leichtverständliche Vorbereitung zur Chauffeurprüfung

von

Karl Blau

Ingenieur

Siebente
verbesserte und vermehrte Auflage

Mit 147 Abbildungen im Text und Anhang

Springer-Verlag Wien GmbH

1927

ISBN 978-3-662-38989-8 ISBN 978-3-662-39957-6 (eBook)
DOI 10.1007/978-3-662-39957-6

Softcover reprint of the hardcover 7th edition 1927

Vorwort zur siebenten Auflage

Innerhalb eines Menschenalters hat sich eine vollständige Wandlung in der Bedeutung und Wertung des Automobils vollzogen. Aus sehr bescheidenen Anfängen hat es sich zu beherrschender Stellung im Verkehr hinaufgearbeitet. Wenn auch bei uns noch nicht wie in Amerika auf jeden sechsten Einwohner ein Kraftwagen kommt, so ist doch auch auf dem alten Kontinent das Automobil nachgerade überall ein unentbehrliches Gebrauchsgut geworden. Der Herrenfahrer und die selbst lenkende Dame, der Arzt, der Kaufmann, der Gewerbetreibende, der Rechtsanwalt und viele andere bedienen sich seiner in ihrem Berufs- und in ihrem Privatleben. Für den Chauffeur aber ist es ja die Grundlage der Existenz. Noch immer ist diesen Kreisen oft alles Technische schwer zugänglich. Solche Schwierigkeiten für jeden aus dem Wege zu räumen und auch allen jenen, die keinerlei technische Vorkenntnisse haben, dennoch das Verstehen eines so fesselnden technischen Gebildes zu ermöglichen, wie es der moderne Kraftwagen ist, bleibt das Ziel dieses Buches auch in der neuen Auflage. Darum ist es in allgemein verständlicher Sprache und so abgefaßt, daß es auch als Vorbereitung zum theoretischen Teil einer Chauffeurprüfung geeignet ist.

Bei der bildlichen Darstellung hat, wie schon früher, Herr Ing. Josef Schönecker wieder in dankenswerter Weise mitgearbeitet.

Besonderen Dank bin ich auch dem Verlag für die vorzügliche Ausstattung schuldig.

Wien, im April 1927

Der Verfasser

Inhaltsverzeichnis

Einleitung

Automobil! Auf deutsch: das Selbstbewegliche. Was es ist, wie es aussieht, weiß heute jeder. Und bei der Frage: Worin unterscheidet es sich von dem übrigen Straßenfuhrwerke? wird niemand in Verlegenheit sein und antworten: darin, daß es nicht von Pferden gezogen wird. Richtig. Aber noch richtiger wird diese Antwort, wenn man betont: daß es nicht gezogen wird. Sondern? Und nun wird schon nicht mehr jeder rasch eine richtige Antwort geben können. Kann er es aber, so wird er sagen müssen: Geschoben wird es! Geschoben, indem die Räder gedreht werden. Das wird manchen überraschen. Und nun ist er hoffentlich neugierig genug, um weiter zu forschen und zu erfahren, wie denn das zugehe. Dieses Buch will ihm dabei helfen.

Gehen wir einmal von etwas Allbekanntem aus. Sehen wir uns eine Pferdedroschke an. Die wird genau so bewegt wie — ein Schiebkarren! Das ist so wichtig, daß man's schon genauer betrachten darf. Ob sich dabei der Mann so stellt, daß er den ganzen Karren vor sich hat und vorwärtsschiebt, oder anders herum steht, dem Karren den Rücken kehrt und ihn hinter sich nachzieht, das ist einerlei und nicht darauf kommt's an. Was für uns wichtig ist, ist die Verbindung des Karrenkastens mit dem Rade vorn!

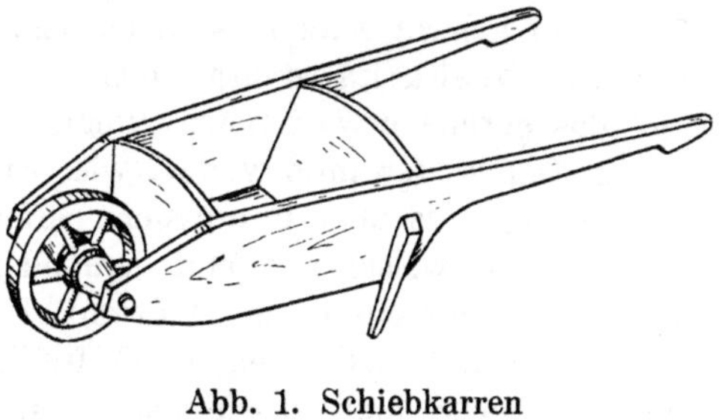

Abb. 1. Schiebkarren

Das könnte nun so gemacht sein: Die Seitenwände des Karrens sind nach vorn verlängert, so daß man eine kurze

Welle dazwischen stecken kann (Abb. 1). Dabei ist die Welle samt dem fest darauf sitzenden Rade vollkommen frei in den Wandlöchern beweglich und drehbar. Wenn man nun den Karren bei den Handhaben faßt und schiebt, so wird auch das Rad mitgeschoben; wäre es mit dem Kastenkarren fest verbunden, so würde es über den Boden gleiten; da es aber frei beweglich, so dreht es sich eben.

Ob nun ein Rad da ist oder ob es zwei sind, ob es ein kleiner Schiebkarren oder ein großer Wagenkasten auf mehreren Achsen ist, ob ein Mann schiebt oder zieht oder ob das Pferde tun: für die Bewegung ist das immer einerlei; die Hauptsache ist: der Kasten und die mit ihm verbundenen Achsen werden geschoben oder gezogen und die Räder müssen mittun. Die Räder drehen sich, weil der Wagen geschoben oder gezogen wird.

Beim Automobil ist aber die Sache ganz anders. Da ist niemand, den Kasten zu ziehen oder zu schieben. Pferde vorspannen — das macht man ja nur, wenn's anders gar nicht mehr geht. — Aber noch einen kurzen Blick auf den Schiebkarren! Lassen wir ihn einmal los und stellen ihn auf den Boden nieder. So, und nun rasten wir ein bißchen aus; unversehens stellen wir einen Fuß aufs Rad. Da kann es ganz leicht unter unserem Fuß ins Rollen kommen und den Wagen vorschieben. Weit, freilich, kommt er kaum. Aber was wir dabei gelernt haben, ist doch sehr wertvoll: Wenn man das Rad dreht, kann man damit den Wagen bewegen. Und das gerade erwarten wir, wenn wir uns in einen Wagen setzen. Der Wagen muß weiter; wie, ist dem Insassen herzlich gleichgültig. Uns aber interessiert gerade das.

Das eine wissen wir jetzt: jemand muß die Räder drehen. Denken wir nur einmal ans Fahrrad! Dort tritt der Fahrer die Pedale auf und nieder; eigentlich freilich dreht er sie im Kreis um eine Achse, ähnlich wie man ein Handrad bei Ziehbrunnen an einem seitlichen Griff dreht oder wie man's bei Bauwinden mit der sogenannten Handkurbel macht. Nun, und auf der Pedal- oder Kurbelachse sitzt ein gezähntes Rad, in der Technik Zahnrad genannt; über dieses ist eine Kette geschlungen, die weiter hinten wieder über ein Zahnrad geht, das mit dem Hinterrad festverbunden ist. Jeder Radfahrer weiß das. Durch die Kette wird, wenn der Fahrer die Pedale tritt, auch das hintere Zahnrad und mit ihm das Hinterrad mitgedreht.

Genau so geschieht es beim Automobil. Es sieht nur freilich etwas anders aus. Zunächst, weil da viel mehr Räder sind, weil man nichts von Pedalen sieht und weil eine Maschine die Bewegung besorgt. Diese Maschine, die macht den Wagen zum Automobil; die besorgt die Drehung der Räder.

Jetzt verstehen wir, daß das Automobil nicht gezogen, sondern dadurch bewegt wird, daß eine Maschine die Wagenräder dreht.

Woher die Maschine ihre Kraft nimmt, ist vorläufig noch gleichgültig. Aber bekanntlich kann man dazu Dampf ebenso gut nehmen wie Benzin oder Rohöl oder den elektrischen Strom. Davon später. Wir wollen uns jetzt nur merken, daß man solche Maschinen, die etwas antreiben können, in der Technik allgemein Motoren[1]) nennt; so spricht man dann im besonderen von einem Dampfmotor, von Benzin-, Rohöl- oder Elektromotoren.

Der Benzinwagen[2])

Nun können wir also am Automobil zunächst zwei wichtige Dinge scharf auseinanderhalten: den Motor und die Wagenräder. Der Motor ist als der treibende Kraftspender Kern und Herz des Wagens, die Wagenräder sind die angetriebenen Gliedmaßen des auf allen Vieren daherrollenden Maschinenwesens. Da diese beiden Teile, Motor und Räder, miteinander irgendwie verbunden sein müssen, ist noch ein dritter notwendig. Durch diesen wird die treibende Kraft, die der Motor erzeugt, zu den anzutreibenden Rädern geleitet, hingetragen. Der Teil heißt daher ganz zweckmäßig die Kraftübertragung. Auch

1) Weil man dieses Wort so oft falsch betont, falsch ausgesprochen, ja ganz verunstaltet und verdreht hört, möchte ich hier anmerken, daß es in der Einzahl der Mótor heißt, mit dem Ton auf der ersten Silbe, in der Mehrzahl aber die Motóren, mit dem Ton auf der zweiten Silbe. Das Wort kommt aus dem Lateinischen und bedeutet: der Bewegende, Treibende.

2) Im Text ist zwar immer nur von Benzin die Rede, dabei aber allgemein an Betriebsstoffe für Automobilmotoren gedacht. Dies entspricht auch dem heutigen Sprachgebrauch, der schon lange mit Benzin recht verschiedene Brennstoffe einheitlich zu bezeichnen pflegt.

diese setzt sich aus einer Reihe von Einzelheiten zusammen, die wir alle werden kennen lernen.

1. Räder und Achsen

Zunächst bleiben wir einstweilen bei dem uns schon besser bekannten angetriebenen Teil, den Wagenrädern. Antreiben kann man entweder die Hinterräder oder die Vorderräder oder auch alle vier Räder gleichzeitig. Beim Benzinwagen (für Personen) werden gegenwärtig immer die Hinterräder angetrieben. Wir wollen uns vorläufig denken, daß wir schon wissen, wie der Motor und die Kraftübertragung aussehen, und wollen uns nur darum kümmern, wie die Räder gedreht werden. Räder sitzen immer auf einer Achse. Das ist ja selbstverständlich. Was sich aber nicht von selbst versteht, ist, ob die Räder auf der Achse festsitzen und sie beim Drehen mitnehmen oder ob sie nur lose auf ihr sitzen und sich auf ihr drehen, ohne sie mitzunehmen. Bei jedem Droschkenwagen kann man bemerken, daß sich die Achse, auf der die Haupträder stecken, nicht dreht. Die Fuhrwerkersprache hat dafür den treffenden Ausdruck: steife Achse. Da sitzen die Räder nur „lose" auf, ohne mit ihr durch Keile oder sonstwie verbunden zu sein. An den Achs-Enden, wo die Räder mit der Radnabe auflaufen, ist die Achse natürlich rund gedreht, so wie die Nabe innen; sonst könnte sich das Rad ja nicht drehen.

Daß die Räder lose aufsitzen, hat seinen guten Grund, den wir gleich hier erfahren können und uns sehr gut merken wollen. Auf diese Weise ist es nämlich möglich, daß sich jedes der beiden Wagenräder für sich drehen kann, so rasch es will und ohne Rücksicht aufs andere. Wie oft aber muß es das können! Kommt eines der Räder an einen Stein, so wird es gehemmt, indes das andere weiterrollt. Fährt der Wagen mit dem einen Rad über eine trockene, mit dem anderen über eine schlüpfrige Stelle, oder hat ein Rad eine glatte gutgewalzte Straßenfläche, das zweite eine frisch beschotterte zu überfahren, so müssen sich beide mit verschiedenen Geschwindigkeiten anpassen können. Vor allem aber ist dies erforderlich bei Wegkrümmungen, Biegungen oder Kurven genannt. Es ist ja leicht einzusehen, daß, wenn der Wagen einen Bogen beschreibt, das innere Rad langsamer laufen muß als das äußere. Es kann auch ganz stehen bleiben als Mittelpunkt, um den sich alles andere dreht. Wie wäre das möglich, wenn es mit dem anderen Rad durch die Achse fest verbunden wäre! Da müßte der schwächere Teil nachgeben; die Achse würde sich wahrscheinlich bald verbiegen, verdrehen und wenn's zu arg wird, brechen.

2. Kettenwagen

Jetzt zum Automobil. Wie sieht denn hier die Sache aus? So einfach kann man sich da freilich nicht helfen; wegen des ganz anders gearteten Antriebes. Denken wir wieder an ein Fahrrad. Nun, bei einer ganzen Reihe von Wagen, besonders bei Lastwagen, wird man so was wie Kettenräder und Ketten auch finden, nur viel größere. Bei anderen allerdings nichts derartiges. Wir sehen erst einmal die Wagen an, die Ketten haben.

Eines wissen wir schon: die Erzeugung einer drehenden Bewegung ist alles beim Automobil. Der Motor liefert uns die. Der dreht nämlich eine Welle, die überträgt ihre Drehung auf eine benachbarte und so geht es noch einigemal, bis wir zu einer Welle kommen, die ganz merkwürdig aussieht. In der Mitte trägt diese Welle ein ganzes Uhrwerk von verschiedenen Rädern, die man gewöhnlich nicht sieht, weil sie ganz in ein schützendes Gehäuse eingekapselt sind. Und an den Wellenenden sitzen zwei kleine Kettenzahnräder wie bei einem Fahrrad. Diese Welle ist in unserem Bild, Abb. 2, bei *w* zu sehen, aber zunächst ohne das erwähnte Gehäuse. Die Kettenrädchen an den Enden sind mit ihrer Welle fest verbunden. Dreht sich die Welle, dreh'n sich die Räder. Weiter sieht's so aus wie beim Fahrrad; nur ist alles doppelt da: hier gibt's demnach zwei Ketten, links eine, rechts eine. Das hintere Kettenrad ist vereinigt mit dem hinteren Wagenrad und dieses sitzt wieder lose auf der letzten Achse, der Hinterradachse, auf. Die Hinterräder der Kettenwagen sind also auf der Hinterradachse genau so aufgesteckt wie die einer Pferdedroschke. Das gilt aber nur für Kettenwagen. Hier können sich also die Hinterräder ebenso selbständig bewegen, wie wir das früher bei den Droschkenrädern erfahren haben. Aber einen Haken hat die Sache doch!

Die vordere Welle w wird, wie wir uns erinnern, vom Motor aus gedreht. Es ist zwar zwischen ihr und dem Motor vielerlei dazwischen, aber darum kümmern wir uns jetzt nicht. Sie dreht sich und mit ihr auch die beiden Kettenräder, die links und rechts an ihren Enden sitzen. Und zwar beide gleich schnell natürlich, weil ja beide mit ihr fest verbunden sind; Welle und Räder sind wie aus einem Stück. Schön! Wenn das der Fall ist, so laufen dann auch beiderseits die Ketten ganz genau gleich schnell, nicht wahr? Und ebenso müssen sich die hinteren Zahnräder — und daher auch die

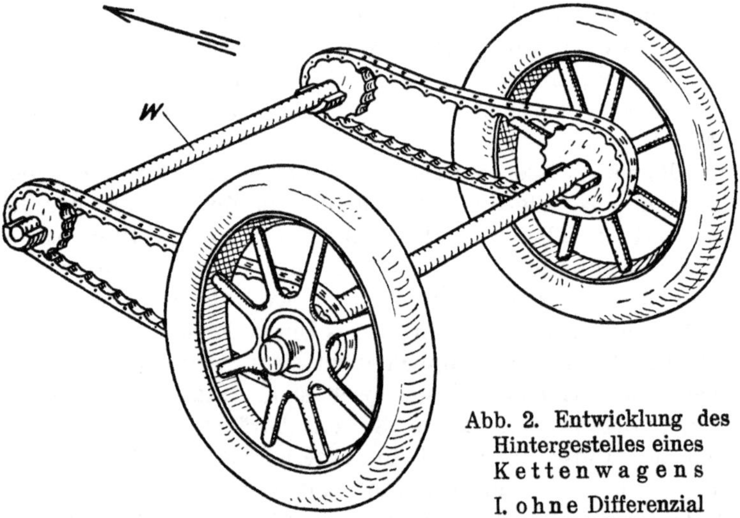

Abb. 2. Entwicklung des Hintergestelles eines Kettenwagens
I. ohne Differenzial

großen Wagenräder selbst — wieder gleich schnell drehen. Und es hilft ihnen nichts, daß sie nur lose auf der Achse sitzen und daß sich jedes unabhängig vom andern drehen könnte; denn sie werden von dem einen, gemeinsamen Hauptantrieb zu gleicher Geschwindigkeit gezwungen. Aber dann kann man ja keine Biegungen nehmen, wird jetzt jeder einwerfen. Und das wäre richtig. Allein der Wagenbauer hat das auch bedacht und einen Ausweg gefunden. Den gemeinsamen Hauptantrieb, den die Schuld trifft, den kann ich einmal nicht umgehen, sagt er sich. Denn ich habe eben nur einen Motor. Freilich, mit zweien ginge es; für jede Seite einen.

Das paßt uns aber nicht. Wir haben an dem einen Motor genug; noch mehr Gewicht brauchen wir nicht. Also was tun? Wenn man nur einen Antrieb hat und man braucht zwei, dann muß man eben den einen — teilen. Das ist die einfachste Rechnung der Welt. Allerdings. Aber wie es technisch gemacht wird, ist schon viel weniger einfach. Und das müssen wir jetzt studieren. Es ist nicht ganz leicht, aber sehr lohnend.

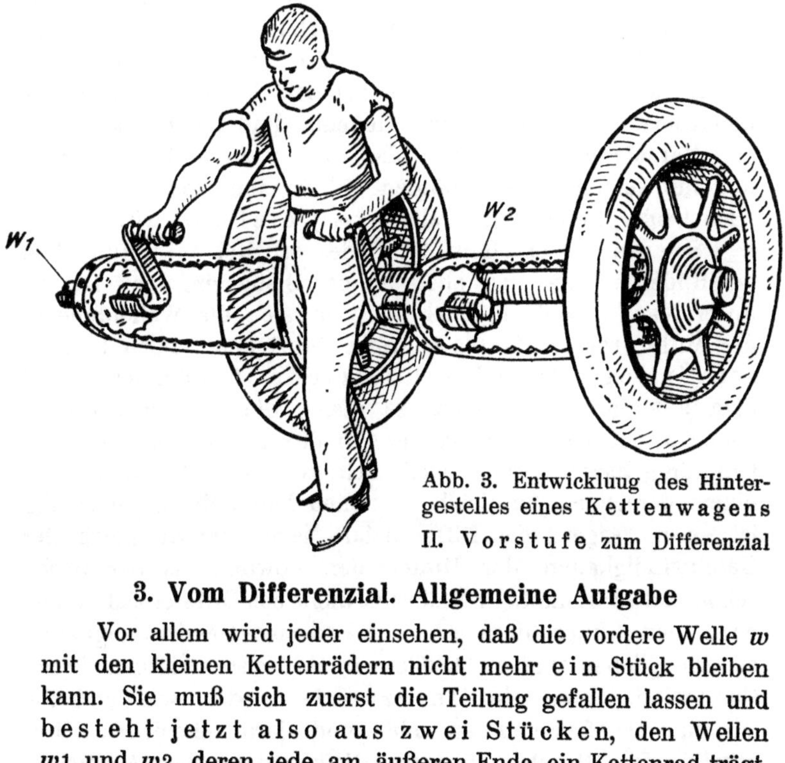

Abb. 3. Entwickluug des Hintergestelles eines Kettenwagens II. Vorstufe zum Differenzial

3. Vom Differenzial. Allgemeine Aufgabe

Vor allem wird jeder einsehen, daß die vordere Welle *w* mit den kleinen Kettenrädern nicht mehr ein Stück bleiben kann. Sie muß sich zuerst die Teilung gefallen lassen und besteht jetzt also aus zwei Stücken, den Wellen $w1$ und $w2$, deren jede am äußeren Ende ein Kettenrad trägt. Auf das innere Ende jeder Halbwelle sieht man hier Kurbeln aufgesteckt. Nun stellen wir uns für einen Augenblick folgendes vor. Zwischen den beiden Wellenstücken, dort wo sie getrennt wurden, stehe ein Mann, wie es Abb. 3 zeigt. Mit jeder Hand hat er eine Kurbel erfaßt; und nun schreitet er zwischen den Wellen vorwärts und dreht gleichzeitig mit jeder Kurbel je eine Welle. Es ist ohne weiters klar, daß er beim Gehen alle die Wellen, Räder, Ketten, Hinterräder mitnimmt. So lange er mit beiden Händen gleich schnell dreht, drehen sich auch die Hinterräder links und rechts gleich schnell und laufen gradaus. Wir erinnern uns, daß die Hinterräder auf der Hinterachse lose aufsitzen, sich also frei drehen können. Wenn der Mann nun beispielsweise mit der linken Hand nicht dreht, sondern Kurbel und Welle festhält, rechts jedoch wie früher arbeitet, so machen die Hinterräder das nach: das linke bleibt stehen, weil es keine Drehung bekommt, das rechte dagegen dreht sich, und die Folge davon ist, daß Mann und Achse und Räder einen Bogen ums stehende Rad beschreiben.

Der Mann in der Mitte: das ist der einheitliche Antrieb, und mit seinen beiden Händen teilt er ihn und verteilt ihn nach beiden Seiten, kann also ausgleichend wirken.

So wie dieser Mann im Bilde, arbeitet in Wirklichkeit ein Rädergetriebe, das eben an der Stelle eingebaut ist, wo unser Mann stand, nämlich da, wo sich die Wellenteile in der Mitte treffen. Dieses Getriebe führt den Namen Differenzial oder Ausgleichgetriebe. Gewöhnlich erhält man auf die Frage, wozu es diene, die schnelle Antwort: zum Ausgleich der Hinterräder. In dieser Form ist diese Behauptung barer Unsinn, weil sich kein Mensch etwas unter einem derartigen Ausgleich vorstellen kann. Ebenso unrichtig ist es zu sagen, das Differenzial diene zum Ausgleich der Geschwindigkeiten der Hinterräder, obwohl das der Sache schon näher kommt. In Wahrheit dient das Differenzial gerade dazu, den Hinterrädern verschiedene Geschwindigkeiten zu ermöglichen und zu erteilen, so daß also zwischen diesen Geschwindigkeiten ein Unterschied oder, was dasselbe ist, eine Differenz entsteht; und darum heißt es Differenzial. Die Bezeichnung des Differenzials als „Ausgleichgetriebe" soll daran erinnern, daß die durch die Boden- oder Reibungsverhältnisse unter den Hinterrädern bedingten Verschiedenheiten mit Hilfe dieses Getriebes ausgeglichen werden.

Wie hier, werden wir immer wieder technische Benennungen kennen lernen, die alle ihren Gegenstand äußerst treffend bezeichnen. Wenn man sich daher gewöhnt, auf den klaren Sinn des Wortes zu hören, so wird man sich leicht ein deutliches Bild dazu vorstellen; dann prägt sich die anfangs fremde Bezeichnung wie von selbst ein, ohne daß man sie verständnislos auswendig zu lernen braucht.

4. Bau des Differenzials

Nun zur technischen Ausführung: Dort, wo unser Mann die Kurbel links mit der Hand umfaßte, sitzt statt der Kurbel fest ein Zahnrad; gewöhnlich ein Kegelrad[1]); ebenso rechts

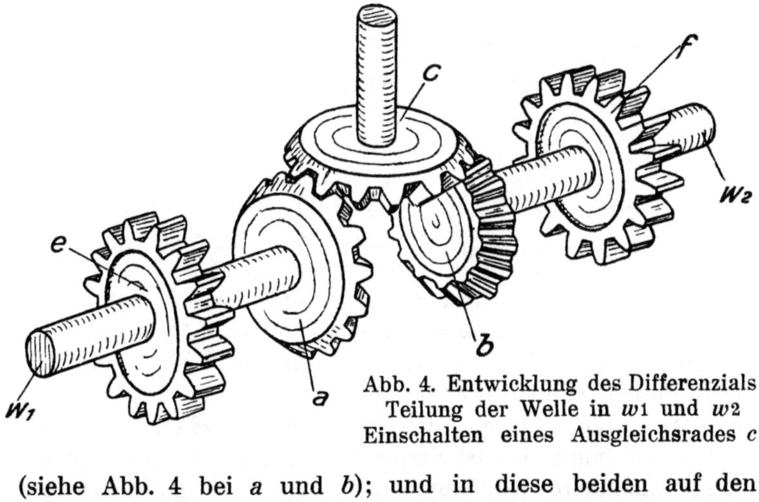

Abb. 4. Entwicklung des Differenzials
Teilung der Welle in w_1 und w_2
Einschalten eines Ausgleichsrades *c*

(siehe Abb. 4 bei *a* und *b*); und in diese beiden auf den Wellenhälften w_1 und w_2 festsitzenden Kegelräder greift ein dazu passendes Rad *c* in der Mitte ein. Dieses Rad *c* ersetzt die beiden Arme unseres Ausgleichmannes von früher. Es ist das Ausgleichsrad — nur der Antrieb fehlt noch.

1) Die Zahnräder sind nämlich entweder Stirnräder oder Kegelräder. Stirnräder waren z. B. unsere schon bekannten Kettenräder. Es gibt natürlich auch anders geformte; immer aber sind die Räder Scheiben oder Reifen mit kreisrundem Umfang, die Zähne werden auf diesem Umfang hergestellt, sie sind alle untereinander und mit der Achse parallel, d. h. gleichgerichtet (Abb. 4 bei *e* und *f*). Mit zwei solchen Rädern, deren Zähne ineinander greifen (Abb. 5), kann man also die Bewegung (Drehung) einer Welle nur wieder auf eine parallele Welle übertragen. Schließen aber die Wellen einen Winkel ein, so muß man Kegelräder nehmen, deren Zähne auch mit der Welle einen Winkel bilden (Abb. 4 bei *a*, *b* und *c*).

Halt! Überdenken wir einen Augenblick, was jetzt möglich ist. Jemand erfaßt das Rad *c* mit einer Hand sehr fest und versucht es zwischen den Rädern *a* und *b* nach hinten durchzudrücken. Das geht natürlich nicht. Was aber wird geschehen? Die Räder *a* und *b*, deren Zähne in die von *c* eingreifen, lassen dieses nicht los, müssen sich also von *c* mitreißen lassen. Die drei Räder sind wie miteinander verwachsen, wie aus einem Stück; *a* und *b* werden sich also drehen, und zwar beide gleich schnell. Daß sich dann wieder die Wellen mit allem, was dran hängt, drehen, das wissen wir wohl schon zur Genüge. Also Fall 1 wäre erledigt. Nun lassen wir noch das Rad *c* statt durch unsere Hand, durch unsern Motor mit Hilfe von Zahnrädern bewegen (Abb. 6; *d* wird gewöhnlich als „Tellerrad" bezeichnet, während das kleine Rad auf der Welle *e* zum Antrieb dieses Tellerrades dient und „Triebling" heißt). Das Rad *d* muß so angebracht sein, daß es bei seiner Drehung das Kegelrad *c* mitnimmt. Es ist darum das Rad *c* mit seiner kurzen Achse im inneren Umfang von *d* eingelagert, gewissermaßen ein Stück von *d* selbst, eine Art bewegliches Anhängsel an dessen Innenseite. Wenn sich *d* dreht, muß *c* mit, macht also wie jeder andere Punkt von *d* Kreise um die Achse des großen Rades *d*.

Abb. 5. Stirnräderpaar

Jetzt kommt eine kleine Schwierigkeit: Das Rad *c* ist, wie gesagt, in *d* gelagert, aber nicht unverrückbar, sondern d r e h b a r. Drehbar um seine eigene kleine Achse, mit der es im Rad *d* steckt. Darin liegt seine Fähigkeit zum Ausgleichen. Diese ganze Geschichte erinnert an ein Doppelkarussell. Beim gewöhnlichen Karussell dreht sich eine große Bodenscheibe um irgend eine Figur in der Mitte; am Rand dieser Bodenscheibe sind bekanntlich schaukelnde Pferde, Wagen, Fahrräder u. dgl. aufgestellt. Bei unserem sind statt dessen lauter kleine eigene Karusselle da, jedes mit zwei Pferden; sitzt man auf so einem Pferde, so dreht man sich um die Achse des kleinen Karussells in kleinen Kreisen und mit dem Hauptkarussell um dessen Mittelpunkt. Genau so geht es dem Rädchen *c*, es ist so ein Miniaturkarussell; kann sich um die eigene Achse drehen, und wenn das große

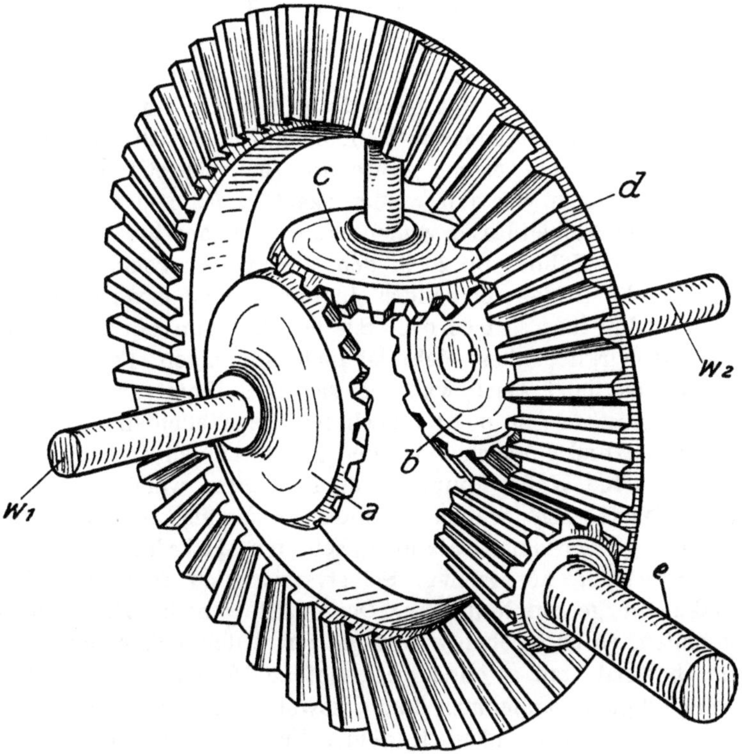

Abb. 6. Differenzialräder mit Triebling und Tellerrad

Karussell *d* in Bewegung ist, macht es diese große Drehung auch noch mit. Das ist doch leicht verständlich?[1]

---

[1]) Der Wiener wird das sofort begreifen, wenn ich ihn bitte, ans Riesenrad im Prater zu denken. Nur wollen wir annehmen, daß jeder Waggon mit einem einzigen Punkte wie an einem Haken hänge. Nun gebe man dem höchsten Waggon einen tüchtigen Schwung, so daß er sich, wie auf einer Drehscheibe, um sich selbst dreht; so macht auch er zwei Bewegungen gleichzeitig, wenn er diese Drehung

Nun kommt die letzte, die größte Schwierigkeit:

Nehmen wir für ein paar Augenblicke das Rad *b* ganz weg. Unser Differenzial besteht jetzt aus den Rädern *a*, *c* und *d*. Nun lassen wir jemand das Rad *a* so fest halten, daß es sich n i c h t d r e h e n kann; dafür aber drehen wir selbst am Rade *d*. Was geschieht? Rad *c* muß ja die Drehung mitmachen, tut es auch; und n u n r o l l t e s d a b e i ü b e r d e n g e z a h n t e n U m f a n g von *a*. Sehr wichtig das! *a* bleibt ganz ruhig, *c* i s t b e s t ä n d i g mit *a* i m E i n g r i f f, natürlich stets mit anderen Zähnen, und muß sich somit beim Abrollen um die eigene Achse drehen. Während dieser Bewegung nähern wir nun wieder das Rad *b*, dem wir völlige Bewegungsfreiheit lassen wollen. Wenn wir ganz herankommen, so daß die Zähne von *b* in den Weg von *c* kommen, dann werden die beiden ineinander eingreifen u n d *c* w i r d a u c h *b* z u d r e h e n s u c h e n. S o — und nun bin ich fertig. Das ist wirklich alles. Mehr ist nicht zu zeigen. Es ist doch, denke ich, jetzt klar; während sich das Hauptantriebsrad *d* dreht, müssen sich n i c h t auch b e i d e Wellenteile mit den Rädern *a* und *b* gleichzeitig oder gleich schnell drehen. Denn *a* und seine Welle konnte man festhalten, während *b* und seine Welle sich drehen konnten. Es ist also gelungen, mit einem gemeinsamen Hauptantrieb u n g l e i c h e T e i l b e w e g u n g e n zu erzielen. Selbstverständlich muß der eine Teil nicht gerade Null sein. Denn hätte ich das Rad *b* festgehalten, so hätte eben *a* den ganzen Anteil bekommen. Und das beweist, daß *a*, ohne Rücksicht auf *b*, jede beliebige Geschwindigkeit annehmen kann, sowohl die höchste mögliche wie die kleinste, nämlich keine. Ebenso kann sich *b* ganz selbständig schnell oder langsam oder gar nicht drehen, ganz gleichgültig, was gleichzeitig *a* macht.

---

erhält, während sich das Riesenrad auch dreht. Auch ein auf dem Tisch tanzendes Geldstück dreht sich um sich selbst und macht noch gleichzeitig einen Bogen auf der Tischplatte. Schließlich drehen sich auch die Erde und die übrigen Planeten um ihre eigene Achse und gleichzeitig um die Sonne; und da die Räder des Differenzials sich ganz ebenso bewegen wie diese Planeten, nennt man solche Räder P l a n e t e n r ä d e r.

5. Kurzer Rückblick

Nun eine kurze Wiederholung. Die Frage lautete:

Was ist das Differenzial?

Antwort: Ein Rädergetriebe.

Wozu dient es?

Antwort: Es unterteilt den Hauptantrieb, zerlegt ihn in zwei verschiedene Teilbewegungen; die Welle, auf der das Differenzial sitzt, ist daher selbst zweiteilig. Jede Wellenhälfte kann sich so schnell oder so langsam drehen, wie sie muß.

Wieviel Räder hat das Differenzial?

Antwort: Es genügen vier Räder (*a*, *b*, *c* und *d*). Gewöhnlich besteht es aus mehr, wenigstens aus fünf Rädern, weil meistens zur Vollständigkeit gegenüber von *C* noch ein gleiches — C_1 — eingesetzt ist (Abb. 7), das zur Wirkung zwar nichts beiträgt, daher entbehrlich wäre; aber es läßt sich eine günstigere Druckverteilung damit erreichen. (Siehe auch Abb. 8.)

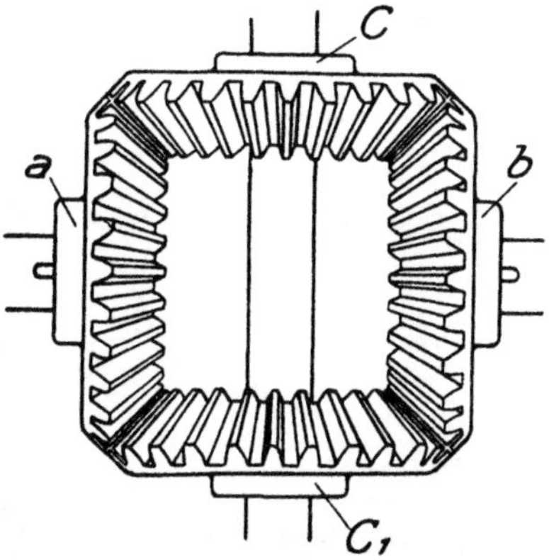

Abb. 7. Differenzialräderkreuz

Von allen diesen Rädern ist bei dem ausgeführten Differenzial gewöhnlich nur eines zu sehen, nämlich das äußere *d*, das nicht immer ein Kegelrad zu sein braucht, sondern ebensogut ein Stirnrad sein kann[1]). In der Regel hat es sich zu einem vollständigen Gehäuse *G* (Abb. 10) ausgewachsen, in dessen Innerem die jetzt unsichtbaren Räder sicher eingekapselt sind. Dieses Gehäuse greift soweit aus, daß es schließlich auch die beiden Wellen umschließt, so daß es dem Nichteingeweihten scheinen könnte, als treibe es diese Wellen unmittelbar. Das ist nach dem, was wir wissen, natürlich nicht richtig; das Gehäuse

[1]) Umgekehrt können die inneren Differenzialräder statt Kegelräder ebensogut Stirnräder sein, wodurch sich nur die Anordnung ändert; die Wirkungsweise aber bleibt die gleiche.

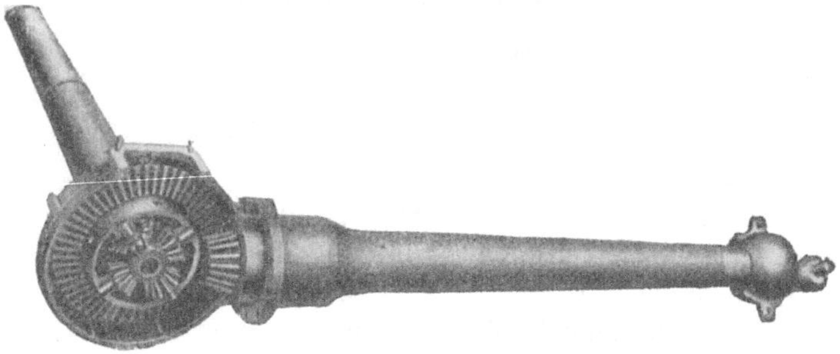

Abb. 8. Geöffnetes Differenzialgehäuse

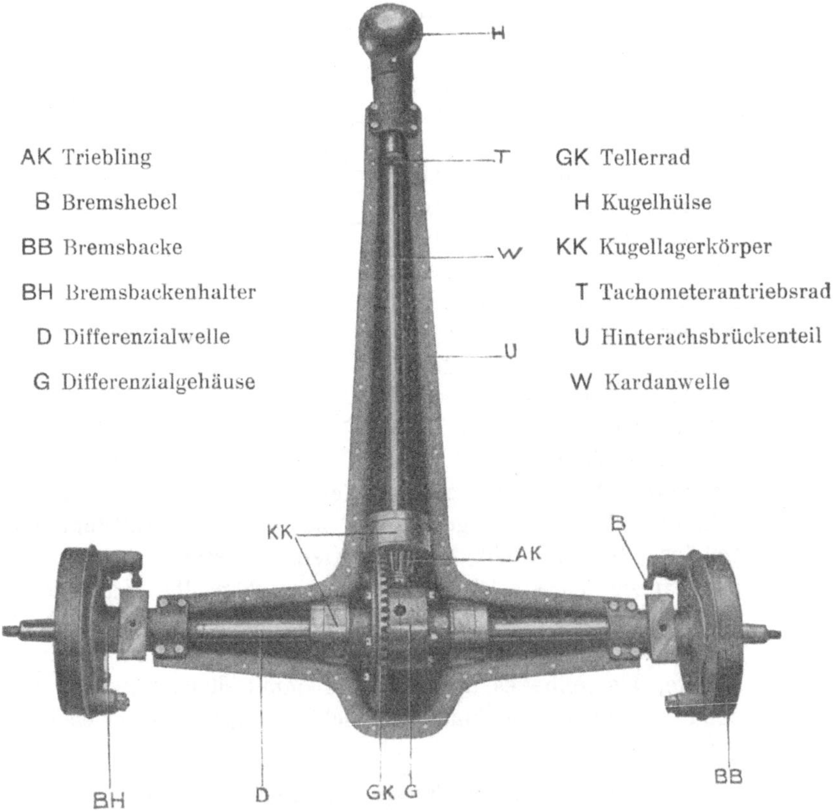

Abb. 9. Hinterachsbrücke und Kardanrohr (untere Hälfte)

sitzt ganz lose auf den Wellen, die sich in ihm ganz frei drehen können.

Wie ein Differenzial ausgeführt aussieht, zeigen die Abb. 8 und 9. In Abb. 8 sieht man ins Innere des geöffneten Gehäuses, von dem die eine Hälfte samt der zugehörigen Welle weggelassen ist. Das nach rechts gehende Rohr schließt die vom Motor getriebene Welle ein, die an dem Ende das kleine Antriebs-

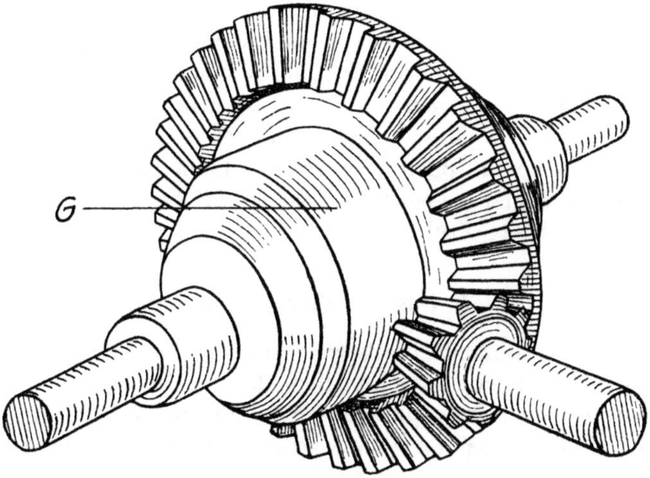

Abb. 10. Vollständiges Differenzial mit Triebling, Tellerrad und Differenzialgehäuse (*G*). Antrieb von vorn; links und rechts die Wellenhälften

kegelrad, den Triebling, trägt. Dieses greift, wie man auch aus Abb. 9 erkennt, in das große Tellerrad, das mit dem eigentlichen Differenzialgehäuse verschraubt ist. Und in diesem steckt das nun schon bekannte Kegelräderkreuz.

6. Kardanwagen

Manchem Leser wird die Frage gekommen sein, warum man das Differenzial nicht unmittelbar auf der Hinterradachse selbst anbringt. Nun, trotz mancherlei konstruktiver Bedenken, hat man das praktisch längst versucht und mit so gutem Erfolge, daß diese Ausführung heute fast die Regel ist.

Bei solchen Wagen gibt es dann natürlich keine Ketten zu sehen und keine Kettenräder; die hintere Radwelle ist selbst geteilt und trägt an der Teilungsstelle das Differenzial. Wegen der besonderen Gelenke, die hier beim Antrieb des Hauptkegelrades verwendet werden, der sogenannten Kardangelenke, von denen wir noch sprechen werden, heißen diese Wagen zum Unterschied von den Wagen mit Kettenantrieb Wagen mit Kardanantrieb. Die Hinterräder sind nun nicht mehr wie beim Kettenantrieb lose auf einer unbeweglichen Achse aufgesetzt, sondern sie sitzen auf der sich drehenden, geteilten Welle fest verkeilt auf und benehmen sich daher genau so wie früher unsere vorderen Kettenzahnräder[1]. Bevor wir aber den Kardanantrieb studieren, wollen wir uns noch mit einem anderen wichtigen Hauptteil des ganzen Kraftwagentriebwerkes beschäftigen, der sowohl beim Ketten- wie beim Kardanwagen gleich gebaut ist. Das ist das Wechselgetriebe, meist einfach Getriebe genannt.

7. Das Wechselgetriebe

Das Wechselgetriebe liegt zwischen Motor und Hinterrädern, ist also ein Zwischenglied, das die Bewegung von der Motorwelle übernimmt und auf die Hinterradwellen überträgt. Damit sind wir beim zweiten großen Abschnitt: Kraftübertragung.

Der Motor läuft. Noch kümmern wir uns nicht darum, wie das zugeht. Wir nehmen diese Tatsache vorläufig als gegeben und bekannt hin. Er läuft also und versetzt dabei eine Welle in drehende Bewegung. Ja, warum, denkt vielleicht mancher, warum kann denn das nicht gleich die letzte zu treibende Welle sein, sei es die Kettenradwelle bei Kettenwagen, sei es die Hinterradwelle selbst bei Kardanwagen? In der Tat: unmöglich ist das ganz und gar nicht. Aber einen großen Vorteil würden wir bei einer solchen Bauart einbüßen: die Geschwindigkeit des Wagens ließe sich sehr schwer und sehr schlecht regeln. Vor allem ist klar, daß sich die Räder dabei immer so schnell drehen müßten wie die Motorwelle,

---

[1]) Wir merken uns hier den Unterschied zwischen Wellen und Achsen: Wellen drehen sich in Lagern und dienen zur Übertragung von Bewegungen. Achsen sitzen dagegen fest und dienen nur als Stützen für Räder, die lose auf ihnen sitzen und sich drehen.

wäre bei unseren schnellaufenden Motoren für gewöhnlich viel zu rasch. Jetzt können wir gleich erkennen, was wir denn eigentlich mit unserem Getriebe erzielen wollen: wir wollen von der Geschwindigkeit des Motors möglichst unabhängig die Fahrgeschwindigkeit unseres Wagens jederzeit der Straße, dem Verkehr, vor allem aber dem Gefälle beim Bergfahren anpassen können.

Das ist nun gar nicht schwer zu erreichen. Sehen wir einmal die Abb. 11 an. Da erkennen wir zwei Wellen m und g. Auf jeder sitzen mehrere Zahnräder Z_1, Z_2 usw., die wir sofort als Stirnräder erkennen. Vor allem fällt auf, daß sie nicht gleich groß sind; dann, daß sie sich nicht alle gerade gegenüberstehen, sondern daß nur zwei ineinandergreifen, während die übrigen dies nicht tun. Vorläufig. Es kommt bloß auf uns an, ob wir sie in diesem Zustand lassen wollen oder nicht. Denn bei weiterem Zusehen entdecken wir, daß die Räder Z_5, Z_6, Z_7 alle gemeinsam auf einer dickeren hohlen Welle h festsitzen, die sich wie eine Hülse auf der durchgesteckten dünneren Welle g verschieben läßt. Bei einer solchen Verschiebung der Hülse werden auch die 3 Räder Z_5, Z_6 und Z_7 auf der Welle g verschoben. Damit sind wir imstande, den Eingriff der Zähne bei einem Räderpaare aufzuheben und bei einem anderen herzustellen. Was kann damit erreicht werden?

Da muß man sich zunächst merken, daß sich die mit m bezeichnete Welle genau so schnell dreht wie die Motorwelle (der Buchstabe m — **M**otor — soll uns immer daran erinnern).

Die Räder Z_1, Z_2, Z_3... sitzen fest auf dieser Welle m und drehen sich daher immer ebenso rasch wie diese. Sie sind nicht alle gleich groß, aber wenn sich die Welle, sagen wir, 1000mal in einer Minute dreht (oder technisch ausgedrückt: 1000 Umläufe in der Minute macht), dann macht das Rad Z_1 genau so 1000 Umläufe wie das letzte und kleinste Z_3. Alle Räder dieser Welle haben die gleiche Umlaufzahl (oder Tourenzahl).

Von nun an wollen wir uns an eine einfachere Art der Darstellung gewöhnen. Die Abb. 11 und 12 zeigen die bisherige und die künftige Art der Darstellung eines und

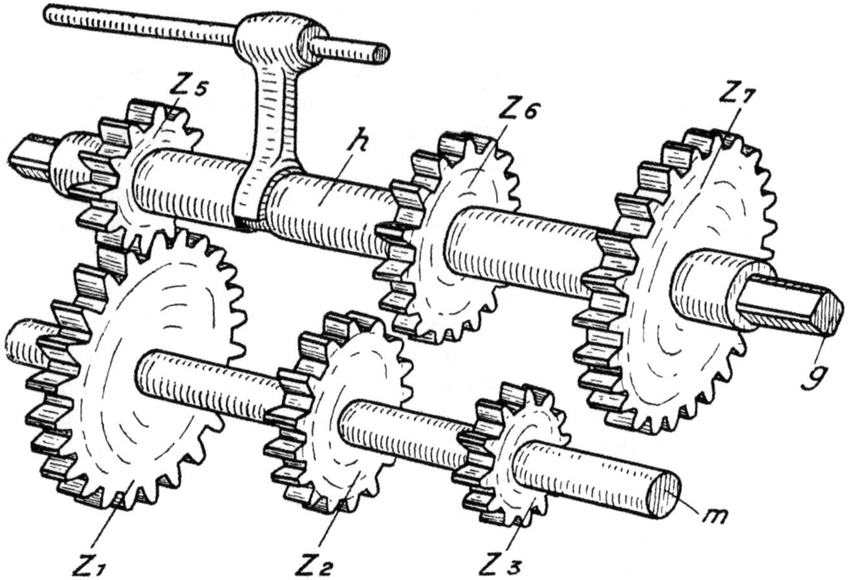

Abb. 11

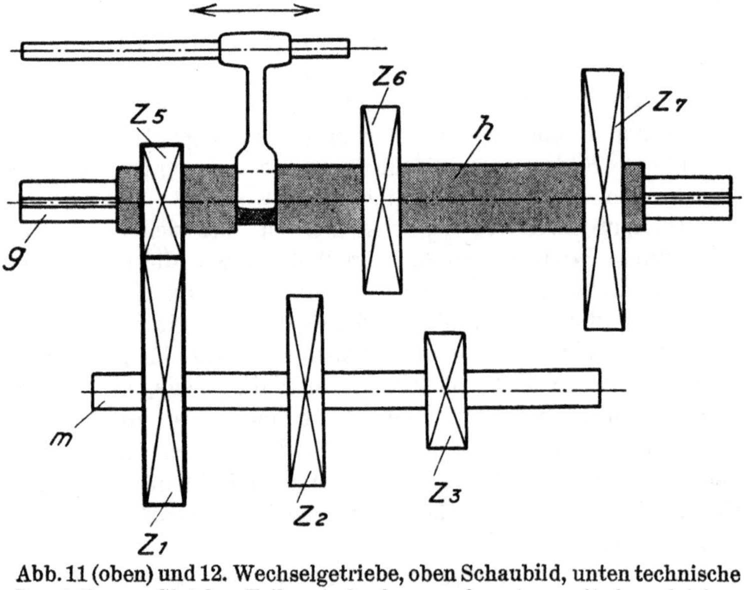

Abb. 11 (oben) und 12. Wechselgetriebe, oben Schaubild, unten technische Darstellung. Gleiche Teile sind oben und unten mit den gleichen Buchstaben bezeichnet desselben Gegenstandes. In Abb. 12 sind alle Räder als Rechtecke gezeichnet, also wie man etwa eine Scheibe sieht, wenn man vor ihrer schmalen Seite steht. Die Zähne werden nicht mehr einzeln eingezeichnet, dafür aber der gezahnte Scheibenumfang durch die sich kreuzenden Striche (Diagonalen) angedeutet. Überdies sind die jeweils ineinandergreifenden Räder durch stärkere Linien kenntlich gemacht.

8. Übersetzungen

Nun denken wir uns, das erste Rad Z_1 stehe im Eingriff mit dem Rade Z_5 der Welle *g*. Wird sich Z_5 auch 1000mal in der Minute drehen? Das hängt nur davon ab, wie groß es ist, nämlich ob es ebenso groß ist wie Z_1, ob kleiner oder größer. Nehmen wir einmal an, es wäre ebenso groß. Die Stelle, wo sich beide Räder in Eingriff befinden, sei auf jedem Rad durch eine Marke bezeichnet (Abb. 13 macht das an einem herausgezeichneten Räderpaar deutlich). Dieser markierte Punkt des Rades muß nach jeder vollen Umdrehung wieder genau an derselben Stelle erscheinen. Da die Räder gleich groß sind, haben sie auch gleich lange Umfänge. Bei einer vollen Umdrehung macht der markierte Punkt einen Weg, der genau so lang ist wie der Umfang des Rades. Da diese Weglänge bei beiden Rädern gleich ist, werden nach jeder vollen Umdrehung die markierten Punkte beider Räder **gleichzeitig** wieder an derselben Stelle zusammentreffen; dort werden also stets dieselben zwei Zähne wieder zum Eingriff kommen. Beide Räder drehen sich gleich schnell, ebenso ihre Wellen. Die treibende Welle *a* erteilt der getriebenen *b* nur ihre eigene Geschwindigkeit. Man nennt das eine „Übersetzung von 1 : 1" (und man liest dies eins zu eins).

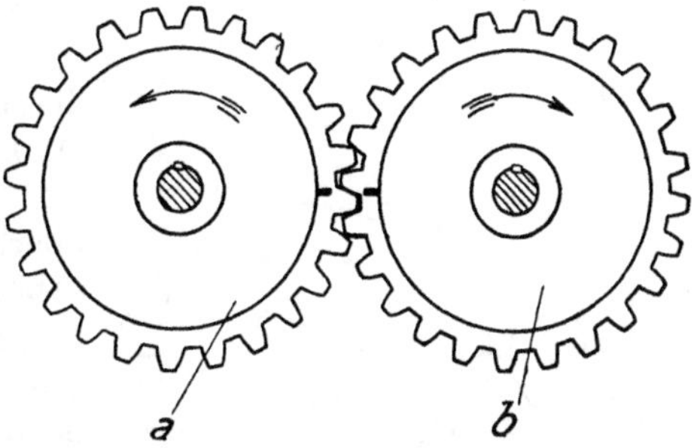

Abb. 13. Übersetzung 1 : 1, *a* und *b* gleich groß

Anders liegt der Fall, den wir an Abb. 14 betrachten wollen: Das treibende Rad *a* ist jetzt kleiner als das getriebene *b*; sein Umfang ist nicht mehr so lang wie der von *b*. Er sei z. B. gerade halb so lang. Die jetzt im Eingriff stehenden Zähne denke man sich wieder markiert. Der Weg, den der markierte Punkt von *a* bei einem vollen Umlauf zurücklegt, das ist ja der Radumfang, ist nun auch nur halb so lang wie ein voller Umlauf der Marke auf dem Rad *b*. Er wird also auch nur halb so lange dazu brauchen; das heißt: wenn der Punkt von *a* nach einer vollen Umdrehung wieder zur gleichen Stelle, wo wir ihn verließen, gekommen sein wird, wird er vergebens sein früheres Gegenüber suchen; der Zahn, der ihn erfaßt, trägt keine Marke. Der markierte Zahn ist erst auf der gegenüberliegenden Umfangseite (Abb. 14 unten); denn der halbe Umfang von *b* ist so groß wie der ganze von *a*. Erst nach einer weiteren vollen Umdrehung von *a* treffen die markierten Punkte wieder zusammen. Während sich *b* also einmal ganz herumdreht, hat *a* dies zweimal getan. Die Geschwindigkeit von Rad *a* und seiner Welle ist also gerade doppelt so groß wie die von *b*. Wenn *a* die treibende Welle ist, wird die Geschwindigkeit der getriebenen *b* verlangsamt. Die Übersetzung heißt darum „ins Langsame". Wenn sich also die Umfänge wie eins zu zwei (1 : 2) verhalten, so ist dies bei den Geschwindigkeiten entgegengesetzt: zwei zu eins; das große Rad, vom kleinen getrieben, dreht sich langsamer und umgekehrt. Die Umfänge können sich natürlich auch anders

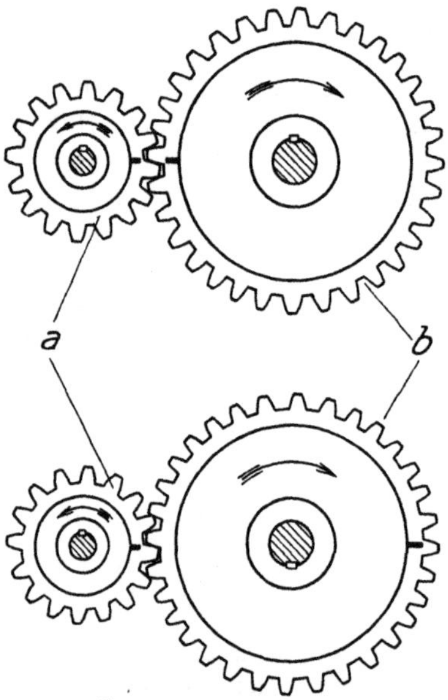

Abb. 14. Übersetzung ins Langsame; oben: Beginn der Drehung; unten: nach einem vollen Umlauf von Rad *a*

verhalten, z. B. wie 1 : 3 oder 1 : 4 usw., danach wird sich eben auch die Welle *b* 3mal, 4mal langsamer drehen als *a*.

Umgekehrt: eine Übersetzung ins Schnelle hat man sofort, wenn man nur die Welle *b* die treibende sein läßt.

Wiederholen wir: wir kennen somit dreierlei Übersetzungen.

1. Ins Gleiche oder 1 : 1 bei gleichen Radumfängen.
2. Ins Langsame (1 : 2, 3, 4 usw.) von kleinen auf größere Räder.
3. Ins Schnelle (1 : 1/2, 1/3 usw.) von großen auf kleinere Räder.

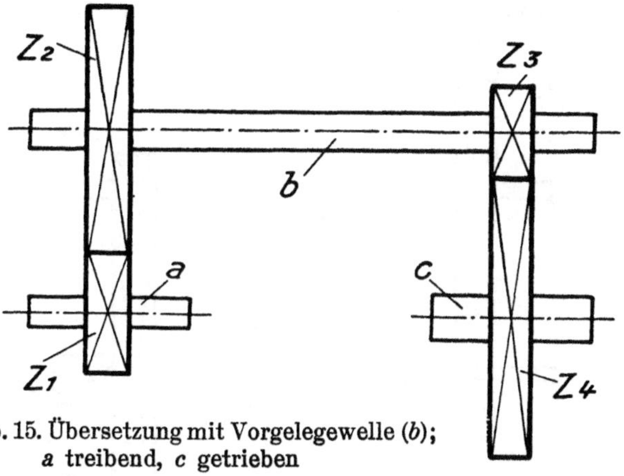

Abb. 15. Übersetzung mit Vorgelegewelle (*b*); *a* treibend, *c* getrieben

Jetzt ist es klar, warum auf den Wellen unseres Wechselgetriebes so verschiedene Räder sitzen. Die Geschwindigkeit der Motorwelle ist immer sehr groß (z. B. 2000 Umdrehungen in der Minute und mehr); sie muß daher verlangsamt werden, und wir wollen das in verschiedenen Stufen machen können. Einmal genügt vielleicht die halbe Geschwindigkeit, ein anderes Mal ist auch das noch zu schnell; kurz, wir brauchen mehrere Räderpaare. In der Regel sind vier solcher Paare vorhanden; bei kleineren Wagen begnügt man sich wohl mit dreien, bei ganz kleinen gar mit zweien[1]). *Jedem Räderpaar entspricht eine ganz bestimmte Geschwindigkeit des Wagens*, die allein vom *Verhältnis der beiden*

[1]) Viele französische und amerikanische Wagen haben auch bei größerer Leistung nur drei Gänge; der bekannte Ford-Wagen hat von jeher bloß zwei. Von deutschen Kraftwagen wird der zu den größten und stärksten gehörende Maybach seit einigen Jahren gleichfalls mit nur zweistufigem Getriebe gebaut.

Umfanglängen abhängt. Wenn sich diese z. B. wie 1:2 verhalten, dann ist es gleichgültig, ob der eine Umfang 15 cm und der andere 30 cm hat oder ob sie 20 und 40 cm betragen.

Sehen wir uns noch ein wenig die Abb. 15 an. Da haben wir drei Wellen: *a*, *b*, *c*; *a* sei die treibende und drehe sich beispielsweise mit 180 Touren in der Minute. Frage: Wieviel Touren macht *c*? Antwort: Da muß man zunächst wissen, wie sich die Umfanglängen der Räder Z_1, Z_2, Z_3 und Z_4 zu einander verhalten. Gut. Nehmen wir also an: Umfang von Z_2 ist zweimal so groß wie Umfang von Z_1; also $Z_1 : Z_2 = 1 : 2$[1];

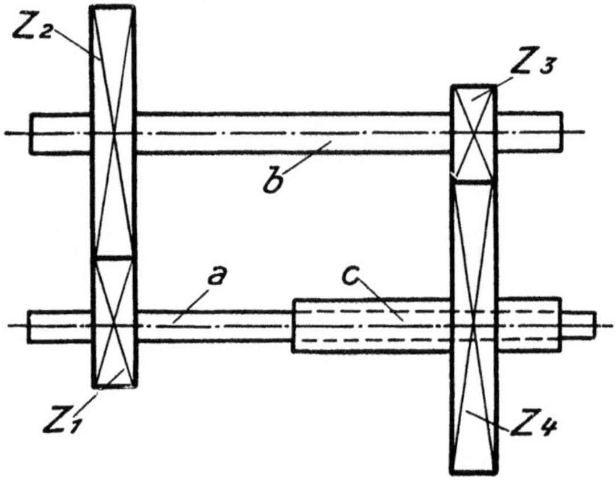

Abb. 16. Übersetzung mit Vorgelegewelle (*b*); *a* durch *c* durchgeführt

und ferner sei $Z_3 : Z_4 = 1 : 3$. Dann ist die Rechnung leicht. Macht Welle *a* 180 Touren, so macht *b* nur die Hälfte, also 90 Touren; Z_2 und Z_3, die auf dieser Welle *b* sitzen, haben die gleiche Tourenzahl: 90. Welle *c* wird von Welle *b* getrieben und macht nur ein Drittel von deren Touren, das sind 30. Die Aufgabe ist gelöst. — Man könnte dasselbe auch mit zwei Rädern allein erreichen, wenn man sie so wählt, daß sich ihre Umfänge wie 30:180 oder wie 1:6 verhalten; das zweite Rad müßte einen sechsmal größeren Umfang erhalten. Da käme man zu sehr großen Rädern. Wie man sieht, läßt sich dies vermeiden, wenn man die Geschwindigkeit von 180 Touren nicht auf einmal, sondern in zwei Stufen übersetzt, von denen die eine das Über-

[1] Man liest dies so: Z_1 verhält sich zu Z_2 so wie 1 : 2, und es bedeutet Z_1 hier den Umfang des Rades.

setzungsverhältnis 1 : 2, die andere das von 1 : 3 hat. Es liegen bei dieser Anordnung die treibende und die getriebene Welle nicht unmittelbar nebeneinander, sondern der getriebenen ist eine Hilfswelle mit den Rädern für die Zwischenübersetzung vorgelegt (*b* in Abb. 15); diese Welle führt in der Technik den Namen: Vorgelegewelle.

Nun ist nur noch ein Schritt zu der im Automobilbau unter gewissen Verhältnissen gebräuchlichen Ausführung (Abb. 16). Diese entsteht, wenn die Welle *a* nach rechts durch die Welle *c* hindurchwächst, wobei diese Welle *c* zur hohlen Welle werden muß; dann können *a* und *c* so lang sein, wie es zur Aufnahme einer größeren Anzahl von Rädern nötig ist. Sie laufen jetzt ineinander, ohne sich gegenseitig zu stören, mit ganz verschiedenen Geschwindigkeiten.

9. Aufbau des Getriebes

Nach dieser Vorbereitung sind wir imstande, jedes Getriebe zu verstehen. Und nun wollen wir uns einige Ausführungen

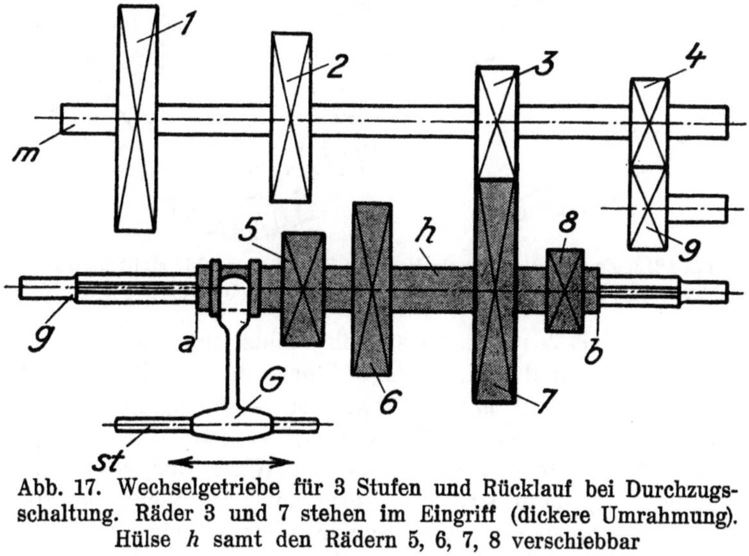

Abb. 17. Wechselgetriebe für 3 Stufen und Rücklauf bei Durchzugsschaltung. Räder 3 und 7 stehen im Eingriff (dickere Umrahmung). Hülse *h* samt den Rädern 5, 6, 7, 8 verschiebbar

näher ansehen. Da ist zunächst die in Abb. 17 dargestellte Bauart. Auf den ersten Blick sieht man die beiden Hauptwellen *m* und *g*; *m* ist wieder jene Welle, die die volle Geschwindigkeit des Motors erhält; die daher solange die gleiche Geschwindigkeit behält, als der Motor die seine nicht ändert. Die Welle *m* trägt vier Zahnräder: 1, 2, 3, 4, die mit ihr fest verbunden sind und die sich daher alle gleichzeitig und gleich schnell mit ihr drehen. Die andere Welle *g* ist von besonderer Art: sie ist nicht rund, sondern kantig, und zwar in diesem Falle vierkantig. Das hat natürlich einen besonderen Grund. Auf dieser vierkantigen Welle ist nämlich eine vierkantig ausgehöhlte Hülse *h* aufgeschoben,

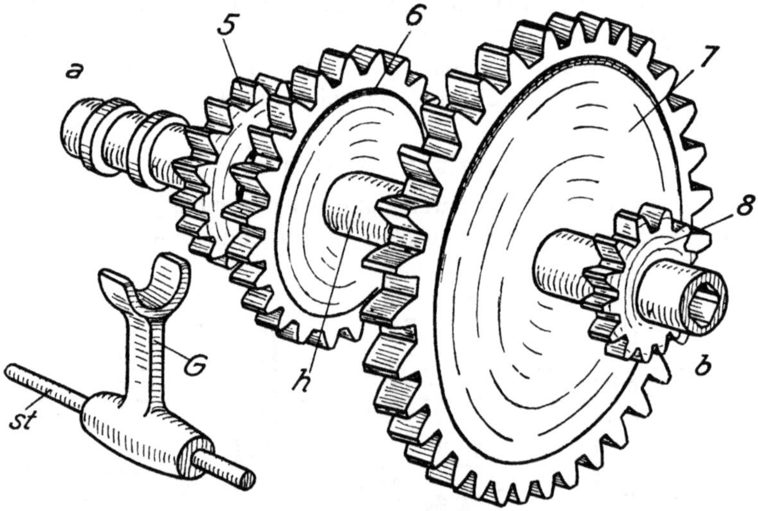

Abb. 18. Hülse *h* mit den Schubrädern 5, 6, 7, 8; rechts sieht man in die vierkantige Bohrung; unten gesondert die Schiebestange *st* mit Griff *G*

die von *a* bis *b* reicht. Diese Hülse bildet mit den vier Zahnrädern 5, 6, 7 und 8 ein einziges Stück; man denke sich sehr große Zwirnspulen mit mächtigen Endscheiben, die gezähnte Ränder haben. Der Deutlichkeit halber ist sie in Abb. 18 noch einmal für sich abgebildet. Da Welle und Hülse vierkantig sind, kann sich die Hülse a u f der Welle natürlich nicht drehen, aber sie wird sich m i t ihr wie ein aufgekeiltes Rad bewegen; dabei ist die Hülse doch in der Richtung der Achse verschiebbar, nach links wie nach rechts, und zwar auch w ä h r e n d s i e s i c h d r e h t. Das ist der große

Vorteil. Um die Hülse zu verschieben, braucht man nur die mit ihr verbundene Stange *st* (Abb. 17) zu verschieben. Jeder hat gewiß schon die seitlich vom Lenkersitz angebrachten Handhebel gesehen, die der Lenker bald nach vorne, bald nach hinten legt. Gewöhnlich sieht man zwei solche. Einer davon gehört zur Bremse und geht uns vorläufig nichts an. Der andere aber führt zu der eben erwähnten Schiebestange *st* hinunter. Man kann sich den Zusammenhang an der Abb. 19

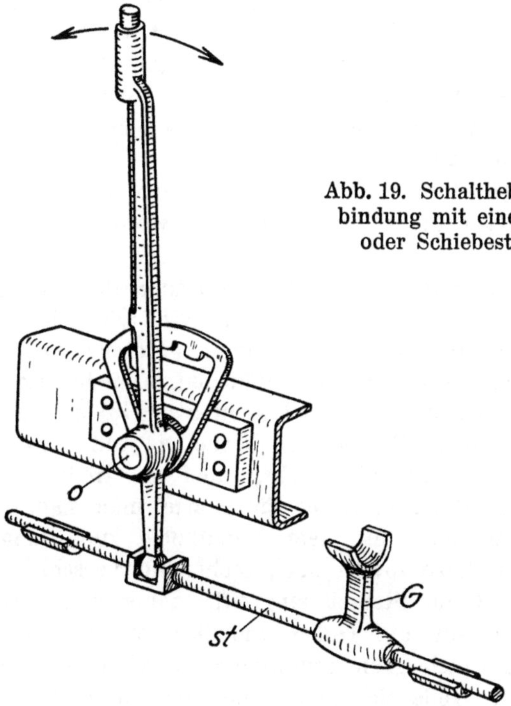

Abb. 19. Schalthebel in Verbindung mit einer Schalt- oder Schiebestange *st*

leicht klar machen. Der vom Lenker erfaßte Handhebel läßt sich in einem Kreisbogenstücke um einen am Wagenrahmen oder am Getriebegehäuse festen Punkt *o* in der angegebenen Pfeilrichtung schwenken. Das untere Ende des Handhebels taucht in eine Ausnehmung der Schaltstange *st*. Mit der Stange *st* und dem auf ihr sitzenden Griff *G*, der die Hülse *h* (Abb. 17 und 18) erfaßt, läßt sich diese verschieben.

In unserer Abb. 17 stehen die beiden Räder 3 und 7 im Eingriff, das kleinste Rad der treibenden Welle *m* mit dem größten der getriebenen Welle *g*; d. h. Übersetzung ins Langsamste. Mit dieser Übersetzungsstufe wird man offenbar die Fahrt beginnen; man nennt das: „die Erste“; sie gibt die kleinste Fahrgeschwindigkeit“, die Übersetzung ist dabei die größte.

Will man schneller fahren, so hat man den Handhebel um ein Stück vor- (oder rück-) wärts zu schieben; dann kommen die Räder 3 und 7 außer Eingriff und das benachbarte Paar arbeitet — zweite Geschwindigkeit (zweite Stufe oder kurz „die Zweite“). Ebenso können wir auch noch eine dritte Geschwindigkeit erzielen. Und hätten wir ein viertes Räderpaar, so gäbe es „eine Vierte“.

Vielleicht hat aber doch einer oder der andere auch in unserer Zeichnung (Abb. 17) ein viertes Paar entdecken können?

Ja, es sind sogar noch drei Räder da, von denen wir bisher nicht gesprochen haben. Wie wir sehen, gibt's da auch noch eine dritte, recht kurz geratene Welle; aber die trägt auch nur ein einziges Rädchen, braucht also nicht lang zu sein. Dieses Rädchen 9 steht zwar in beständigem Eingriff mit dem Rad 4 der Welle *m* und wird also die ganze Zeit über mitgedreht, aber es treibt meist nichts mit dieser Bewegung; es läuft, wie man sagt, „leer“ mit. Nur wenn man mit dem Schalthebel die Stange *st* und damit die Hülse soweit nach rechts hin verschiebt, bis auch das Rad 8 ins Rad 9 eingreift, dann überträgt es seine Bewegung auf die Hülse und ihre Welle. Weil nun die Motorwelle nicht mehr unmittelbar die Welle *g* treibt, sondern eine dritte Welle sich dazwischen schiebt, muß sich dadurch die Drehrichtung der Welle *g* gegen früher umkehren; und wenn wir daher die bisherigen Geschwindigkeitsstufen $\frac{3}{7}, \frac{2}{6}$ und $\frac{1}{5}$ zur Vorwärtsfahrt verwendet haben, so wird uns $\begin{matrix}4\\9\\8\end{matrix}$ zur Rückwärtsfahrt dienen. Da man diesen Rücklauf verhältnismäßig selten braucht, so begnügt man sich hiefür mit einer einzigen Geschwindigkeit, natürlich einer niedrigen.

10. Die Schaltung

Wir haben in dem eben behandelten Falle den Handhebel in kurzem Kreisbogen ruckweise aus einer Stellung in die nächste zu bringen gehabt; dabei lag jede Stufe h i n t e r der anderen. Diese Schaltung führt den Namen S e g m e n t-, besser D u r c h z u g s c h a l t u n g. Man sieht, daß man dabei nie eine Geschwindigkeit überspringen kann; will man von der ersten auf die dritte, so muß man durch die zweite hindurch. Noch unangenehmer ist dies natürlich, wenn vier Stufen da sind. Und da auch das Getriebe auf diese

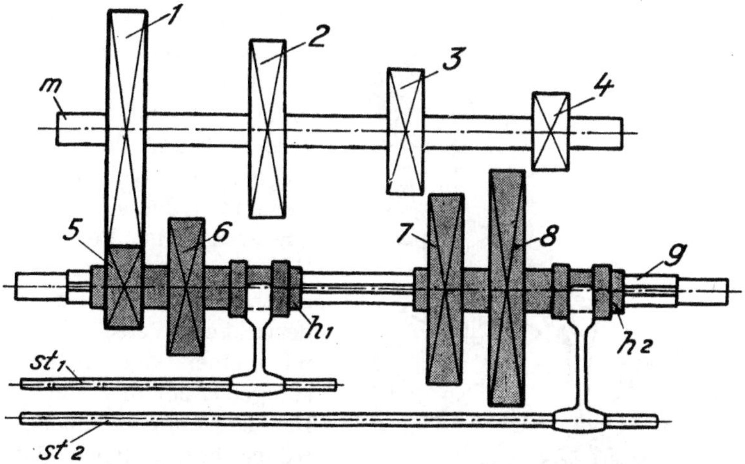

Abb. 20. Getriebe für 4 Stufen bei Kulissenschaltung. Zwei Hülsen — $h1$ und $h2$; zwei Schaltstangen — $st1$ und $st2$

Weise recht lang wird, haben die Wagenbauer schon früh einen Ausweg ersonnen, der beide Nachteile mit einem Schlage beseitigt.

Sie haben ganz einfach die lange Hülse entzweigeschnitten und lassen jeden Teil durch eine eigene Stange verschieben. Da sehen wir also in der Abb. 20 wieder die beiden bekannten Wellen m und g mit ihren Zahnrädern; diesmal sind vier Geschwindigkeiten zum Vorwärtsfahren eingezeichnet, die Rückwärtsfahrt ist weggelassen. Die Hülse $h1$ läßt sich mit der Stange $st1$ seitlich nach links und wieder zurück, die Hülse $h2$ mit $st2$ nach rechts und zurück verschieben, wobei dann entweder 5 und 1 oder 6 und 2, oder 7 und 3 oder 8 und 4 ineinander einrücken. Es müssen also zwei Schiebestangen für die vier Vorwärtsstufen da sein. Nun müssen wir noch daran denken, wie man diese zwei Stangen mit einem einzigen Hebel vom Führersitz aus bedienen kann. Die Abbildung 21 belehrt rasch, wie das möglich gemacht wird. Der Handhebel ist hier dreiteilig; er verläuft nicht in einem Stück vom oberen Handgriff bis zum unteren Endpunkt, sondern in einer stufenförmigen Linie: ⌐‾

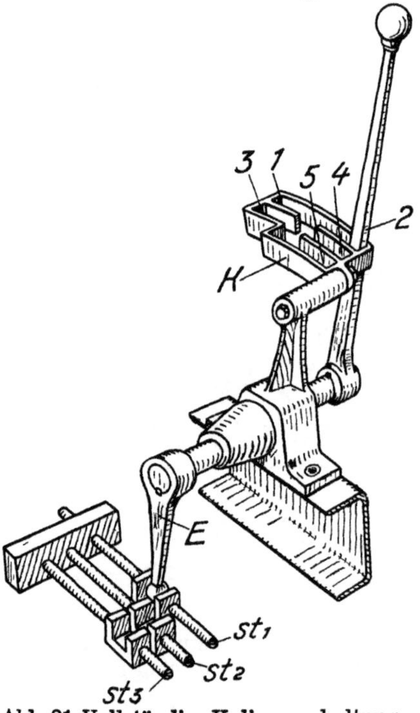

Abb. 21. Vollständige Kulissenschaltung für 4 Vorwärts- und 1 Rückwärtsgang. Kulisse durch einen Bock mit dem Rahmenträger verbunden

Der obere und der untere Schwenkarm sind gesondert und durch ein wagrechtes Wellenstück verbunden, das verschiebbar gelagert ist. Bei einer Verschiebung kommt der untere Hebel *E* je nach der Größe der Verschiebung mit einer der Schaltstangen *st* zur Verbindung. Danach kann er in der früher besprochenen Art vor- oder rückwärts geschwenkt werden. Um die seitliche Verrückung genau zu ermöglichen, ist der Handhebel in einer sogenannten Kulisse *K* (Abb. 21) geführt, das ist eine Art Rahmen mit Zwischenwänden, die nur bestimmte Hebelstellungen zuläßt. So kann man den Hebel in die durch die Zwischenwände gebildeten Schlitze 1 bis 4 rücken. Schlitz 1 und 2 liegen hintereinander, das entspräche z. B. den zwei Geschwindigkeitsstufen $\frac{4}{8}$ und $\frac{3}{7}$ (Abb. 20); bei Schlitz 1 wird also die eine Stange nach vorn, bei 2 nach hinten geschoben, es entspricht somit 1 der ersten, 2 der zweiten Geschwindigkeit. Rückt man den Hebel in den Schlitz 3 neben 1, so verbindet er sich unten mit der zweiten Stange und kann nun die dritte Geschwindigkeit einstellen; bei 4 rückt er diese Stange zurück und schaltet auf die vierte ein. In der Mittelstellung stehen alle Räder außer Eingriff. Das heißt man Leerlaufstellung. Wir werden nämlich sehen, daß dabei der Motor ruhig weiterlaufen kann, ohne daß sich der Wagen vom Platze rührt. Bei vier Vorwärtsstufen hat die Kulisse noch einen fünften Schlitz für die Rückwärtsfahrt, und dazu gehört eine dritte Schaltstange, die in der Abb. 20 weggelassen, aber in der Abb. 21 zu sehen ist (*st*3). Daß diese Schaltungsart Kulissenschaltung heißt, versteht sich von selbst.

Häufig wird der Schalthebel unmittelbar im Getriebegehäuse gelagert und steht dann wie das Getriebe in der Mitte des Wagens. In der Regel ist dabei die Schaltung als Kugelschaltung ausgebildet, hiebei fällt jede seitliche Verrückung des Handhebels weg, indem der Dreh- und Schwenkpunkt des Hebels als Kugelkopf in einer Kugelpfanne die Verschwenkung des Hebels nach vorn und hinten, aber auch nach links und rechts ermöglicht (siehe später Abb. 105). Die Anordnung des Schalthebels in der Mitte hat den besonderen Vorteil, daß man von jeder Seite des Wagens aus aufsteigen kann.

11. Der direkte Eingriff

Nun sind wir beim letzten Punkt des Abschnittes „Getriebe“ angelangt. Wir haben gewiß schon öfter gehört oder gelesen, z. B. in Beschreibungen von Wagentypen: der Wagen habe vier Geschwindigkeiten vorwärts, eine rückwärts, und die vierte in „direktem Eingriff“. Was ist denn das, direkter Eingriff?

Das heißt nichts anderes, als daß wir auf jede Übersetzung im Getriebe verzichten und die Motorwelle direkt eingreifen lassen in die Welle, die wir mit *g* bezeichnet haben. Freilich wird sich dadurch das Getriebe etwas ändern. Wenn wir die Abb. 22 und 23 ansehen, so fällt auf, daß wir nicht mehr mit zwei Wellen auskommen, sondern drei brauchen.

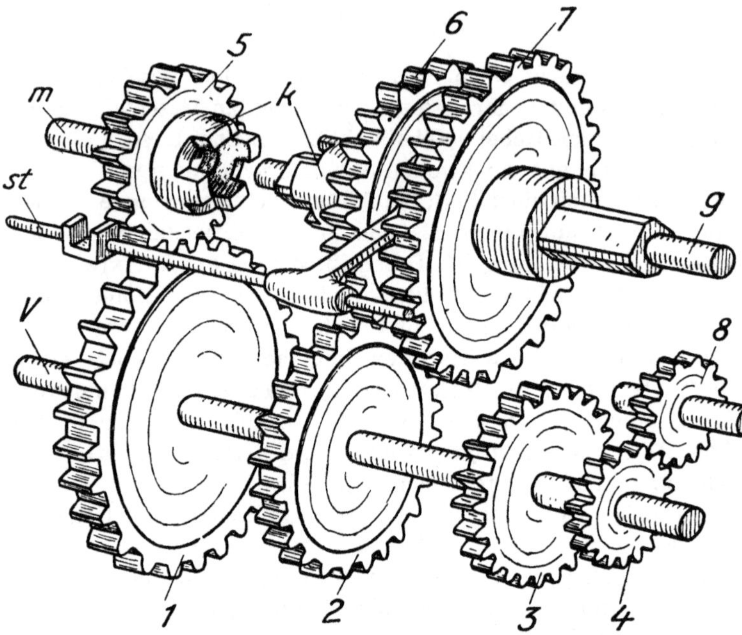

Abb. 22

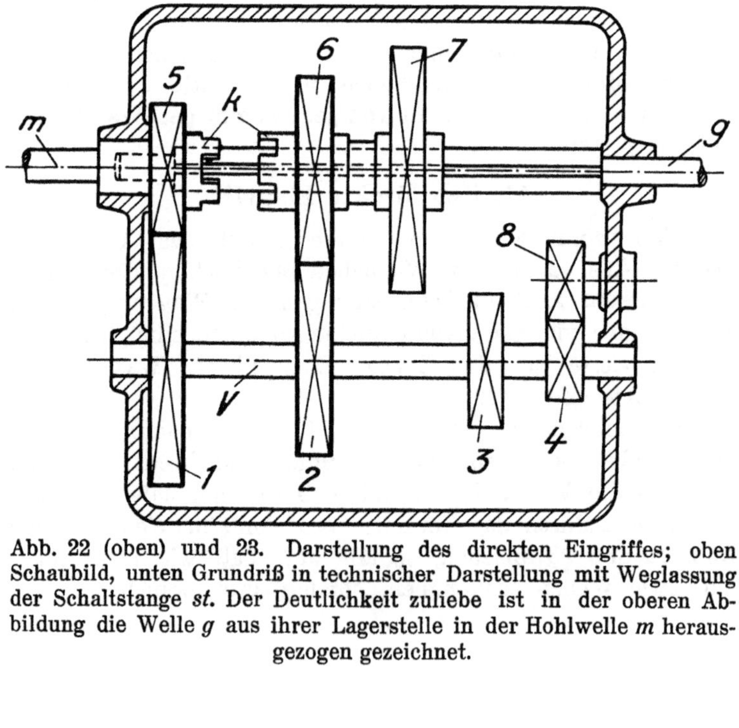

Abb. 22 (oben) und 23. Darstellung des direkten Eingriffes; oben Schaubild, unten Grundriß in technischer Darstellung mit Weglassung der Schaltstange *st*. Der Deutlichkeit zuliebe ist in der oberen Abbildung die Welle *g* aus ihrer Lagerstelle in der Hohlwelle *m* herausgezogen gezeichnet.

Die Wellen *m* und *g* liegen hier hintereinander. Um das Wichtigste gleich zu sagen: man kann aus ihnen eine einzige Welle machen! Zum Beispiel, wenn man die Nabe des Rades 5 durch Einschnitte zu „Klauen“ *k* macht, das sind Vorsprünge, die dann in die Einschnitte des ebenso gebauten Nachbarrades 6 eingreifen. In der gezeichneten Stellung hat noch jede Welle, *m* wie *g*, ihre Selbständigkeit bewahrt und dreht sich für sich, obwohl sie ineinander stecken (Abb. 23). Erst wenn man auf bekannte Art mit Handhebel, Schiebestange und Greifarm die Räderhülse auf Welle *g* soweit nach links rückt, daß die Klauen *k* ineinandergreifen, werden diese zwei Wellen eins, und *g* wird sich so schnell drehen wie *m*; die getriebene Welle kommt in direkten Eingriff mit der treibenden; ohne Zwischenübersetzung. In unserem besonderen Falle wird dabei das Rad 6 aus 2 seitlich herausgeschoben; 5 und 1 bleiben wohl im Eingriff, weil ja weder an *m* noch an der Vorgelegewelle *V* irgend etwas bewegt wurde. Dieser Eingriff ist aber für die Bewegungsübertragung gleichgültig. Die Welle *V* dreht sich wohl mit, aber sie treibt nichts, sie läuft „leer“; aber nur während des direkten Eingriffes.

In allen anderen Fällen braucht man sie sehr notwendig, und zwar als Vorgelegewelle. Da ist z. B. gleich die gezeichnete Stellung: *m* und *g* sind nicht gekuppelt. Von den Rädern stehen gleichzeitig zwei Paare in Eingriff: $\frac{1}{5}$ und $\frac{2}{6}$. Von *m* geht die Bewegung aus, die mit dem Rad 5 auf die Räder 1 und 2 der Vorgelegewelle übergeleitet wird. Über 6 bekommt dann endlich Welle *g* ihr Teil (mittlere, hier 2. Geschwindigkeit). Verschiebt man die Hülse auf *g* nach rechts, bis Rad 7 über Rad 3 steht, so geht es von 5 über 1 wie früher, jetzt aber mit anderer Übersetzung von 3 auf 7 (kleinste oder 1. Geschwindigkeit). Die dritte wird durch direkten Eingriff hergestellt. Schiebt man die Hülse wieder ganz nach rechts, bis 7 in 8 greift, so kann man rückwärts fahren. Ebenso wie hier bei drei Vorwärtsstufen ist es, wenn vier Geschwindigkeiten gebaut werden; es kommt dann eben noch ein Räderpaar dazu. Gewöhnlich ist die höchste Geschwindigkeit durch den direkten Eingriff einzuschalten, also bei drei Stufen die dritte, bei vieren die vierte.

Eines ist noch anzumerken: es muß dafür gesorgt sein, daß, wenn ein Räderpaar im Eingriff ist, dies auch zuverlässig bleibt und nicht etwa „herausspringt“ und daß nicht ein anderes der Schubräder sich zufällig bis zum Eingreifen in sein Gegenrad verschieben kann. Dies verhindert man durch eine sogenannte Verriegelung der nicht gebrauchten Schubstangen, die hiedurch mitsamt den ihnen zugeordneten Rädern in ihrer Stellung festgehalten werden.

Abb. 24. Getriebekasten eines Austro-Daimler-Wagens, geöffnet, Gehäusedeckel abgeschraubt

1, 1' Zahnräder für die Übersetzung der 1. Geschwindigkeit
2, 2' „ „ „ „ „ 2. „
3, 3' „ „ „ „ „ 3. „
4, 4' Vorgelegewellenantrieb
5 Reversierrad
A Getriebekasten
B Kupplungswelle treibt über Antriebsräder 4, 4' die Vorlegewelle C
D Nutenwelle
E Führungen der Schaltschienen
F Getriebebremsscheibe
G Kardananschluß
I, II, III, Schaltschienen

Das Bild zeigt den direkten Gang, die 4. Geschwindigkeitsstufe, eingerückt, was durch direkte Kupplung der Zahnräder 4 und 3 bewirkt wird

Wir haben unter die Abb. 22 die Abb. 23 gesetzt, die wieder die vereinfachte Darstellung des Getriebes zeigt, wie wir sie schon bei Abb. 11 und 12 erläutert haben. Die Zahnräder erscheinen im sogenannten Grundriß als längliche Rechtecke, in die die Diagonalen eingezeichnet sind. Wo also künftig ein solches Briefumschlagbild zu sehen ist, stellt es ein Zahnrad vor.

Außerdem ist auf dem Bilde zu sehen, wie das ganze Getriebe in einem Gehäuse eingebaut ist. Um das zu zeigen, muß das Gehäuse aufgeschnitten gezeichnet werden. Solche Schnittzeichnungen sind in der Technik üblich, wobei man die Schnittflächen kenntlich macht, indem man sie schraffiert oder färbt.

Schließlich sei noch auf die strich-punktierten Linien auf dem Bilde aufmerksam gemacht, die immer die Mittellinie seitengleicher (symmetrischer) Körper angeben.

Auf Abb. 24 sieht man in das geöffnete Innere eines Getriebegehäuses. Das Bild bedarf nach dem Vorangegangenen wohl keiner weiteren Erläuterung.

12. Die Kupplung

Nun müssen wir uns noch mit der Bedienung dieses Räderwerkes beschäftigen. Da kommen wir zu einem Ding, das den wiederum sehr bezeichnenden Namen Kupplung führt. Das Wort kommt von „kuppeln", und dieses hat auch in der technischen Sprache eine ähnliche Bedeutung wie im Leben, nämlich: „zusammenbringen und verbinden". Und somit hätten wir eben eine Kupplung beim direkten Eingriff kennengelernt. Es gibt aber noch viele andere Ausführungsarten. Eine häufig anzutreffende ist die sogenannte Lederkonuskupplung.

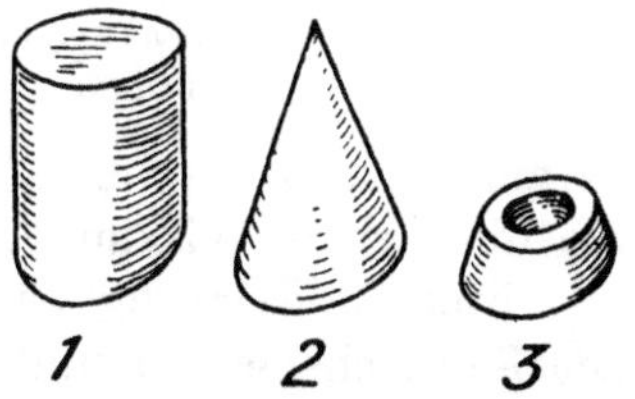

Abb. 25
1 = Zylinder
2 = Konus (Kegel)
3 = Hohlkegel

Lederkonus! Das ist wieder so ein neues unbekanntes Etwas. Zunächst würde man glauben, daß das was Ledernes sein muß. Es ist aber von Eisen und nur mit Leder überzogen. Und Konus ist nichts anderes als ein Kegel. Kegel im Gegensatz zu Zylinder. Ein Bild ist immer die beste Erklärung. Sehen wir uns darum die drei Formen hier in Abb. 25 an: 1 ist ein Zylinder; also ein Körper mit überall gleichem kreisrundem Querschnitt, z. B.

ein Stab, eine Walze, oder — wenn er hohl ist — eine Röhre; auf Länge und Dicke kommt es dabei nicht an, so daß man auch eine kleine, kreisrunde Scheibe wie eine Münze als zylindrisch zu bezeichnen hat.

Ein spitz zulaufender Körper wie bei 2 heißt bekanntlich ein Kegel oder, wie man nach dem Lateinischen sagt, ein Konus. Auch dann bezeichnet man ihn so, wenn er die schöne Spitze verloren haben sollte wie bei 3, wo überdies ein Hohlkegel abgebildet ist.

Aus zwei ähnlich abgestumpften Kegeln nun besteht die Konuskupplung. Diese beiden Kegel oder Konusse passen genau ineinander. Der eine (Abb. 26 links) ist als Hohlkegel, der andere als Vollkegel ausgebildet. Ihre Umfangflächen sind mit Leder tapeziert, damit sie sich besser aneinanderpressen und aneinanderhaften können. Denn darauf kommt es an. Übrigens muß es nicht gerade Leder sein; es gibt auch andere Beläge, wie Ferodo- oder Jurid-Asbest, die die gleiche Wirkung haben.

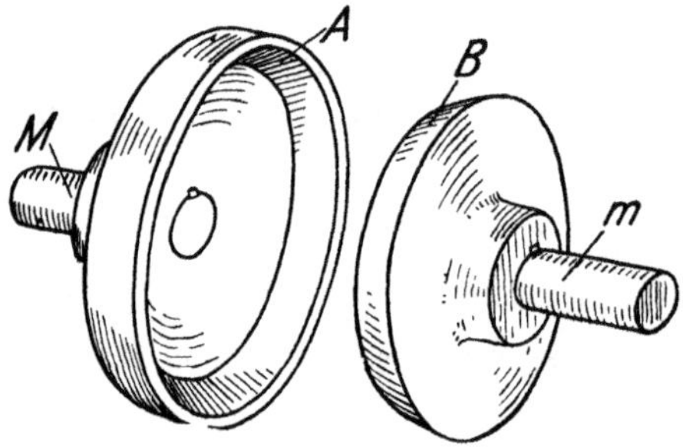

Abb. 26. Konuskupplung, auseinandergenommen

Nun die Wirkungsweise: Im Anfang ist alles regungslos. Die Kegelscheiben *A* und *B* stehen voneinander entfernt in aller Ruhe. Nun auf einmal versetzt jemand, z. B. der Motor, die Welle *M*, auf der *A* sitzt, in drehende Bewegung. Inzwischen war *B* ganz ruhig geblieben. Aber jetzt faßt jemand die Welle *m* und schiebt sie *M* entgegen; allmählich wird dabei *B* mit *A* in Berührung kommen; die rauhen Lederflächen gleiten zuerst aneinander vorbei; wenn aber *B* stark genug an *A* angedrückt wird, dann kann es seine Ruhe nicht mehr bewahren und läßt sich von *A* und seiner Bewegung einfach mitnehmen. Die zwei Konusse *A* und *B* bilden jetzt einen einzigen. Die Kupplung ist hergestellt. Selbstverständlich dreht sich nunmehr die Welle *m* ebenso schnell wie *M*.

Da nun *M* mit dem Motor zusammenhängt, *m* aber mit dem Getriebe, dem Differenzial, den Hinterrädern, kurz mit dem Wagen, so muß bei eingerückter Kupplung, das heißt, wenn *A* und *B* verbunden sind, der Motor das Getriebe in Gang setzen und dadurch den Wagen ziehen; bei ausgerückter Kupplung, das heißt bei getrennten Konussen, kann das Getriebe und damit der ganze Wagen ruhig am Platze bleiben, auch wenn der Motor arbeitet. Wie oft kann man ein Automobil ganz ruhig stehen sehen und das Knattern des

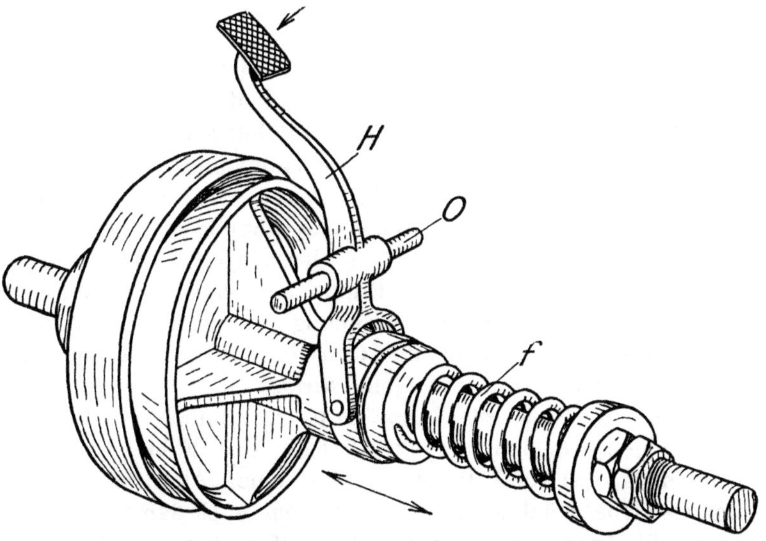

Abb. 27. Konuskupplung, zusammengebaut

arbeitenden Motors vernehmen. Das kommt, wie wir uns jetzt erklären können, eben daher, daß die Kupplung ausgerückt gehalten werden kann, indem der Lenker einen aus dem Boden des Führersitzes herausragenden Fußhebel (Pedal) niederdrückt. Eine einfache Hebelübertragung genügt zur Verbindung von Pedal und Kupplung (Abb. 27). Der Fußhebel *H* ist um die Achse *O* drehbar; sein unteres gegabeltes Ende ergreift die Nabe des inneren Konus; dieser wird für gewöhnlich durch die Kraft einer Feder *f* in dem äußeren festgehalten. Im Ruhezustand ist also die Kupplung stets eingerückt, beide Teile bilden e i n Ganzes. Nur wenn der Fahrer auf das Pedal tritt, wird der innere Konus gegen die Federkraft aus dem äußeren Konus herausgezogen. Dabei bewegt sich die Hebelhälfte oberhalb *O* in der Pfeilrichtung nach vorn und unten, die untere Hälfte gleichzeitig entgegengesetzt nach hinten und nimmt die Nabe des inneren Konus mit. Die Feder *f* wird dabei zusammengedrückt.

Wozu also dient die Kupplung?

Zur Trennung des Motors vom Getriebe (und vom Wagen) oder zur Verbindung beider.

Nun entsteht die Frage: Wann ist denn eine solche Trennung oder Verbindung notwendig?

Antwort: Beim Einschalten des Getriebes und beim Umschalten von einer Geschwindigkeit auf die andere.

Bei Beginn einer Fahrt steht das Getriebe auf Leerlauf: keines der Übersetzungsräder ist mit einem andern im Eingriff. Die Kupplung ist unberührt, also eingerückt. Nun setzt man den Motor in Gang. (Wie, können wir erst später erfahren.) Der Motor arbeitet, der Wagen steht still; diesmal trotz eingerückter Kupplung. Motor und Getriebe hängen jetzt zwar durch die Kupplung zusammen, aber infolge der Leerlaufstellung geht das Getriebe leer und kann nicht auf die Hinterräder des Wagens wirken.

Um nun das erste Zahnräderpaar, nämlich die kleinste Geschwindigkeit, einzuschalten, tritt der Führer auf das Kupplungspedal und trennt so für einen Augenblick Motor und Getriebe. Jetzt kann er mit leichtem Ruck den Schalthebel in die Stellung für den ersten Eingriff rücken. Noch immer bleibt der Wagen stehen; diesmal wegen der ausgerückten Kupplung. Nun gilt es, die Kupplung wieder sanft und allmählich einzurücken: der Fuß auf dem Kupplungstritt hebt sich also langsam und die Feder in der Kupplung treibt den einen Konus wieder in den anderen hinein. Nun ist alles verbunden: der Motor durch die Kupplung mit dem Getriebe und dieses mit den Wagenrädern. Die Fahrt beginnt. Anfangs langsam. Bald soll es schneller gehen. Also die nächsthöhere Geschwindigkeit eingeschaltet! Doch halt! So ohne weiteres geht das nicht! Die Getrieberäder auseinanderzurücken mitten in ihrer schnellen Bewegung, das wäre nicht so einfach. Noch bedenklicher aber wäre es, raschlaufende Räder ineinander zu rücken. Das würden die Zähne nicht lange aushalten. Da muß uns also die Kupplung helfen. Ein Tritt aufs Pedal — und schon arbeitet der Motor leer, das Getriebe ist frei, kann ein wenig verschnaufen; diesen Augenblick verminderter Geschwindigkeit benützt man rasch, das erste Paar zu lösen, das zweite zu verbinden; nun kann es wieder weitergehen: also Kupplungspedal heben, damit ist die Kupplung wieder eingerückt. Und so ist's immer zu machen, wenn man im Getriebe schalten will.

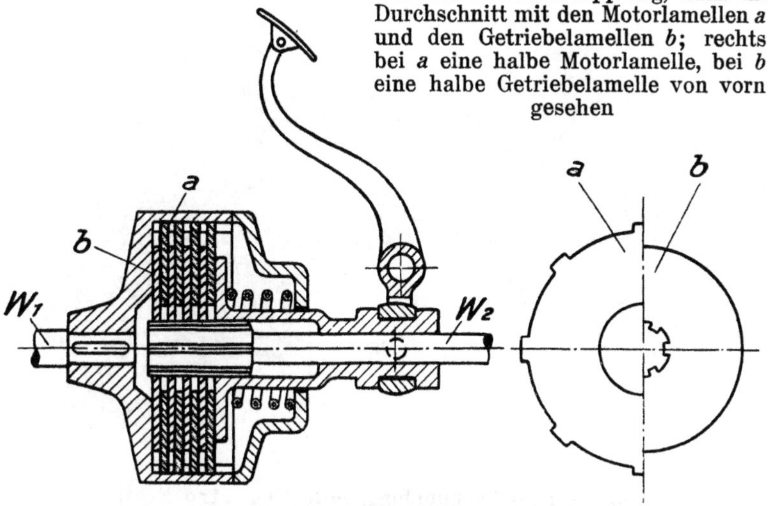

Abb. 28. Lamellenkupplung, links im Durchschnitt mit den Motorlamellen *a* und den Getriebelamellen *b*; rechts bei *a* eine halbe Motorlamelle, bei *b* eine halbe Getriebelamelle von vorn gesehen

13. Kupplungsarten

War bisher immer von der Konuskupplung die Rede, so darf man darum noch nicht glauben, es gäbe nur solche. Sie ist ja sehr einfach und drum sehr verbreitet. Aber es gibt auch andere Arten, von welchen die sogenannten Metallplatten- oder Scheibenkupplungen (gewöhnlich Lamellenkupplungen genannt) am verbreitetsten sind (Abb. 28).

Auch hier gibt es wieder einen mit dem Motor und einen mit dem Getriebe verbundenen Teil; jeder dieser Teile trägt eine Anzahl von Stahl- oder Messingplatten, die sogenannten Lamellen, derart, daß die Lamellen *a* zwischen den Lamellen *b* stehen. Die Lamellen *a* drehen sich mit der Welle W_1, die Lamellen *b* mit W_2. Die Teile *A* und *B* werden genau wie bei einer Konuskupplung gegeneinander bewegt, wobei sie sich aneinanderpressen und so den Motor mit dem Getriebe verbinden.

Ist sonst nichts vorhanden, so sind das trockene Kupplungen. Doch gibt es auch solche, die im Gegensatz dazu

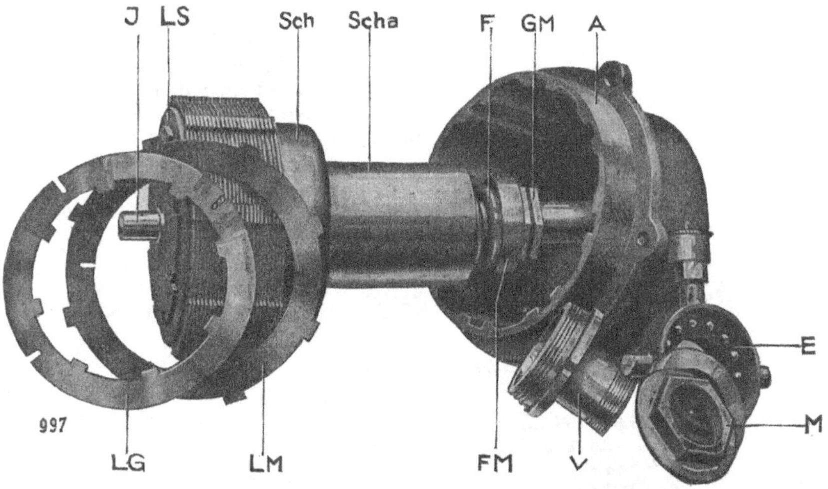

Abb. 29. Lamellenkupplung, zerlegt (Austro-Fiat)

A	Äußere Kupplungstrommel	**LG**	**Getriebelamelle**
E	Entkupplungsring mit Druckkugellager und Schmierbüchse	**LM**	**Motorlamelle**
F	Kupplungsfeder	**LS**	Schlußlamelle
FM	Federspannmutter	**M**	Mutter
GM	Gegenmutter	**Sch**	Anpreßmuffenscheibe
J	Innere Kupplungstrommel	**Scha**	Anpreßmuffenschaft
		V	Verschraubung

in einem sogenannten Ölbade arbeiten. Bei diesen wird durch das Einrücken der Platten erst das zwischen ihnen stehende Öl verdrängt, das daher nicht zu dickflüssig sein darf; dann erst können die Platten aneinander haften; auf diese Art erzielt man ein weicheres Arbeiten der Kupplung. Bei allen anderen Arten darf kein Öl in die Kupplung geraten, weil es die Kupplung zum Gleiten brächte — abgesehen von ein paar Tropfen Fischtran, mit dem man gelegentlich spröde gewordenen Lederbelag geschmeidig macht.

Die Einzelteile einer zerlegten Lamellenkupplung sind in der Abb. 29 deutlich zu sehen. Man erkennt dort deutlich die zwei Gruppen von Lamellen: die Motor- und die Getriebelamellen, entsprechend den Teilen *a* und *b* unserer Zeichnung Abb. 28. Es sind kreisringförmige schmale Scheiben mit über den Umfang verteilten Ansätzen, die bei einer Gruppe außen liegen, bei der anderen aber innen. Die Motorlamellen werden mit den äußeren Ansätzen in entsprechende Längsnuten des Gehäuseteiles *A* eingeschoben, die Getriebelamellen führen sich ganz ähnlich auf der inneren Kupplungstrommel *J*. Der Aufbau muß natürlich so erfolgen, daß die Lamellen einer Gruppe zwischen die der anderen zu stehen kommen.

Aus den Vielscheibenkupplungen ist die heute sich rasch verbreitende Einscheibenkupplung hervorgegangen, die, wie ihr Name sagt, sich mit einer einzigen verschiebbaren Platte begnügt.

14. Zusammenbau

Da wir nun so weit gekommen sind, die grundlegenden Teile der Kraftübertragung mit Ausnahme des Motors zu verstehen, wollen wir an diesem Punkte eine kurze Rückschau halten und das Gelernte, knapp zusammengefaßt, mit Hilfe der Abbildung 30 überblicken.

Wir gehen jetzt vom Letzten aus, das wir eben kennengelernt haben, also von der Kupplung, die bei *K* zu sehen ist. Ihre eine Hälfte steht mit dem motorischen Teile, den wir uns links dazudenken, in Verbindung, die andere mit dem Getriebe. Dieses ist in dem kofferähnlichen Gehäuse *G* eingeschlossen. Die vom Motor herrührende Bewegung wird bei eingerückter Kupplung ins Wechselgetriebe geleitet, wo sie mit Hilfe verschiedener Übersetzungspaare verlangsamt oder — bei direktem Eingriff — unvermindert weitergeführt wird. Da die nächste Welle, die die Bewegung erhalten soll, zu allen bisher bewegten senkrecht steht, muß ein Kegelräderpaar eingeschoben werden (siehe Abb. 30

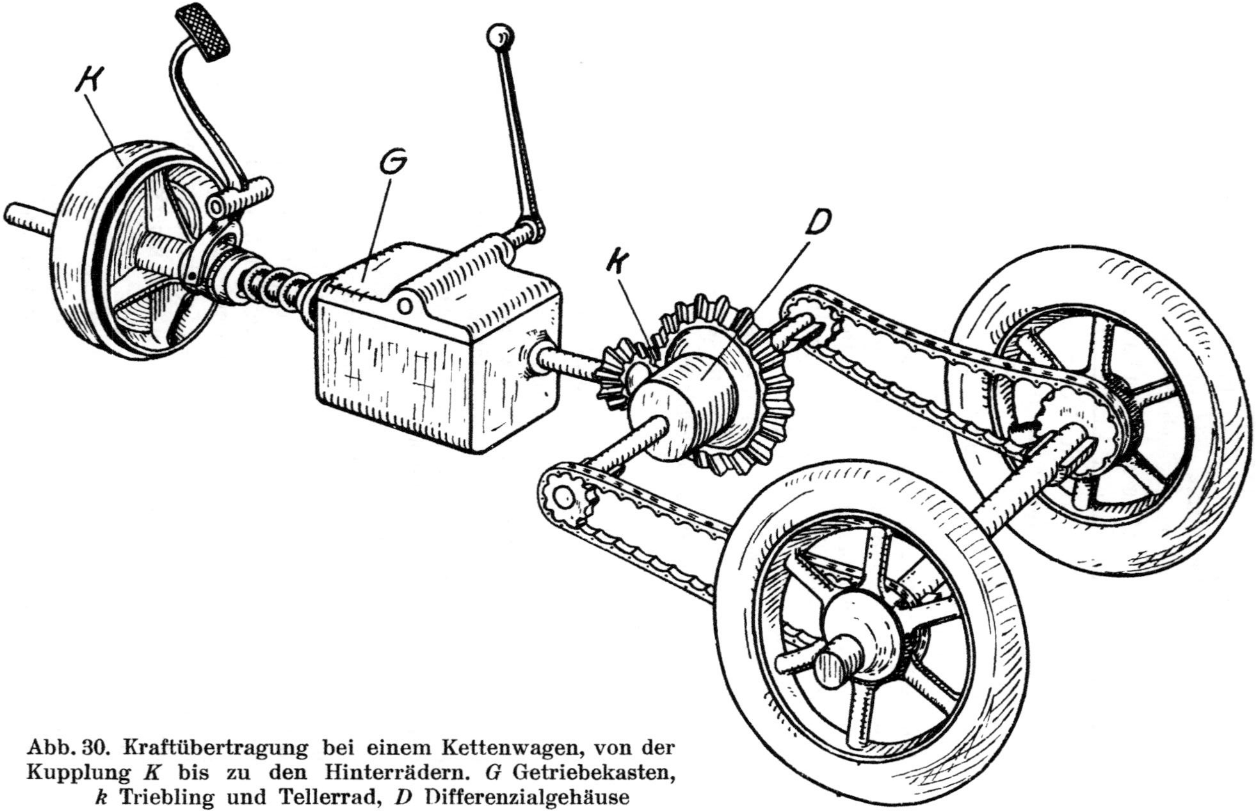

Abb. 30. Kraftübertragung bei einem Kettenwagen, von der Kupplung *K* bis zu den Hinterrädern. *G* Getriebekasten, *k* Triebling und Tellerrad, *D* Differenzialgehäuse

bei *k*). Dieses bedeutet, da die beiden Kegelräder nicht gleich groß sind, zugleich eine weitere, dauernd eingeschaltete Übersetzung in Langsame, da das treibende Rad, der sogenannte Triebling, das kleinere ist. Ans größere, gewöhnlich „Tellerrad" genannt, schließt sich das Differenzialgehäuse *D* und dieses birgt in sich das den Antrieb nach beiden Seiten verteilende Differenzial. Aus dem Differenzial führt nach links und rechts je eine Querwelle mit einem Kettenzahnrad am Ende. Diese kleineren Zahnräder treiben mit Ketten die größeren Kettenzahnräder auf der Hinterradachse und damit schließlich die Hinterräder selbst.

Die hier betrachtete Anordnung ist aber nicht die einzig mögliche und auch nicht die einzig ausgeführte. Sie stammt aus den Anfangszeiten des Automobils und wird heute fast nur noch bei Lastwagen oder Omnibussen angewendet. Die modernen Personenwagen haben keine Ketten, sondern Kardan-Wellen.

15. Kardanwagen

Kardan? Wieder ein neuer Begriff, mit dem wir uns vertraut machen müssen. Cardano, ein hervorragender Mathematiker im 16. Jahrhundert, hatte ein eigenartiges Gelenk ersonnen, das nach ihm „Kardangelenk" hieß. Allmählich ließ man das den Gegenstand bezeichnende Wort „Gelenk" weg und sagte bloß „Kardan", wobei sich jeder ohneweiters hinzudenken muß: -Gelenk. Statt der Bezeichnung „Kardan" ist auch „Universalgelenk" und „Kreuzgelenk" üblich.

Was ein Gelenk ist, wissen wir von unserem eigenen Körper, der überall dort Gelenke hat, wo sich zwei Knochen gegeneinander bewegen müssen, im Knie, im Ellbogen, an der Schulter, zum Beispiel. Dort sind es entweder Kugelgelenke, wenn sich das kugelige Ende des einen Knochens im pfannenartigen des anderen dreht, wie der Oberarm im Schultergelenk; oder Scharniergelenke wie am Ellbogen. Beim Kreuzgelenk kommt noch hinzu, daß die gelenkig verbundenen Teile sich als Wellen zugleich auch drehen können müssen.

Am raschesten kommen wir zu einer vollkommen deutlichen Vorstellung eines solchen Gelenkes auf folgendem Wege. Aus zwei Hölzern denke man sich ein kleines Kreuz gebildet. Wie wird man dieses mit beiden Händen am geschicktesten halten? Unbedingt so, daß man jedes Holz zwischen zwei Finger einer Hand nimmt (Abb. 31). Das ist das ganze Baugeheimnis. Was die Hände und ihre Finger besorgen, leisten beim ausgeführten Kreuzgelenk zwei eiserne Bügel (Abb. 32), die sich jederseits in eine Welle fortsetzen, so wie der Unterarm sich in Abb. 29 an die Hand ansetzt. Die Bügel sind um

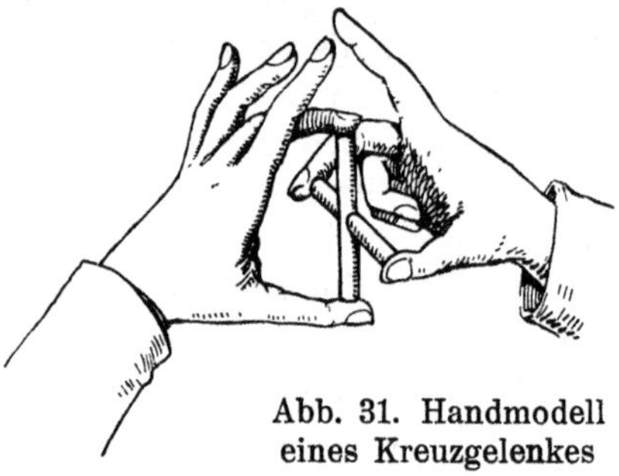

Abb. 31. Handmodell eines Kreuzgelenkes

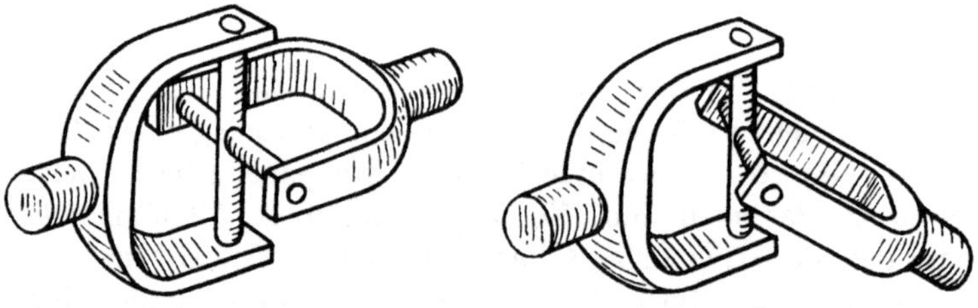

Abb. 32 und 33. Kardan- (Kreuz-) Gelenk

die von ihnen erfaßten Kreuzstäbe wie um kurze Achsen drehbar (Abb. 33), können also um diese Achsen kleine Schwingungen machen, auch während die Welle selbst sich gleichzeitig um ihre eigene Längsachse dreht. Auf diese ungemein sinnreiche Weise verliert die Wellenverbindung ein Stück Starrheit, sie wird gegen Erschütterungen nachgiebig und wird solche bis zu einem gewissen Grad aushalten, ohne gleich Schaden zu nehmen.

Und nun haben wir uns noch anzusehen, wie das Kardangelenk die Kettenübertragung ersparen hilft. In Abb. 34 sehen

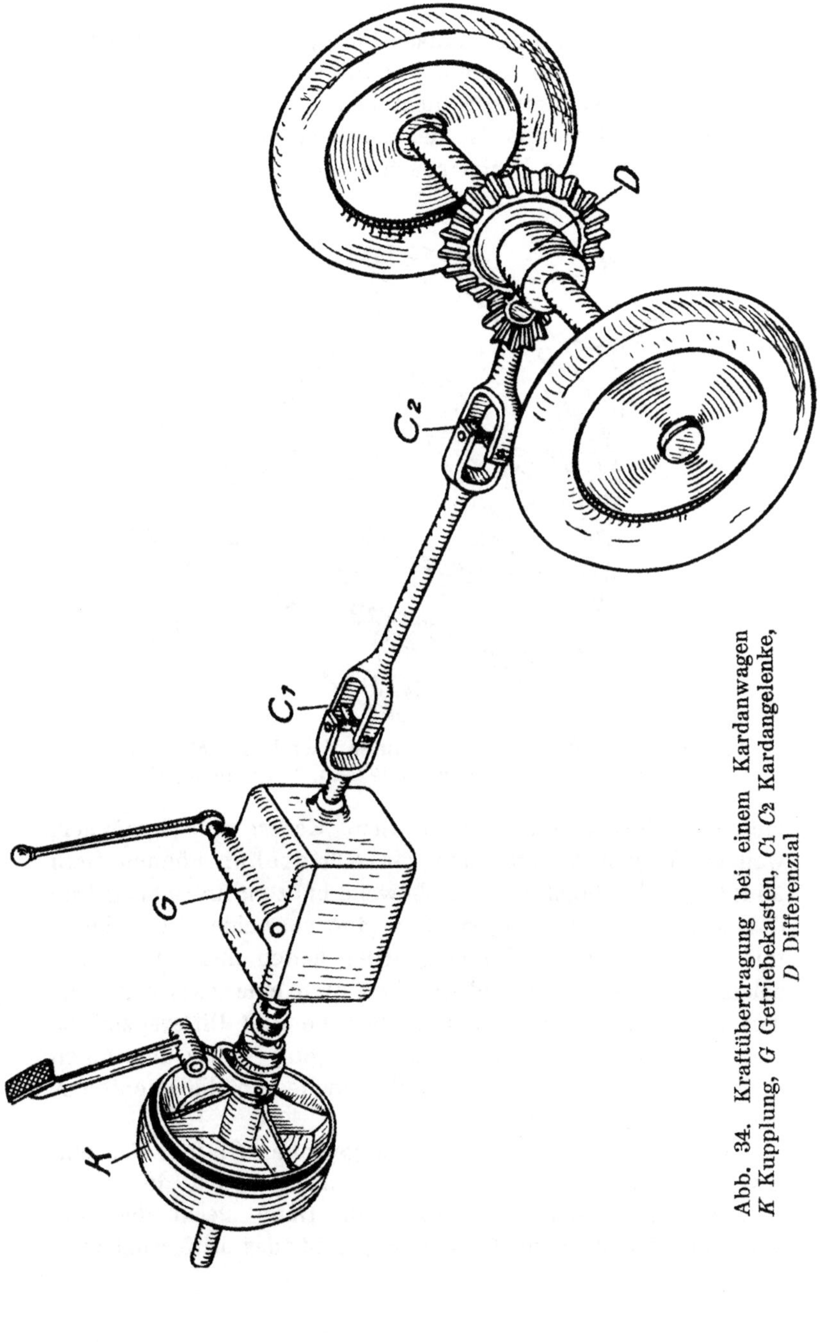

Abb. 34. Kraftübertragung bei einem Kardanwagen
K Kupplung, *G* Getriebekasten, C_1 C_2 Kardangelenke,
D Differenzial

wir einige bekannte Dinge, zunächst Kupplung *K* und Getriebe *G*, ganz wie beim Kettenwagen. Der Unterschied zeigt sich darin, daß die Getriebehauptwelle nicht mehr gleich das Differenzial antreibt: das Differenzial ist vielmehr weit nach hinten gerückt; es sitzt jetzt auf der Hinterradachse selbst bei *D*. Angetrieben

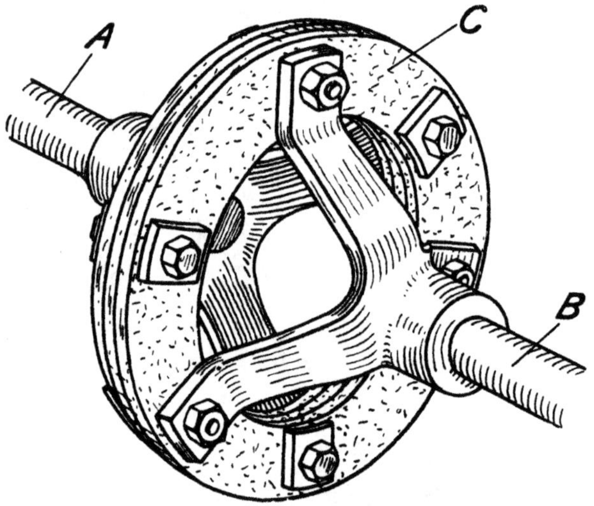

Abb. 35. Elastisches Gelenk (mitunter Hardygelenk genannt)
A und *B* die zu verbindenden Wellen, *C* Kupplungsringe

muß es natürlich auch hier werden, Ketten sind unmöglich, weil wir Treibmittel brauchen, die sich drehen können. Man könnte ja allerdings die Getriebewelle bis zum Antriebkegelrad des Differenzials verlängern. Das gäbe aber eine viel zu lange und viel zu starre Verbindung. Hier helfen uns die Kardangelenke aus der Verlegenheit, die durch eine Zwischenwelle, die darum Kardanwelle heißt, Getriebe und Differenzial so verbinden, daß sie die drehende Bewegung sicher übertragen und gleichzeitig den einzelnen Wellengliedern die unentbehrliche Gelenkigkeit gewähren.

In Abb. 34 sind zwei Kardangelenke, C_1 und C_2, eingezeichnet. Es gibt aber auch Ausführungen, bei denen das zweite Gelenk erspart werden kann. Dann steckt die vom vorderen Gelenk zum kleinen Kegelrad des Differenzials *D* leitende Welle in einem besonderen Rohre, das auch noch das Differenzial selbst umschließt (siehe Abb. 8 und 9).

Man kann ähnliche Gelenke auch noch an anderen Stellen der Kraftübertragung antreffen, wo es eben darauf ankommt, zwischen zwei Wellenstücken eine geschmeidige Verbindung herzustellen, z. B. zwischen Kupplungs- und Getriebewelle. Häufig nimmt man hiefür elastische Kupplungen oder Gelenke, indem man zu diesem Zwecke mehrere runde Scheiben oder Ringe aus Stahl oder Gummi zu einer Gruppe zusammenfaßt und auf den Endflächen die beiden zu kuppelnden Wellen mit kreuzweise versetzten Armen angreifen läßt. In Abb. 35 sind diese Ringe bei *C* zu sehen; *A* und *B* sind die zu kuppelnden Wellen.

Damit wäre das Wichtigste über die Kraftübertragung gesagt und wir haben uns nunmehr mit der Krafterzeugung zu beschäftigen. Dazu dienen die Motoren. In diesem Buche sollen nur die Benzin- und die Elektromotoren behandelt werden; zunächst die Benzinmotoren.

16. Allgemeines vom Explosionsmotor

Motoren sind Maschinen, die Bewegung erzeugen, wenn man ihnen geeigneten Betriebsstoff zuführt. Bei Windmotoren (Windmühlen) treibt der Wind die Schaufeln, die radartig auf einer Welle sitzen; von der so bewegten Welle läßt sich die Kraft der Bewegung abnehmen und auf die einzelnen zu betreibenden Geräte überleiten. Ähnlich ist es bei Wassermotoren (Wasserrädern). War dort der Wind der Betriebsstoff, so ist es hier Wasser. Und in unserem Falle ist es Benzin. Allerdings ist die Kraft des Benzins nicht so unmittelbar frei verfügbar wie Wind oder Wasser. Nein: die im Benzin schlummernde Kraft muß zuerst freigemacht werden, damit man sie als Treibmittel für Motoren auszunutzen vermag.

Gewöhnlich kennt man das Benzin als farblose Flüssigkeit. Daß diese Flüssigkeit brennen kann, lehren die bekannten Taschenfeuerzeuge. Aber mit dieser Eigenschaft ist hier nichts anzufangen. Wichtiger ist die uns ebenso bekannte Tatsache, daß das flüssige Benzin sehr leicht in dampf- oder gasförmiges

Benzin übergeht, d. h. verdampft. In diesem Zustand stellt es ein höchst gefährliches Gas vor; an sich ist es ja harmlos; aber sobald gewöhnliche (atmosphärische) Luft dazukommen kann, mengen sich die beiden und bilden nun ein ungemein leicht explodierendes Gemisch. Dieses Explodieren ist eigentlich auch nichts anderes als ein Verbrennen, nur geschieht es plötzlich und mit großer Gewalt. Darum bekam es nun einen eigenen Namen: Explosion oder, wie man deutsch sagen kann: Verpuffung.

Indessen kommt eine solche Explosion nicht unter allen Umständen zustande. Notwendig ist, daß sich Luft und Benzindampf in bestimmtem Mengenverhältnis gemischt haben. Im allgemeinen beginnt die Fähigkeit zu explodieren, wenn sich in 100 Teilen des Gemisches 87 Teile Luft und 13 Teile Benzin finden[1]. Der Anteil an Luft kann etwas steigen, der Benzingehalt sinken; dabei wird die Explosion schwächer und bleibt schließlich aus, wenn das Gemisch nur mehr 5% Benzin enthält. Jedenfalls sieht man, daß der Luftgehalt ganz bedeutend den Benzingehalt überwiegen muß.

Allein die richtige Mischung genügt auch noch nicht, um eine Explosion zu erzeugen. In das explodierbare Gemisch muß auch ein Funken gebracht werden oder es muß ihm eine Flamme oder sonst ein glühender Körper genähert werden. (Daher aber auch die vielen Unfälle beim Hantieren mit Benzin in der Nähe von offenem Licht. Namentlich gern benützen es ja die Hausfrauen zum Fleckenputzen. Die Flasche mit Benzin läßt der Unkundige leider allzuhäufig offen stehen. Dämpfe bilden sich ungeheuer rasch, die zur Mischung hinreichende Luft ist stets vorhanden. Und nun braucht das Licht gar nicht einmal ganz nahe zu sein, um Schaden zu stiften; denn die Dämpfe dehnen sich im ganzen Raum aus und können auch an einer glühenden Ofentüre sich entzünden und explodieren.)

Diese Explosionsfähigkeit eines Benzin-Luftgemisches kann man aber auf unschädliche Art in den Motoren vorteilhaft ausnützen. Was wir dazu brauchen, kann man sich nach dem wenigen Gesagten leicht ausdenken: 1. einen Behälter

[1] Bei anderen Brennstoffen ist dieses Verhältnis natürlich auch ein anderes.

für das flüssige Benzin; 2. eine Vorrichtung zum Verdampfen des flüssigen Benzins und zum Mischen des Benzindampfes mit Luft (Vergaser); 3. eine Einrichtung zum Erzeugen zündfähiger Funken (Magnet, Batterie); 4. einen Raum, in dem die Explosion vor sich geht (Motorzylinder); 5. Vorrichtungen, die die Explosionskraft in Bewegung umsetzen. Alles dieses wollen wir nun in dieser Reihenfolge betrachten.

17. Der Benzinbehälter

Da ist also zunächst der Benzinbehälter. Ein einfaches Blechgefäß, bald mit rundem, bald mit viereckigem

Abb. 36. Hintergestell eines Benz-Wagens. Der Brennstoffbehälter (Benzintank) ist zwischen den Hauptrahmenträgern aufgehängt. Das rechte Hinterrad ist abgezogen. Man sieht das Achsende und die Bremsbacken

Querschnitt, mit einer verschließbaren Öffnung zum Einfüllen des Benzins. So ein Behälter kann an verschiedenen Stellen des Wagens untergebracht werden. Manchmal sieht man ihn hinten, zwischen den Rädern (Abb. 36), durch eine Matte oder ein Holzgitter oder sonstwie geschützt vor Beschädigung durch anprellende Steine u. dgl.; bei anderen Wagen ist er vorn, etwa unterm Führersitz oder an der sogenannten Spritzwand. Wichtiger aber als seine Lage ist die Höhe, in der er angebracht ist. Denn das Benzin muß ja aus diesem Behälter ausfließen und in den Vergaser gelangen können. Liegt der Behälter höher als der Vergaser, so wird das Benzin natürlich von selbst, infolge des eigenen Gewichtes, dem Vergaser zufließen, wenn die vom Behälter zum Vergaser führende Rohrleitung frei ist (Fallbenzin). Es kommt schon vor, daß diese Leitung verlegt ist oder daß ein vor dem Vergaser eingesetztes Reinigungsfilter sich verstopft oder daß der Absperrhahn versehentlich geschlossen ist. Wenn aber alles in Ordnung ist, dann ist der Weg fürs flüssige Benzin frei.

Wie aber, wenn der Behälter nicht höher, sondern tiefer liegt als der Vergaser? Hinauf kann das Benzin von selbst freilich nicht fließen. Da muß man also nachhelfen, was hier leicht zu machen ist. In diesem Falle ist am Spritzbrett z. B. eine kleine Handpumpe angeschraubt, die in den fast ganz gefüllten Benzinbehälter Luft einpumpen kann, genau so, wie man die Schläuche eines Fahrrades mit Luft vollpumpt. Man sagt: der Behälter wird unter Druck gesetzt. Tatsächlich drückt ja die eingepumpte Luft auf das im Behälter eingeschlossene Benzin und will dieses hinausdrängen. Unter diesem Drucke sucht das Benzin aus dem Gefäß herauszukommen, und wenn der Weg zum Vergaser frei ist, wird es dorthin fließen. Je mehr Benzin ausfließt, desto größer wird der Luftraum im Behälter werden, desto kleiner aber der Druck der Luft, weil diese sich jetzt ausdehnen kann und dabei an Spannkraft verliert. Zum Schlusse sind wir dann wieder soweit wie zuvor, ehe wir die Pumpe benützt haben. Und nun müßte man wieder Luft nachpumpen, da sonst kein Tropfen Benzin zum Vergaser käme. Das wäre wohl sehr unbequem. Wie oft während einer Fahrt müßte man da immer von neuem pumpen! Gott sei Dank, es gibt was Besseres.

Gleichgültig ist ja, woher der Druck im Behälter rührt; es muß durchaus nicht gepreßte Luft sein. Zu Beginn unserer Fahrt haben wir freilich nichts anderes und da nehmen wir eben, was wir haben. Aber während der Fahrt geht's uns besser. Wir erinnern uns noch, daß der Motor mit Benzingasen arbeitet, die zur Explosion gebracht werden. Ist das geschehen, so haben sie eigentlich ihre Schuldigkeit getan und sind für den Motor wertlos. Also hinaus damit! Wohin? Ins Freie natürlich. Nun haben diese verbrannten Gase nach der Explosion noch ziemlich viel Spannung oder Druck in sich; man kann also einen Teil von ihnen zum Ersatz der Druckluft in den Behälter leiten und wir sind gerettet. Das macht man in der Tat auch auf diese einfache Weise und hat nun beständig Druck im Behälter; vor der Fahrt durch Pumpluft, während der Fahrt durch die Auspuffgase, wie man die vom Motor abziehenden, unbrauchbar gewordenen Gase nennt.

Bevor man diese Auspuffgase aber einleitet, schickt man sie noch durch ein sogenanntes Reduzier- oder Drosselventil; dieses schnürt oder drosselt den Strom der Abgase, mindert (reduziert) so ihren Druck; was bleibt, genügt für den geringen Druck, den man im Benzinbehälter braucht, das sind ein paar Zehntel einer Atmosphäre[1]). Was darüber ist, entweicht durch ein zweites Ventil, das im selben Gehäuse untergebracht ist. Die Gase mit vollem Druck in den Behälter zu lassen, hat keinen Sinn; soviel Druck braucht man nicht; auch müßte der Behälter dann viel stärkere Wände erhalten.

Nur ein Teil der Auspuffgase wurde in den Benzinbehälter gelassen. Der Rest geht ins Freie, muß aber vorher durch einen Schalldämpfer streichen, wo den Gasen mehr Raum gegeben wird, was an sich schon schallschwächend wirkt, und wo sie sich meist auch noch zwischen eingebauten ebenen oder gekrümmten, glatten oder gelöcherten Wänden durchwinden müssen, bis sie ganz kleinlaut geworden entweichen dürfen. Die Umgehung des Schalldämpfers, wobei die Gase ungedämpft aus dem Zylinder hinauspuffen, ist in geschlossenen Ortschaften verboten.

Mitunter werden die Druckluftpumpen durch den Wagenmotor betrieben, so daß man das Pumpen von Hand aus und das spätere Einleiten von Auspuffgasen erspart. Im allgemeinen ist es aber vorsichtiger, im Benzin-

---

[1]) Unter „Atmosphäre“ wird der Druck der atmosphärischen Luft verstanden, der abgerundet dem Druck von 1 kg auf eine Fläche von 1 Quadratzentimeter (qcm) entspricht. Man schreibt abkürzend 1 at, was zu lesen ist: eine Atmosphäre.

behälter die nach der Explosion nicht mehr gefährlichen Auspuffgase zu haben statt Luft, die sich allmählich mit dem stets verdampfenden Benzin zu einem explosiven Gemisch verbinden kann. Man wird einsehen, daß ein explosives Gemisch im Benzinbehälter unter Umständen zu einer Gefahr werden könnte.

Daß man auch beim Einfüllen und Nachfüllen von Benzin mit größter Vorsicht vorgehen soll, ist selbstverständlich. Nichts Glimmendes darf in der Nähe geduldet werden. In die Füllöffnung soll übrigens ein Schutzsieb eingesetzt sein, um zu verhüten, daß etwa eine Flamme ins Gefäß hineinschlägt. Auch hält es grobe Verunreinigungen zurück.

In letzter Zeit begegnet man immer öfter Einrichtungen, die es ermöglichen, auch bei tieferliegenden Benzinbehältern Benzin ohne Überdruck aus dem Behälter zu entnehmen. Hierüber später im Abschnitt 19: Unterdruckförderung.

18. Der Vergaser

a) Die Schwimmerkammer

Wenn wir nun den Weg verfolgen, den das Benzin nimmt, sobald es den Behälter verläßt, so führt uns die Rohrleitung zunächst zu jenem bereits genannten Gebilde, das den bezeichnenden Namen Vergaser trägt. Der Vergaser vergast das Benzin. Flüssig kommt es aus dem Behälter, der Motor aber braucht es als Dampf; also muß es zuerst zu Dampf werden. Oder zu Gas, wie man ebenfalls sagen kann. Das Benzin hat ohnehin schon an sich große Neigung, sich zu verflüchtigen, was ja nichts anderes ist als Verdampfen. Das hat man also nur zu unterstützen, indem man es noch künstlich zerstäubt. Ein kleines, dünnes Röhrchen genügt dazu, durch das man das Benzin hindurchdrückt. So ein Röhrchen heißt in der technischen Sprache eine Düse.

Wie kommt das Benzin in die Düse hinein und wie kommt es aus ihr heraus? Nun, das, was man zum Vergaser zählt, besteht gewöhnlich aus zwei Räumen: einer Art Vorraum und dem eigentlichen Vergaser. Den Vorraum bildet die sogenannte Schwimmerkammer, selbst ein kleiner Behälter, ein Gefäß; gewissermaßen das Glas, aus dem der Vergaser trinkt; stets gefüllt mit Flüssigkeit aus dem Fasse des Hauptbehälters. Wieso und warum?

Zuerst eine Antwort auf Warum!

In der nebenstehenden Abb. 37 sieht man zwei Gefäße, ein weites und ein enges, unten durch ein kurzes Rohrstück miteinander verbunden. Füllt man in eines der beiden Gefäße irgend eine Flüssigkeit, so wird diese durch das Verbindungsrohr auch in das andere steigen, bis sie in beiden Räumen gleich hoch steht (h). Das ist ähnlich wie bei einer Wage: die Oberflächen der Flüssigkeit in beiden Gefäßen sind die Wagschalen. Sind beide Schalen gleich schwer belastet, so herrscht Gleichgewicht, beide stehen gleich hoch. Das ist hier der Fall; denn auf beiden Oberflächen lastet — allerdings unsichtbar — dieselbe Luft und also auch der gleiche äußere Luftdruck. Sobald sich auf der einen oder auf der anderen Seite, also einseitig, dieser Druck ändert, ist das Gleichgewicht gestört, und der Flüssigkeitsspiegel muß auf jener Seite sinken, wo er von einem größeren Drucke hinabgedrückt wird, auf der anderen aber steigen. Dabei ist es ganz gleichgültig, ob man den Druck auf der einen Seite vergrößert oder auf der anderen verringert. Nur auf den Unterschied kommt es an.

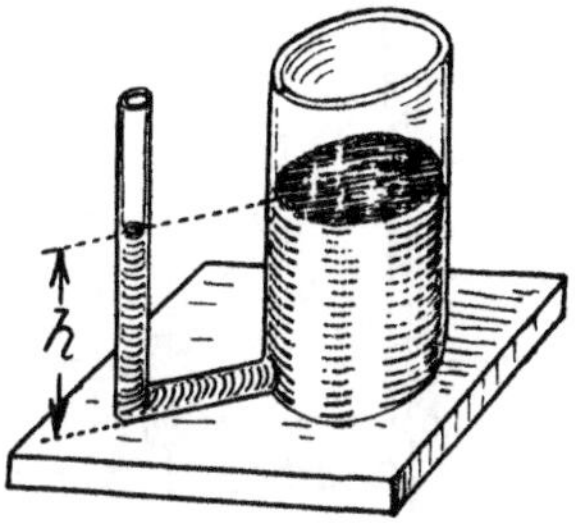

Abb. 37. Verbundene Gefäße; h Flüssigkeitsstand in beiden Räumen

So ists auch beim Vergaser. Das weite Gefäß ist die Schwimmerkammer, die durch ein Röhrchen mit dem engen, der Düse, verbunden ist. In der Düse steht somit das Benzin immer so hoch wie in der Schwimmerkammer, so lange nämlich in diesen beiden Räumen gleiche Drücke vorhanden sind. (In der Abb. 37 durch eine punktierte Linie angedeutet.) Die Düse nun soll immer bis an die Austrittsöffnung gefüllt sein. Dann wird man in der Schwimmerkammer die Spiegeloberfläche ebenso hoch halten müssen. Dazu verhilft uns ein sogenannter Schwimmer. Schwimmer nennt man alle Körper, die in einer Flüssigkeit schwimmen, wobei sie zum Teil über diese hinausragen; ob sich die nun senkt oder hebt: der Schwimmer macht jede Bewegung des Flüssigkeitsspiegels mit. Diese Beweglichkeit kann man in sehr schöner einfacher Weise dazu benützen, den Zufluß des

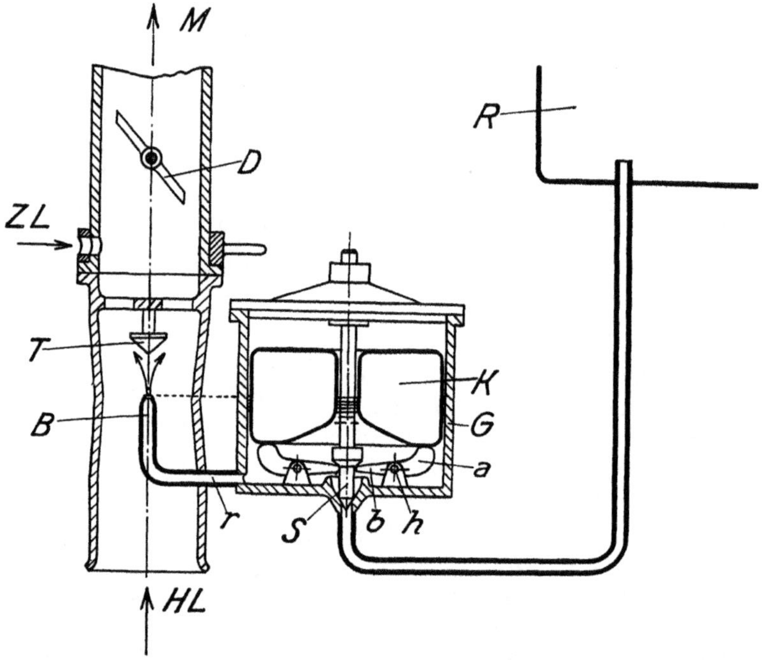

Abb. 38. Vergaser im Schnitt

R Brennstoffbehälter mit anschließender Brennstoffleitung
G Schwimmerkammer
K Schwimmer
a b Regulierhebel
S Schwimmernadel
r Verbindungsrohr zur Düse *B*
T Pralltellor
HL Hauptluft
ZL Zusatzluft
D Drosselklappe im Aussaugrohr
M Anschluß zum Motor

Benzins zur Schwimmerkammer so zu regeln, daß sich der Spiegel darin immer wieder auf die nötige Höhe hebt, wenn er durch Abfließen von Benzin zum Vergaser gesunken war. Das kann man an der Abb. 38 erkennen, wo man in das Innere einer solchen Kammer schaut. (Man denke sich darum die Kammer von oben nach unten der Länge nach durchschnitten, dann hat man die eine Hälfte so vor sich, wie es die Zeichnung zeigt; hier hat man wieder eine Schnittzeichnung vor sich, wie sie bei Abb. 23 erklärt wurde.)

Da sieht man also im Innern der rechten Kammer *G* den eigentlichen Schwimmerkörper *K*; gewöhnlich ist das ein Hohlkörper aus Blech, in dessen Hohlraum Luft ist. Ein solcher Körper schwimmt auf dem Benzin. Wenn nun etwas Benzin durch das Verbindungsrohr *r* und die Düse *B* abgeflossen ist, sinkt der Spiegel in der Schwimmerkammer, sinkt mit dem Spiegel auch der Schwimmer *K*; und dabei stößt er zwei kleine Hebel an, die in unserem Falle unten (bei *h*) drehbar gelagert sind. (Sie könnten auch oben sein, das ist einerlei.) Beim Anstoßen an diese Hebel wird deren äußeres Ende *a* niedergedrückt, jeder Hebel dreht sich jetzt um seinen Drehpunkt, und das innere Ende *b* wird dabei gehoben. Dieses Ende stößt wieder an eine Verdickung der dünnen Stange *S*, der sogenannten Schwimmernadel an, und hebt damit die Nadel selbst hinauf. Die Nadel ist durch den Schwimmer gesteckt, ohne ihn zu berühren. Das wichtigste ist nun, daß diese Nadel unten konisch (kegelförmig) zuläuft und mit dieser Spitze in eine ähnliche konische Bodenöffnung hineinpaßt. Für gewöhnlich verschließt dieses spitze Ende die Öffnung wie ein Ventil; es heißt auch Nadelventil, weil es so dünn ist; wenn der sinkende Schwimmer die Nadel hebt, geht sie aus der Öffnung heraus und gibt diese frei.

Das weitere ist nun leicht verständlich. Die Schwimmerkammer steht natürlich zunächst durch eine Rohrleitung mit dem gefüllten Benzinbehälter *R* in Verbindung. Und so oft die Nadel sich hebt und aus der Öffnung tritt, kann Benzin zufließen und die Kammer bis zur vorgeschriebenen Spiegelhöhe nachfüllen. Ist diese erreicht, so hat sich unterdes mit steigendem Benzin auch der Schwimmer selbst wieder hinaufbewegt, drückt jetzt nicht mehr die Hebel *h* nieder, diese nehmen ihre frühere Stellung ein und damit fällt die Nadel wieder in die Öffnung im Boden, schließt diese ab und unterbricht so den weiteren Zufluß von Benzin aus dem Behälter. Indem aber Benzin in die Düse fließt und aus ihr heraustritt, sinkt wieder rechts der Spiegel und dasselbe Spiel wiederholt sich.

b) Der Düsenraum

Wie tritt nun das Benzin aus der Düse heraus?

Düse und Schwimmerkammer sind, wie wir sahen, zwei verbundene Gefäße, haben also gleich hohe Flüssigkeitsspiegel, so lange auf beiden gleiche Drücke lasten. Aber gerade das ist im Vergaser nur dann der Fall, wenn der Betrieb ruht; dann fließt natürlich auch nichts aus der Düse. Soll das aber geschehen, dann muß ein Druckunterschied erzeugt werden. Im Vorraum der Schwimmerkammer, die durch eine Öffnung im Deckel ständig mit der Außenluft in Verbindung ist, läßt sich dazu nichts machen; aber im Düsenraum. Es ist klar, daß es darauf ankommen wird, hier einen Druck zu erzielen, der kleiner ist als der im Schwimmerraum. Denn nur dann wird der größere Druck im Schwimmerraum das Benzin aus der Düse heraus treiben. Über dem Benzin in der Schwimmerkammer ist gewöhnliche Luft; dieser Raum ist mit der freien Atmosphäre ständig verbunden; dort herrscht also atmosphärischer Luftdruck. Über der Düse anfangs, wo alles in Ruhe ist, auch. Der Raum um die Düse herum ist sozusagen ein zum Motor führendes, vorn offenes Rohr. Bei dieser Öffnung — in der Zeichnung unten — tritt die gewöhnliche Außenluft als Hauptluft (*HL*) in den Düsenraum. Durch eine Verengung des Querschnittes läßt sich die Luftgeschwindigkeit in der Nähe der Düsenöffnung noch erheblich steigern.

Sobald der Motor zu arbeiten beginnt, pumpt er die Luft aus dem Düsenraum heraus. Dort vermindert und verdünnt sich somit die Luft und ihr Druck sinkt unter den Druck der atmosphärischen Außenluft. Da man alle Drücke mit diesem atmosphärischen Druck vergleicht, so nennt man jeden Druck, der kleiner als dieser ist: Unterdruck, jeden höheren: Überdruck. Im Düsenraum entsteht somit durch die Arbeit des Motors ein Unterdruck. Gegenüber dem Schwimmerraum haben wir jetzt also den erstrebten Druckunterschied, der dem Benzin den Austritt aus der Düse ermöglicht. Der größere Druck im Schwimmerraum drückt das Benzin als ganz feinen Strahl durch die Düse. Und da dieser Strahl, vom Druck getrieben, mit einer gewissen Wucht herausschießt und oft auch noch gegen einen konischen Körper (Teller *T*) prallt, so zerstäubt er dabei in eine Unzahl kleinster Bläschen, die als Nebel den Raum um die Düse erfüllen.

Die an der Düse rasch vorbeistreichende Hauptluft bemächtigt sich gewissermaßen des Düsenstrahles, hilft ihm heraus aus der engen Düse, mischt sich leicht und innig mit dem aussprühenden Benzinnebel und bildet jetzt das explosionsfähige Gemisch.

19. Unterdruckförderung

Wenn man hört, daß der Motor imstande ist, das Benzin aus der Düse herauszuziehen, kommt man leicht auf den Gedanken, mit dem Unterdruck auch das Benzin in den Vergaser überhaupt zu fördern. Dies geschieht tatsächlich bei den sogenannten Unterdruck- oder Saugförderern, die seit einigen Jahren sich einzubürgern beginnen. Bei diesen wird der Vergaser nicht unmittelbar mit dem Benzintank, sondern zunächst mit einem höhergelagerten Brennstoffförderer verbunden, der an den Tank angeschlossen ist. Der Apparat, wie ihn z. B. die „Pallas"-Apparate-Gesellschaft in Berlin ausführt (Abb. 39), hat zwei Kammern. Die obere Kammer enthält einen Schwimmer und wird abwechselnd mit dem Inneren des Zylinders und der äußeren Luft verbunden; sie hat also zuerst, wenn sie mit dem saugenden Zylinder verbunden ist, Unterdruck und zieht das Benzin aus dem Hauptbehälter ein; wenn sie danach an die äußere Luft angeschlossen wird, bekommt sie wieder vollen Luftdruck und läßt nun das Benzin in die darunterliegende zweite Kammer abfließen, von wo es wie aus einem gewöhnlichen Hochbehälter als Fallbenzin von selbst zum Vergaser strömen kann.

Die abwechselnde Verbindung der oberen Schwimmerkammer mit dem Zylinder oder mit der Außenluft geschieht durch Ventile, die meist ähnlich wie das Nadelventil anderer Schwimmer mit Hebeln und Gewichten durch den Schwimmer selbst gesteuert werden.

20. Gemischregelung

Auf diese oder jene Art haben wir also ein Gasluftgemenge im Vergaser erhalten. Wie wir schon früher gehört

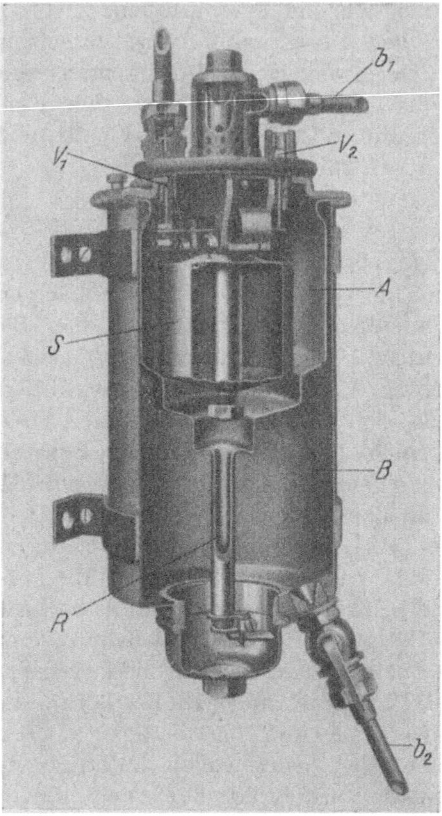

Abb. 39. U n t e r d r u c k- oder S a u g f ö r d e r e r der „P a l l a s"-Apparate-Gesellschaft, Berlin. Der Apparat ist durchschnitten dargestellt und zeigt die Einrichtung seines Innenraumes. Durch das Röhrchen b_1 fließt Benzin zu. Man erkennt ferner die im Texte (S. 55) erwähnte Teilung in zwei Kammern. In der oberen *A* ist der auf- und abgleitende Schwimmer *S* sichtbar, der, oben angelangt, ein Ventil V_1 schließt und damit die Verbindung der Oberkammer mit dem saugenden Zylinder aufhebt, z u g l e i c h aber ein zweites Ventil V_2 öffnet und durch dieses Luft eintreten läßt. Hierauf beginnt der Abfluß des Benzins aus der Oberkammer durch die an ihrem Boden angeschlossene Rohrleitung *R* in die Unterkammer *B* und von hier durch die Rohrleitung b_2 zum Motor

haben, ist dieses Gemenge nur bei bestimmten, begrenzten Mischungsverhältnissen brauchbar. Es ist daher ganz besonders wichtig, daß der Motor unter allen Umständen stets ein Gemisch erhält, das explodieren kann. Nun ändert sich aber das Verhältnis von Benzin und Luft, wenn der Motor rascher arbeitet; er wird dann den Luftraum der Düsenkammer rascher, stärker verdünnen; der Druckunterschied gegenüber dem Schwimmerraum wächst, und die Folge ist, daß das Benzin rascher aus der Düse strömt und mehr Raum im Gemenge einnimmt. Dieses muß daher wieder aufs richtige Verhältnis gebracht werden, indem man nachträglich Luft nachliefert. Zu diesem Zwecke ist noch eine zweite Öffnung da, durch die Luft zum Benzin treten kann; eigentlich schon zum Gemisch. Man nennt diese die „Zusatzluft" (*ZL* in Abb. 38); deren Menge ist regulierbar. Gewöhnlich besorgt das der Motor selbst, „automatisch". Man kann nämlich die Kraft des Überdruckes selbst dazu benützen, um ein Absperrorgan in der Zusatzluftleitung mehr oder weniger zu öffnen. Bei steigendem Überdruck wird dann von selbst („automatisch") mehr Zusatzluft einströmen, bei sinkendem entsprechend weniger.

Häufig wird man finden, daß die zur Gemischbildung eingeführte Luft vor ihrem Eintritt in die Mischkammer erwärmt wird, indem sie an einem heißen Teil des Motors, z. B. dem Abzugsrohr der verbrannten, heißen Gase oder an den Zylinderwänden vorüberstreicht. Das hat den Vorteil, daß sich diese Wärme auch dem Benzinnebel mitteilt und diesen noch mehr verfeinert oder ganz verdampft. Je feiner zerstäubt aber das Benzin ist, desto leichter tritt zu jedem solchen Teilchen die Mischluft hinzu und das Gemisch kann rascher und besser zustande kommen.

Daß die Luft meist arg verstaubt zuströmt, namentlich bei Fahrten auf Landstraßen, ist kein Wunder. Ein großer Teil dieses, bald groben, bald feineren Staubes lagert sich an allen möglichen Stellen des Motorinnern ab, verschmutzt das Öl, verkratzt die Innenteile, ist also ein Übel, dem man steuern soll. Die üblichen grobmaschigen Siebe vor dem Lufteintritt reinigen die Luft nicht vollständig genug. Neuerdings verwendet man eigene Luftfilter: in mannigfach geformten Kammern mit den Weg verstellenden Zwischenwänden oder ähnlichen Hindernissen muß sich die Luft durchzwängen und ihren Staub absetzen. In Abb. 40 ist ein Pallas-Luftfilter im Schnitt wiedergegeben. Bei *a* tritt staubige Straßenluft ein und scheidet infolge mehrfachen Richtungswechsels den Staub und Schmutz bei *c* aus; bei *b* tritt die Luft gereinigt zum Vergaser.

Die Erhaltung des richtigen Gemisches trotz wachsender Drehzahl des Motors läßt sich, wie die modernen Vergaser beweisen, auch dadurch erreichen, daß man den Zudrang des Benzins gewissermaßen bremst. Eine eigene kleine *Bremsdüse* ist vor der Hauptdüse eingebaut. Auch ihr fließt Benzin aus der Schwimmerkammer zu; auch an ihr streicht Luft vorbei und mischt sich mit dem Benzin; diese Zusatzluft verzögert, bremst das Ausspritzen des Benzins aus der Bremsdüse — daher deren Name.

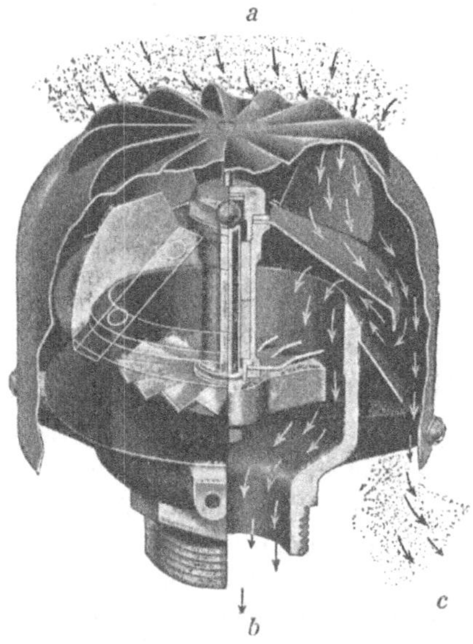

Abb. 40

Das Umgekehrte, nämlich eine *Anreicherung des Gemisches* mit Benzin ist wichtig, wenn der Motor zu arbeiten beginnt. Der stillstehende Motor hat natürlich überhaupt keine Drehzahl; und wenn er in Gang kommt, fängt er mit geringer Drehzahl an. Dabei pflegt die Drosselklappe im Ansaugrohr fast ganz geschlossen zu sein und sperrt den Zufluß der Hauptluft und des Benzins aus der Hauptdüse ab. Soll der Motor auch jetzt das Gemisch bekommen, das er braucht, dann muß es ihm knapp oberhalb der geschlossenen Drosselklappe zugeführt werden. Hiezu ist eine besondere Düse, die *Leerlaufdüse*, bestimmt. Sie liefert dem noch unbelasteten, „leer laufenden" Motor Brennstoff und hört auf damit, sobald der Motor bei sich öffnender Drosselklappe wieder von der Hauptdüse versorgt werden kann.

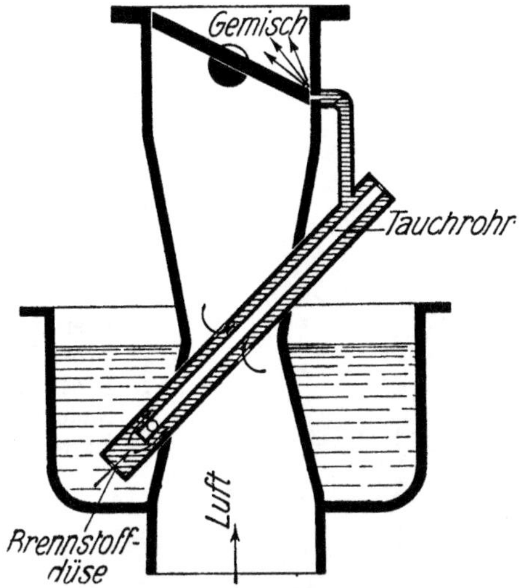

Abb. 41. Wirkung der Leerlaufdüse eines Pallasvergasers. Die Leerlaufdüse mündet in den engen Spalt zwischen der fast geschlossenen Drosselklappe und der Rohrwand. Hier strömt Luft vorbei und holt sich Benzin aus der Leerlaufdüse. Die gebogenen Pfeile in der Mitte des schrägen Düsenrohres zeigen an, daß auch dort Luft zutritt

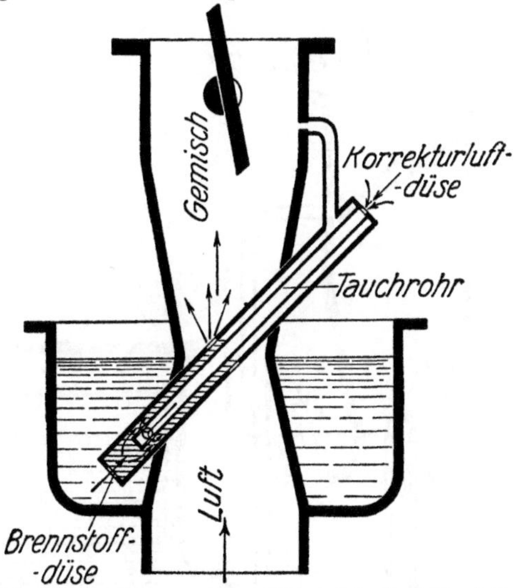

Abb. 42. Wirkung der Bremsdüse (Korrekturluftdüse) beim Pallasvergaser. Die erhöhte Saugkraft bei größerer Motordrehzahl entleert das Tauchrohr; durch die Korrekturluftdüse tritt Luft ins Tauchrohr, bei seinen unteren Öffnungen durch und verdünnt das Gemisch. Die Pfeile in der Mitte des schrägen Düsenrohres zeigen, wo jetzt das Gemisch ausspritzt

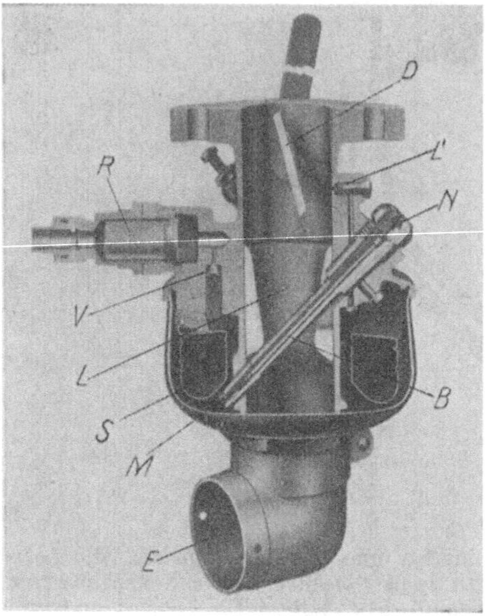

E Eintritt der Hauptluft
L Luftdüse
B Spritzdüse
M Benzinzutritt
N Zutritt der Zusatzluft
L' Leerlaufdüse
D Drosselklappe
R Benzinseiher
V Nadelventil
S Schwimmer

Abb. 43. Pallas-Vergaser

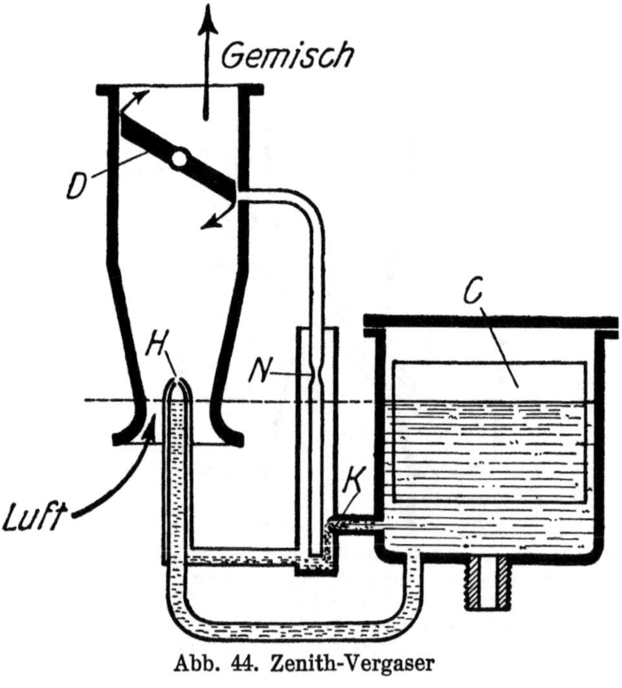

Abb. 44. Zenith-Vergaser

In den Abb. 41 bis 45 sind zwei sehr verbreitete und bewährte Ausführungen solcher moderner Vergaser wiedergegeben und erklärt: der Pallas- und der Zenith-Vergaser.

Wir verstehen nun, wie ein stets zündfähiges Gemisch zustande kommt, mit dem man einen Motor zum Arbeiten bringen kann. Es muß nur noch in den Motor eingeführt und dort zur rechten Zeit entzündet werden. Nun ist's endlich an der Zeit, daß wir auch über den Motor selbst einiges erfahren.

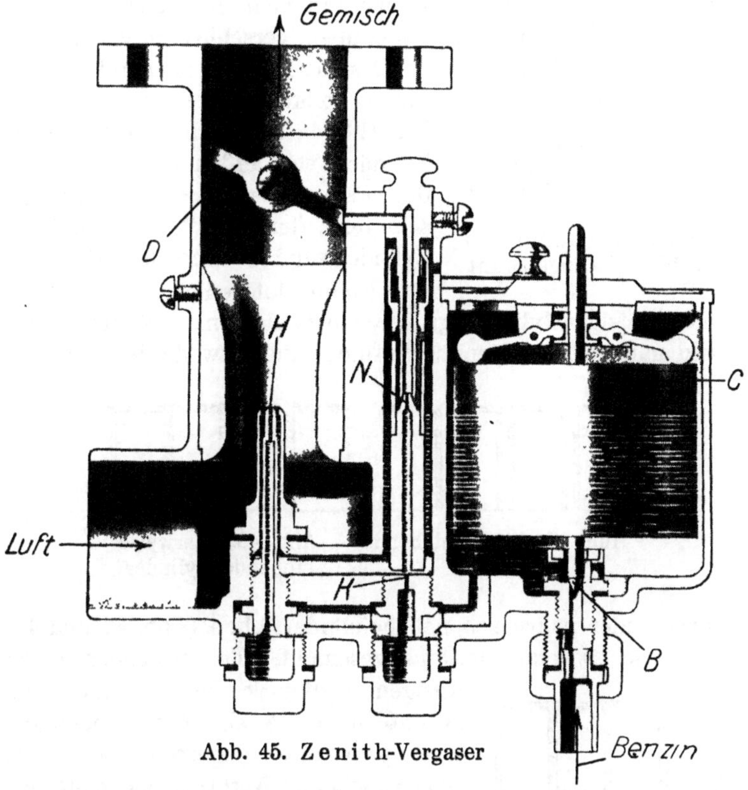

Abb. 45. Zenith-Vergaser

H Hauptdüse in direkter Verbindung mit der Schwimmerkammer; *H* steckt in einem zweiten Röhrchen, das durch die Bremsdüse *K* gespeist wird, die bei hoher Motordrehzahl nicht mehr soviel Benzin liefert als bei *H* abgesaugt wird. Dadurch wird das Gemisch benzinärmer. *N* Leerlaufdüse wirkt wie beim Pallas-Vergaser. *B* Nadelventil, *C* Schwimmer, *D* Drosselklappe

21. Zylinder und Kolben

Wichtig ist da zunächst der Raum, in den das Benzin geleitet wird, um dort Kraft zu erzeugen. Dieser Raum heißt der „Zylinder“. Und er heißt mit Recht so. Denn er hat ganz dieselbe Bauart wie die gleichnamige Kopfbedeckung, wenn es auch von außen auf den ersten Blick nicht so auszusehen scheint. Es ist nämlich im wesentlichen eine Röhre, auf einer Seite, oben, verschlossen, wie der Hut durch seinen Deckel, nach unten offen, innen vollkommen glatt geschliffen. Die Abb. 46 zeigt links einen solchen Zylinder von außen gesehen, rechts der Länge nach mitten durchgeschnitten; der Schnitt geht durch die Zylinderwand *W* und den Boden *d*.

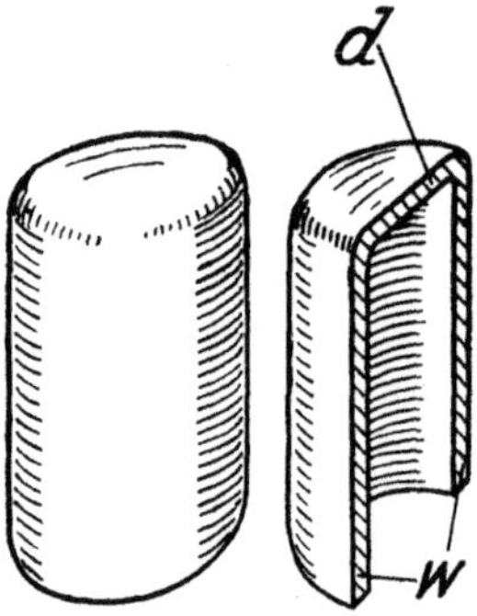

Abb. 46. Zylinder in Ansicht und Längsschnitt

Kleine Motoren begnügen sich mit einem einzigen Zylinder, größere mit zweien. In der Mehrzahl aber wird man vier, neuestens sechs finden, die entweder jeder für sich

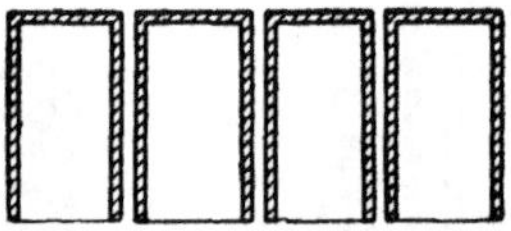
Abb. 47. Einzelnstehende Zylinder

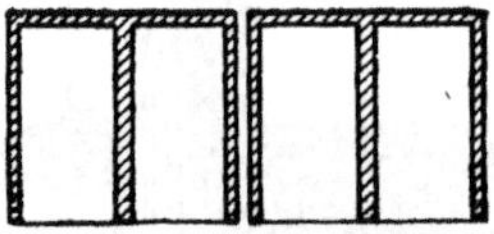
Abb. 48. Paarweise stehende Zylinder

einzeln oder paarweise nebeneinanderstehen (Abb. 47 und 48) oder, wie es jetzt meistens geschieht, alle zusammen einen einzigen Gußblock bilden (Abb. 49), so daß man sie als einzeln gegossen oder paarweise gegossen oder als Block bezeichnet. Natürlich haben die verschiedenen Motoren Zylinder von den verschiedensten Abmessungen nach „Hub“ und „Bohrung“. Hub: das ist die Länge des Zylinders und Bohrung: der Durchmesser seines kreisförmigen Querschnittes, beides innen gemessen.

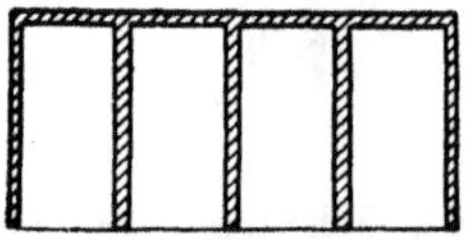
Abb. 49. Vier Zylinder in einem Block

Das Wort Hub führt uns auf einen im Zylinderinnern auf- und abwärtsgehenden Teil: den Kolben; der Weg dieses Kolbens ist nichts anderes als der Hub. So ein Kolben ist selbst wieder ein zylindrischer, unten offener, aus Grauguß oder besonderen Leichtmetallen hergestellter Körper, der in die Zylinderbohrung so strenge paßt, daß er den Hohlraum des Zylinders luft- und gasdicht absperrt (Abb. 50, 54 bei *K*). Der Kolben muß natürlich kürzer sein als der Zylinder *Z*, denn er soll sich ja in diesem auf- und abbewegen können. Sein Weg oder Hub reicht vom Boden oben bis zur Öffnung unten; er ist so eigentlich ein zweiter Boden, aber ein beweglicher. Damit er sich dicht im Zylinder bewegen kann, ist der Kolben eigenartig ausgebildet. Der Kolbenkörper ist im Querschnitt um ein ganz geringes Maß kleiner als der Zylinder; an seinem

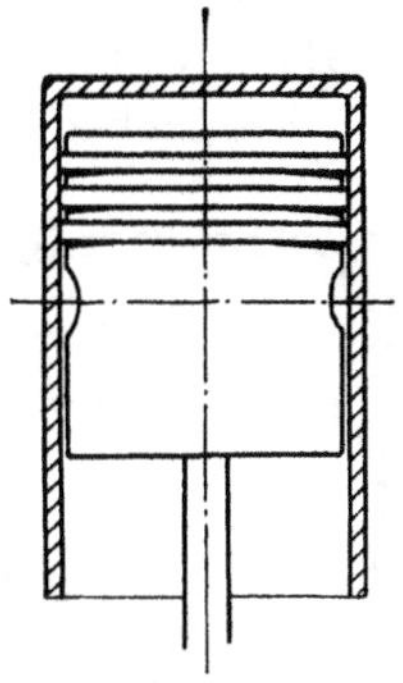

Abb. 50. Zylinder (im Schnitt) mit Kolben

Abb. 51. Kolben
A: ohne Kolbenringe; *n* Nuten — *B*: mit eingelegten Kolbenringen

Umfang hat er einige kreisförmige Rillen (Furchen, Nuten) eingeschnitten (Abb. 51, *A* bei *n*), und in diese legt man hineinpassende Ringe (Abb. 51, *B* und 52); diese Ringe, wie der Kolben aus Grauguß und ursprünglich aus einem Stück hergestellt, sind an einer Stelle aufgeschlitzt, so daß sie klaffen und federn (siehe Abb. 52); dadurch pressen sie sich fest an die Zylinderwand und stellen so den dichten Abschluß her (siehe Abb. 50). Die Kolbenringe werden so in die Ringnuten des Kolbens eingelegt, daß ihre Schlitze nicht übereinander liegen, weil sie sich sonst zu einem einzigen Schlitz vereinigen und Öl und Gas durchlassen würden.

Der Kolben liegt also mit seinen Kolbenringen dicht an der Zylinderwand an. Quer durch den hohlen Kolben (Abb. 53) ist der Kolbenbolzen *b* gesteckt, ein kurzes walzenförmiges Achsenstück aus besonderem Stahl, das, an den Durchsteckstellen in den Kolbenbolzenlagern *l* drehbar oder auch fest gelagert wird. Zwischen diesen Lagern wird der Kolbenbolzen von dem oberen Ende der abwärts gerichteten Pleuelstange *p* ganz umfaßt (Abb. 53 und 56 bei *a*). Das untere Ende dieser stählernen Stange umgreift mit zwei durch Schrauben zusammengehaltenen Lagerschalen die Kurbelwelle (Abb. 54 und 56 bei *p*).

Abb. 52. Kolbenringe

Die beiden Endpunkte der Pleuelstange machen nicht die gleiche Bewegung. Der obere mit dem Kolben verbundene kann sich natürlich nur so wie der Kolben selbst bewegen: auf- und abwärts in gerader Richtung. Anders das untere Stangenende, das mit der Kurbelkröpfung verbunden ist[1] (Abb. 54 und 55). Der Kurbelarm dreht sich im Kreis; das gleiche muß jeder mit ihm verbundene Punkt machen; das untere Pleuelstangenende ist so ein Punkt und muß daher die Kreisbewegung mitmachen. Oder richtiger gesagt: Wenn sich der Kolben bewegt (z. B. abwärts), so muß sich der oberste Stangenpunkt mit dem Kolben gerade abwärts, der unterste mit dem

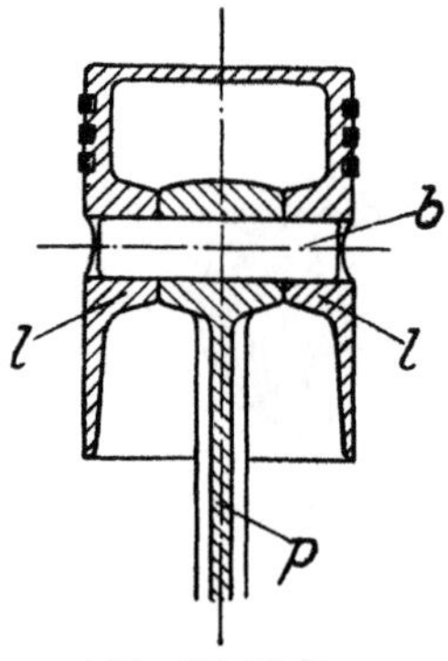

Abb. 53. Kolben (im Schnitt)
b Kolbenbolzen
p Pleuelstange
l, *l* Kolbenbolzenlager

[1]) Eine Kurbel ist ein auf einer Welle sitzender Arm, an dessen Ende eine Kraft angreift. Diese Kraft kann immer nur den Arm um die Wellenachse drehen und da Kurbel und Welle fest verbunden sind, wird sich auch die Welle drehen (siehe Abb. 54).

Kurbelarm im Kreis bewegen. Mit Hilfe von Pleuelstange und Kurbelwelle kann man somit jede geradlinige Bewegung in eine drehende überführen. Hier fällt uns der Anfang unserer Betrachtungen ein, wo immer von drehender Bewegung die Rede war. Jetzt könnten wir schon den ganzen Zusammenhang einfach überblicken:

Im Zylinder des Motors geht ein Kolben durch eine noch unbekannte Kraft hin und her, auf- und abwärts. Durch Einschaltung der Pleuelstange zwischen Kolben und Kurbelwelle wird diese hin- und hergehende Bewegung in die drehende Bewegung der Kurbelwelle verwandelt. Die Fortsetzung kennen wir: Die Motorwelle gibt ihre Bewegung mit Hilfe der Kupplung an die Getriebewelle weiter, jene Welle, die wir in unseren früheren Darstellungen (Abb. 11, 12, 15 usf.) mit *m* bezeichnet haben, diese durch das Getriebe ans Differenzial und dieses schließlich an die Hinterradachse des Wagens und die Räder.

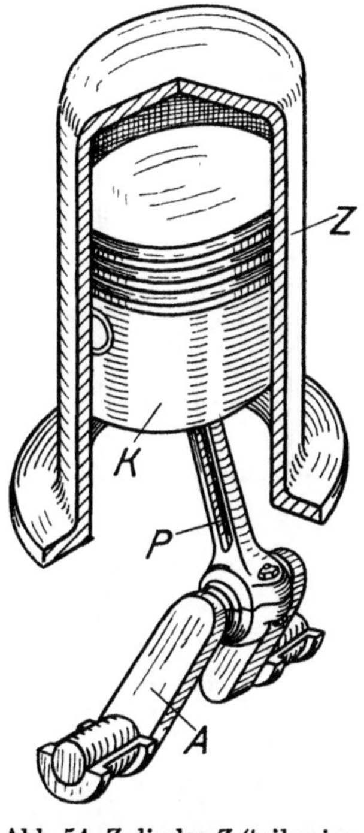

Abb. 54. Zylinder *Z* (teilweise aufgeschnitten) mit Kolben *K*, Pleuelstange oder Kolbenstange *P* und Kurbelwelle *A*

Also: Angefangen hat es mit der Hin- und Herbewegung des Kolbens, geendet mit der drehenden der Wagenräder. Das war ja unser Ziel von Anfang an gewesen.

22. Die Vorgänge im Zylinder

Unbekannt blieb uns aber bisher noch immer, wie die Kolbenbewegung zustande kommt. Das haben wir nunmehr zu untersuchen.

Wir ahnen schon, daß wir das mit dem Gemisch von Luft und Benzin erreichen werden. Zu diesem Zwecke müssen wir dieses Gemisch in den Zylinder bringen und dort entzünden, um es explodieren zu lassen. Das Gemisch wird im Vergaser erzeugt und soll in den Zylinder hinein. Der Zylinder muß daher an einer Stelle eine Öffnung haben, an die sich eine Leitung zum Vergaser anschließt. In der Abb. 46 ist diese Öffnung rechts oben bei *O* zu sehen, wo sich der Zylinder nach außen erweitert, um die Leitung aufzunehmen; bei *V* ist der Vergaser angedeutet. Zum Abschließen der Leitung ist ein sogenanntes Ventil (*v*) eingebaut (Abb. 57). Es ist nichts als ein flacher, kleiner, kreisrunder Teller mit meist konischem, glatt abgedrehtem Rand, und sitzt wie ein Stoppel in einer ebenso glatt konisch gedrehten Öffnung, in die es genau hineinpaßt oder eingepaßt wird (z. B. durch Einschleifen mit Schmirgel oder einem anderen Schleifmittel). Dieses Ventil *v* sperrt die Leitung *z* gegen den Zylinder ab, oder, was ebensoviel ist, den Zylinder gegen die Leitung und den Vergaser. Solang also das Ventil auf seinem Sitze ruht, kann kein Gas aus dem Vergaser in den Zylinder gelangen. Wir brauchen aber Gas im Zylinder. Darum muß das Ventil *v* gehoben werden und die Leitung so lang offen bleiben, bis genug Gas in den Zylinder eingeströmt ist. Das Ventil kann sich selbsttätig (oder „automatisch") heben. Wieso denn?

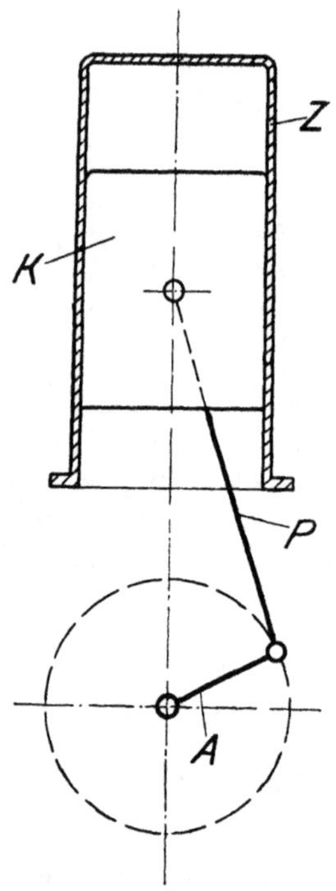

Abb. 55. Technische Darstellung der Abb. 43
Z Zylinder
K Kolben
P Pleuelstange
A Kurbelwelle

Zu Beginn denken wir uns den Kolben, wie er in der Abb. 57 gezeichnet ist, oben in seiner höchsten Stellung (man nennt das die obere „Tot"-lage oder den oberen „Tot"-punkt); im Zylinder ist vorläufig nichts drinnen als ein wenig Luft. Zwischen dem Zylinderdeckel und dem Kolben bleibt immer noch ein gewisser, wenn auch nur kleiner Raum frei; diesen füllt die Luft. Und nun fängt der Betrieb auf folgende Weise an: Der Kolben beginnt sich nach unten zu bewegen; nicht von selbst freilich, das kann er nicht. Das besorgt derjenige, der „ankurbelt", was wohl jeder schon gesehen hat. Wir wollen davon später sprechen. Jetzt beschäftigt uns nur die Bewegung des Kolbens und noch nicht, wie sie zustande kommt.

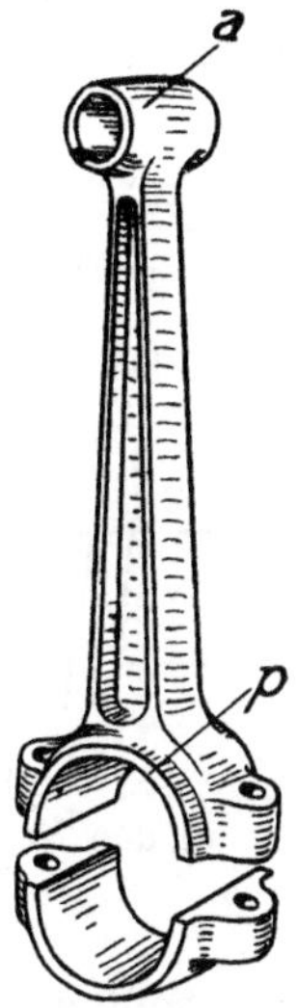

Abb. 56. Pleuelstange (Kolbenstange) *a* oberes Augenlager für den Kolbenbolzen *p* unteres geteiltes Lager für die Kurbelwelle

Der Kolben geht also hinab. Der freie Raum zwischen ihm und dem Deckel wird dabei größer, und da keine neue Luft dazutritt, wird sich die schon vorhandene im größer werdenden Raum ausdehnen können; dabei verdünnt sie sich natürlich. Das Ventil *v* spürt das sehr deutlich, wie auf seiner dem Zylinder zugekehrten Seite die Luft immer dünner wird, während auf seiner unteren der frühere Luftdruck weiterwirkt; da der jetzt größer ist als der Druck der verdünnten Luft oben, so hebt er einfach das Ventil von seinem Sitze ab: die Öffnung wird frei. Auf einmal sind jetzt Zylinder und Vergaser miteinander verbunden. Die Luft, die bisher in der Leitung und im Düsenraum des Vergasers eingesperrt war, kann sich jetzt auch in den Zylinder hineindehnen, so daß also in allen verbundenen Räumen etwas Unterdruck entsteht. Wir wissen schon, daß infolgedessen das Benzin aus der Düse strömt und sich sofort mit Luft mischt, und nun sehen wir endlich, wie es in den Zylinder gelangt. Denn jedes Gas will sich so weit wie möglich ausdehnen. Das Benzinluftgemisch drängt daher in den Zylinder. Je tiefer der Kolben sinkt, desto mehr Gas strömt in den Zylinder. Der Zylinder saugt während dieses Hubes gewissermaßen Gas ein. Man nennt das darum den Saughub.

Schließlich muß der Kolben zu unterst ankommen und — durch die Kurbel gezwungen — wieder den Marsch nach oben beginnen. Dabei wird er die Gase vor sich herschieben; die würden also wieder denselben Weg zurückwandern. Aber durch dieses Zusammendrücken werden sie verdichtet[1]) und üben von oben auf das Ventil *v* jetzt einen Druck aus, der stärker ist als der auf der Unterseite wirkende Druck der unverdichteten Luft. Das Ventil wird somit gewaltsam auf seinen Sitz niedergedrückt, und dies um so fester, je mehr sich der Kolben dem oberen Totpunkt wieder nähert, weil die Gase immer stärker zusammengedrückt werden. Heraus aus dem Zylinder kann wegen des geschlossenen Ventils nichts.

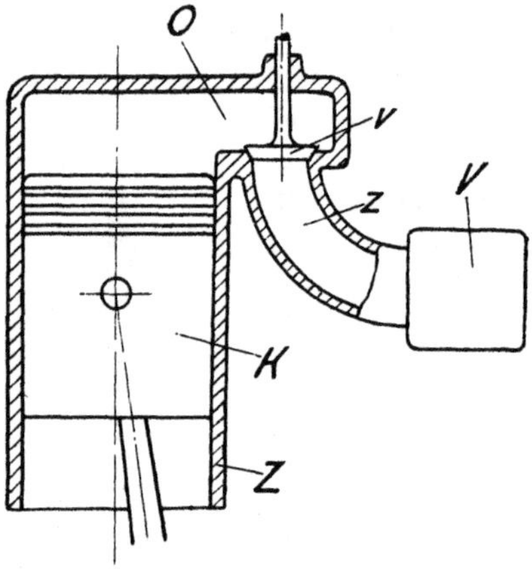

Abb. 57. Zylinder *Z* mit Anschluß an den Vergaser *V*. *K* Kolben; *v* Einlaßventil

So erreicht der Kolben wieder den oberen Totpunkt. Man versteht nun, warum in dieser Lage zwischen ihm und dem Deckel Raum bleiben muß; wo sollten denn sonst die Gase Platz finden? In diesem kargen Zwischenraum wurden sie auf das engste zusammengepreßt. Hier in diesem Raum erwarten sie die Explosion. Darum nennt man diesen Teil des Zylinders E x p l o s i o n s k a m m e r; das ist also kein Extrakabinett, wie viele glauben, sondern lediglich ein kleiner Raum im Zylinder selbst oder unmittelbar an ihn anschließend, in den der Kolben nicht hinein darf, sondern nur das Gas. Als Gas hat dieses Gemenge schon an sich das Bestreben sich auszudehnen; im gepreßten Zustande ist dieses Bestreben bedeutend gesteigert, etwa wie bei einer zusammengedrückten Spiralfeder.

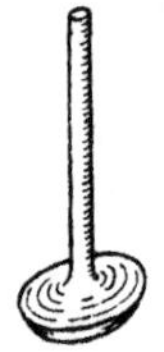

Abb. 58. Ventil

[1]) oder gepreßt, mit einem Fremdwort: k o m p r i m i e r t, von komprimieren = zusammenpressen. Das deutsche Wort ist ebensogut und wird wenigstens allseits verstanden. Es kommt ohnehin von jenem lateinischen, wie man an der Ähnlichkeit der gleichbedeutenden Worte: P r e s s u n g und K o m p r e s s i o n sieht. Daher rühren wohl die Mißbildungen, wie kompressieren oder kompremettieren usw.

Wenn man nun dieses ohnehin zur Entspannung neigende Gemisch entzündet, so kann man sich leicht vorstellen, was für gewaltige Kräfte dabei frei werden müssen. Nach dem eben Gehörten ist es auch klar, daß der günstigste Zeitpunkt zur Explosion der ist, in dem die Gase am stärksten gepreßt sind, das ist also zur Zeit, wo der Kolben eben wieder oben ankommt. Jetzt soll daher die Explosion eingeleitet werden. Und das geschieht auch. Mitten in dieses Gemisch wird ein Funken geschleudert, der so heiß ist, daß er das Gas entzündet.

Hier merken wir uns vorläufig nur, daß das ein elektrischer Funken ist, d. h. ein auf elektrischem Wege erzeugter. Die Funkenbildung selbst studieren wir später.

Wir nehmen also an, daß im rechten Augenblick ein zündfähiger Funken das Gas zur Explosion gebracht habe.

Diese Explosion ist der entscheidende Vorgang im Inneren des Zylinders. Um sie dreht sich alles. Durch die Wucht der explodierenden Gase wird nämlich der Kolben kräftig hinabgestoßen. Hier sehen wir also zum ersten Male jene Kraft, die die Kolbenbewegung erzeugt. Der Kolben wird bis zum unteren Totpunkt gestoßen; da muß er, weil er an der Kurbel hängt, umkehren und wieder hinauf gehen. Indem er hinauf geht, schiebt er die explodierten Gase — so wie früher die angesaugten — vor sich her und würde auch sie zusammenpressen, wenn sich nicht jetzt ein zweites Ventil oben im Zylinder (siehe Abb. 60 und 61 links) öffnete und die verbrannten, unbrauchbar gewordenen Gase (bei *A*) hinausließe. Ist der Kolben wieder oben angelangt, so ist der Zylinder wieder so ziemlich leer und es beginnt das gleiche Spiel, indem der Kolben beim Niedergehen wieder für frisches Gemisch Raum schafft.

23. Viertakt

Halten wir also fest: Viermal durchmißt der Kolben den Weg *h* (Abb. 59): zweimal abwärts, zweimal aufwärts. Man nennt jeden solchen Weg einen Hub oder einen Gang, am häufigsten einen Takt; darum bezeichnet man Motoren, die auf die beschriebene Art arbeiten, als Viertaktmotoren oder sagt: die Motoren arbeiten im Viertakt. (Es gibt aber auch Motoren, die nicht im Viertakt, sondern beispielsweise im Zweitakt oder Sechstakt arbeiten.)

Beim üblichen Viertakt entspricht dem

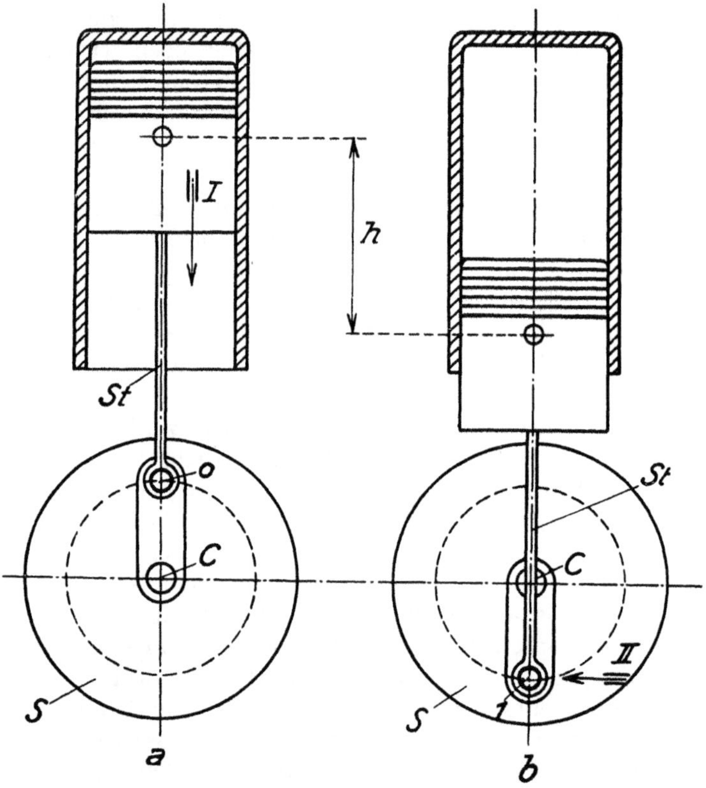

Abb. 59. Zylinder mit Kolben, Pleuelstange und Kurbelwelle. Kolben und Kurbelwelle in zwei Totpunktstellungen

1. Takt das Ansaugen des Gasgemisches; dem
2. „ dessen Verdichtung (Kompression) mit der Zündung am Ende; dem
3. „ die Explosion und darauffolgend die Ausdehnung der Gase; schließlich dem
4. „ die Ausstoßung der verbrannten Gase oder das Auspuffen.

Nur einmal während dieser vier Takte bekommt der Kolben einen kräftigen Stoß, nämlich im dritten Takt durch die Explosion. Diese Kraft muß ihn auch über die drei anderen Takte hinübertauchen. Mit hilft dabei ein Schwungrad. Das sitzt auf der Kurbelwelle als wuchtige Scheibe, die sich mit der bewegten Welle dreht und sie mitsamt dem Kolben durch ihre Schwungkraft über die toten Punkte hinüberschwingt. Daß der Kolben wirklich nur während eines einzigen Taktes vom Motor, während der übrigen drei Takte aber vom Schwungrad getrieben wird, geht aus folgender Überlegung hervor:

Beginnen wir einmal mit dem dritten Takt (Abb. 59, *a*). Kolben ganz oben: Explosion; Kolben geht hinab (Pfeil *I*). Dabei ist sein mit der Kurbel verbundenes Ende aus der Stellung *o* in die Stellung 1 gelangt (Abb. 59, *b*); *c* 1 ist die Kurbel, die jetzt wieder mit der Pleuelstange *St* in einer Linie liegt. In dieser Stellung wirkt die Kraft in der Richtung der Pleuelstange, also nach unten. Der Endpunkt 1 soll aber nicht mehr nach unten, sondern im Kreis wieder nach oben gehen. Ein kleiner Anstoß senkrecht zur Stange und Kurbel (Pfeil *II* in Abb. 59, *b*) genügt, um die kritische Stelle zu überwinden. Das besorgt der Schwung des Schwungrades *S* in so ausreichendem Maße, daß Stange und Kolben nicht nur über den toten Punkt hinwegkommen, sondern auch noch den ganzen nächsten Hub machen können. Am Ende dieses Hubes oben angelangt, stehen sie wieder an einem toten Punkt (Abb. 59, *a*), ohne daß eine andere Kraft zur Verfügung wäre als die Schwungkraft. Und der Kolben muß herab, damit frische Gase angesaugt werden können. Wieder hilft das Schwungrad aus. Auch noch ein drittes Mal, wenn es gilt, den Kolben am Ende des Saughubes wieder über den unteren toten Punkt zu bringen. Dann aber ist der Schwung erschöpft. Die jetzt zum Glück endlich eintretende Explosion liefert wieder neue Kraft für den folgenden und für drei weitere Takte. Das Schwungrad muß also viel Masse erhalten; denn je mehr Masse, desto mehr Schwungkraft läßt sich darin aufspeichern. Gewöhnlich steckt diese Masse in der einen Kupplungsscheibe, die somit eine doppelte Aufgabe hat.

24. Ventilsteuerung

Unsere Aufmerksamkeit verlangen jetzt die beiden Ventile. Wie wir sahen, sperrt das eine den Eintritt des Gases ab, das andere seinen Austritt. Von dem ersten haben wir sagen können, daß es sich im gegebenen Zeitpunkt selbsttätig hebt und senkt, den Eintritt also freigibt oder sperrt. Selbsttätig! das heißt: ohne daß eine mechanische Vorrichtung dazu nötig wäre. Lediglich infolge des auftretenden Druckunterschiedes zwischen dem Zylinderinnern und dem Vergaser. Wiederholen wir kurz: beim Saughub entsteht infolge der Luftverdünnung zunächst im Zylinder Unterdruck; das Ventil, Einlaßventil genannt, hebt sich und bleibt offen, so lange das Saugen währt, also einen ganzen Hub lang. Dann drücken es die nun durch den Kolben zusammengepreßten Gase wieder auf seinen Sitz zurück. Auch der Druck der Explosion hält das Ventil noch geschlossen; ebenso bleibt es während des Auspuffens der verbrannten, aber noch immer gespannten Gase in Ruhe, also im ganzen drei Takte lang. Erst nach diesen drei Takten öffnet es sich wieder.

Nun zum anderen Ventil, dem Auslaßventil. Es hat nur die verbrannten Gase hinauszulassen; steht daher nur im Auspufftakt, dem vierten, offen. Die hinausdrängenden Gase, die einen höheren Druck als die Außenluft haben, können das Ventil nicht öffnen, nur niederdrücken. Hier geht es also nicht mit dem selbsttätigen Öffnen; es muß vielmehr etwas da sein, das das Ventil hebt, wenn der Auspuff beginnen soll, und so lang offen hält, als der Auspuff dauern muß; dann aber soll es wieder auf seinen Sitz zurückfallen und dort festsitzen bis zum nächsten Auspuff. Eine Vorrichtung, die das bewirkt, heißt eine Steuerung und ein solches Ventil pflegt man als „gesteuertes“ im Gegensatz zu dem vorhin besprochenen ungesteuerten, selbsttätigen, automatischen zu bezeichnen.

Eine derartige Steuerung läßt sich in einfacher Weise herstellen. Wir wollen uns ihr Wesen an der Abb. 60 klar machen.

Da sehen wir zum Teil schon bekannte Dinge, wie den Zylinder mit Kolben, Pleuelstange und Kurbel, rechts oben ein Ventil ohne irgendwelche Steuerung, also das Einlaß- oder

Ansaugventil, links aber am Auspuffventil etwas Neues. Zunächst geht da eine Stange *s* herunter, die mit dem Ventil verbunden ist, der Ventilschaft genannt. Dann ist da bei *f*, durch die zwei Reihen schwarzer Punkte zu beiden Seiten

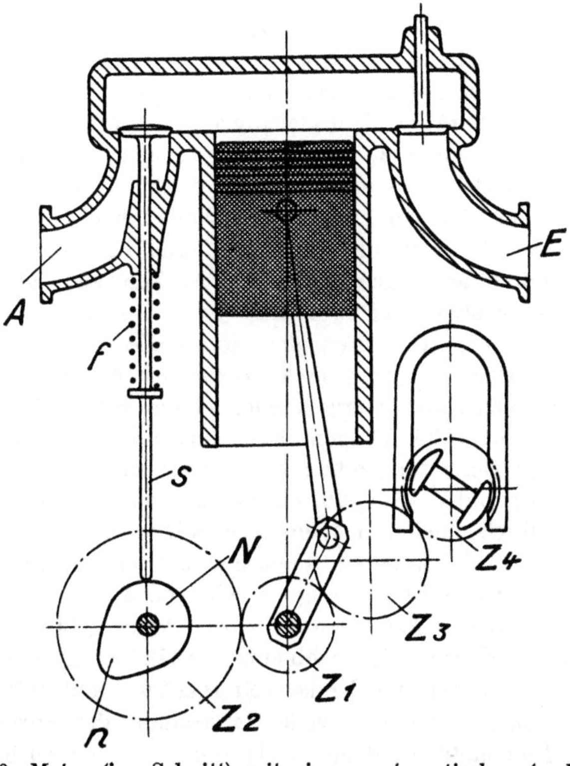

Abb. 60. Motor (im Schnitt) mit einem automatischen (rechts) und einem gesteuerten Ventil (links)

E Einlaß *s* Ventilschaft *N* Nockenscheibe
A Auslaß *f* Ventilfeder *n* eigentliche Nocke
Z_1 bis Z_4 Zahnräder

des Ventilschaftes angedeutet, eine Feder, die das Ventil auf seinem Sitz festzuhalten sucht; und unten die strichpunktierten Kreise Z_1 bis Z_4 stellen Zahnräder im Eingriffe vor. Eines, ein kleines, Z_1, sitzt auf der Motorwelle und dreht sich so schnell wie diese. Ein größeres, Z_2, sitzt auf einer Nebenwelle, die dieselbe Richtung hat wie die Motorwelle. Auf ihr sitzt noch eine eigentümlich geformte Scheibe *N*. Bis auf eine Stelle ist ihr Umfang regelmäßig kreisrund; an dieser einen Stelle, bei *n*, aber baucht sie sich aus zu einer sogenannten Nocke. Nach dieser Nockenscheibe nennt sich die Welle auch Nockenwelle. Was für einen Zweck soll nun das haben?

Vorerst ist zu bemerken, daß sich Motorwelle und Nockenwelle keineswegs gleich schnell drehen. Es sind nämlich die beiden Zahnräder nicht gleich groß, sondern ihre Umfänge verhalten sich wie 1:2. Wie wir noch aus unseren Studien über das Getriebe wissen, bedeutet das, daß sich dann die Geschwindigkeiten der zugehörigen Wellen wie 2:1 verhalten müssen. So oft daher die Motorwelle und ihr Zahnrad eine volle Umdrehung macht, hat die Nockenwelle mit ihrem doppelt so großen Rad erst eine halbe gemacht; und erst nach zwei vollen Umläufen der Motorwelle wird die Nocke wieder an ihren Ausgangspunkt zurückgekehrt sein, das ist, wie wir gleich sehen werden, nach einem vollen Viertakt.

Zunächst: Wie hängen Kurbeldrehung und Motorhub zusammen? Geht der Kolben von oben nach unten, so kommt der Kurbelpunkt *o* (Abb. 59, *a*), wo die Pleuelstange angreift, im Kurbelkreis auch von oben nach unten, bis 1 (Abb. 59, *b*); er beschreibt dabei einen Halbkreis wie ein Uhrzeiger oder macht eine halbe Umdrehung — wie von 12 bis 6 Uhr.

Während der folgenden halben Drehung geht der Kolben samt seiner Kurbel wieder hinauf. Inzwischen ist unser Uhrzeiger, die Kurbel, im Kreis weitergerückt und wieder bis 12 Uhr gelangt. Also: 1 volle Umdrehung der Kurbel = 2 ganzen Kolbenhüben; daher 2 Umdrehungen der Kurbel = 4 ganzen Kolbenhüben. 4 Kolbenhübe gehören nun bekanntlich zu einem vollständigen Viertakt.

Wenn wir wieder an Uhr und Zifferblatt denken, können wir uns leicht merken: der Kurbelzeiger muß zweimal ganz herum wandern, wozu bei einer Uhr ein Tag gehört. Ein Viertakt = ein Tag. Das ist natürlich nur eine Gedächtnishilfe.

Weiter: 1 Kurbeldrehung = $1/2$ Nockenscheibendrehung, 2 Kurbeldrehungen = 1 ganze Nockenscheibendrehung; 2 Kurbeldrehungen sind aber 4 Kolbenhübe; also auch 4 Kolbenhübe = 1 ganze Nockenscheibendrehung.

Das heißt: Bei vier Kolbenhüben oder einem Viertakt macht die Nockenscheibe eine Umdrehung. Von Bedeutung ist nur jene eine Stellung der Nockenscheibe, bei der die Nocke selbst oben ankommt (Abb. 61, *n*). Dabei tritt nämlich

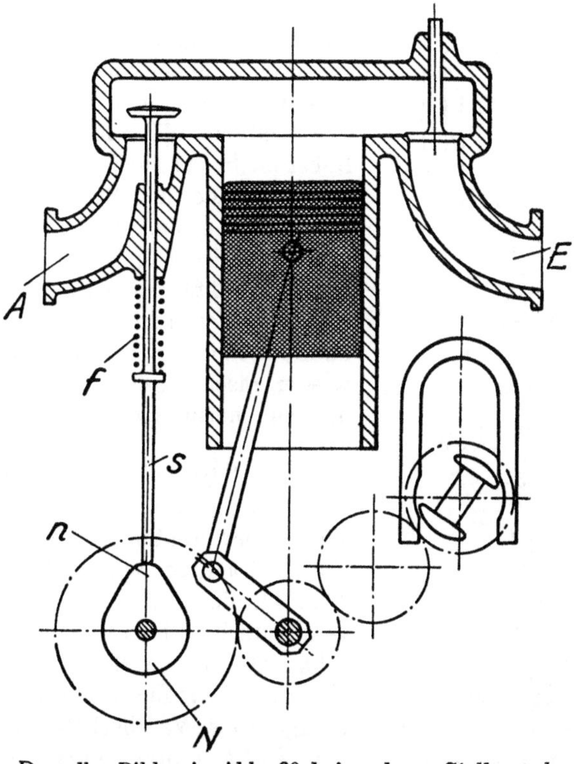

Abb. 61. Dasselbe Bild wie Abb. 60 bei anderer Stellung der Nocke. Das Ventil links wird eben gehoben

die Ausbauchung des Umfanges unter das Ende der Stange *s* und hebt diese Stange, hebt also auch das Ventil, das ja mit der Stange zusammenhängt. Die Feder *f* wird dabei freilich zusammengedrückt. (Dies deutet die Zeichnung durch Engerstellen der Punkte *f* an.) Da nun die Nocke bei vier Kolbenhüben nur einmal in diese Stellung kommt, wird das Ventil auch nur einmal während dieser Zeit offen bleiben, und zwar so lange, als die Nocke unter der Stange ist; das kann man also beliebig lang machen; man braucht nur die Nocke breiter zu machen, d. h. sie über einen größeren Teil des Umfanges auszudehnen. Nimmt man z. B. ein Viertel Umfang, so entspricht das gerade einem Kolbenhub; und natürlich ist es einfach einzurichten, daß das der Auspuffhub ist. Jetzt haben wir, was wir wollten. Während des Auspuffhubes bleibt das Auspuffventil zwangsweise infolge der Steuerung durch die Nocke offen. Wenn die Nocke sich weiterdreht und dabei die Stange wieder verläßt, so wird die früher zusammengedrückte Feder frei und kann durch ihre Spannkraft das Ventil wieder rasch, kräftig und dicht auf den Sitz herunterziehen.

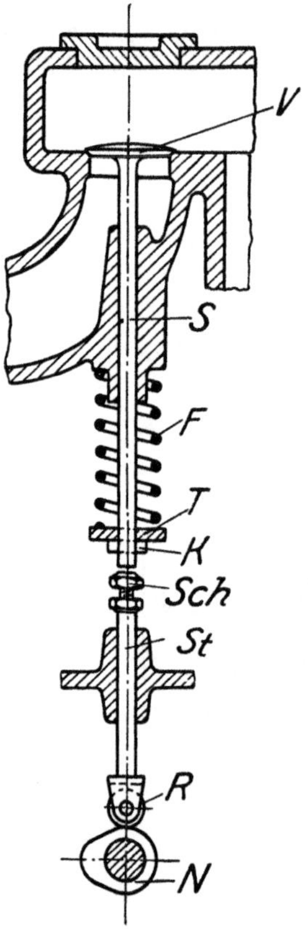

Abb. 62. Darstellung eines ausgeführten Ventils
V Ventilteller
S Ventilschaft
F Ventilfeder
T Federteller
K Keil
Sch Stellschraube
St Ventilstößel
R Stößelrolle
N Nocke

25. Ausführung der Ventile

Aus der Abb. 60 haben wir das Wesen der Ventilsteuerung erkannt. Nun betrachten wir noch kurz die Abb. 62, die wohl ohne Schwierigkeit verständlich ist. Man ersieht aus diesem Bild, daß bei vielen ausgeführten Ventilen die früher mit *s* bezeichnete Stange, der Ventilschaft, nicht bis zur Nocke hinunterreicht, sondern, daß sich zwischen ihn und die Nocke der sogenannte Ventilstößel einschiebt, der häufig unten mit einer Rolle auf der Nockenscheibe gleitet. Zwischen beiden Stangen bleibt ein Luftraum frei, so daß man eben noch ein Kartenblatt einschieben könnte. Dieser Spalt hat dieselbe Bedeutung wie bei Eisenbahnschienen. Hier wie dort sollen sich die durch den Spalt getrennten Teile bei einer Erwärmung ungehindert ausdehnen können. Daß der zum Teil im Zylinder steckende, von brennend heißen Gasen umgebene Ventilschaft sich leicht erwärmt, ist begreiflich. Dabei längt er sich bekanntlich. Stünde er ohne Spalt auf dem Stößel auf, so könnte er sich nur nach oben dehnen; dann würde der Ventilteller über seine Sitzfläche gehoben werden, das Ventil also offen bleiben. Ist aber ein Spalt da, so kann sich der Schaft nach unten dehnen, ohne daß sich oben beim Ventil etwas ändert. Es ist also wichtig, den Spalt zu erhalten.

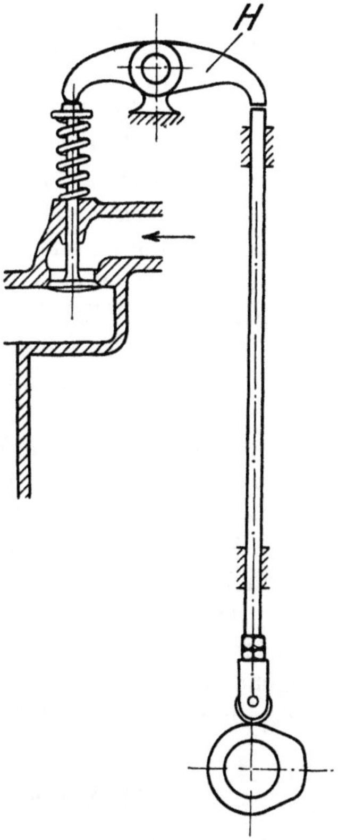

Abb. 63. „Hängendes" Ventil mit untenliegender Nockenwelle, Stoßstange und Schwinghebel (*H*)

Dazu trägt der Stößel oben eine Stellschraube *Sch*; mit dieser läßt sich der obere Kopf des Stößels immer in die richtige Entfernung vom Schaftende bringen.

Die Ventilfeder stützt sich oben gegen die äußere Wand des Ventilgehäuses, unten auf eine flache, meist mit Rand versehene Scheibe, den sogenannten F e d e r t e l l e r, den ein durch den Ventilschaft gesteckter Keil festhält.

Nun wird man meistens Motoren finden, bei denen jeder Zylinder z w e i gesteuerte Ventile hat. Es ist dann auch das Einlaßventil gesteuert, und zwar in ganz gleicher Art. Unbedingt nötig wäre selbstverständlich die Steuerung des Einlaßventils nicht; aber sie bietet den besonderen Vorteil, daß es der Erbauer ganz in der Hand hat, dem Ventil genau vorzuschreiben, wann es sich zum Einlassen der frischen Gase zu öffnen hat, wie lange es offenzuhalten und wann es sich wieder zu schließen hat. Auch läßt sich mit gesteuerten Ventilen eine größere Verläßlichkeit des dichten Schließens und der vollkommenen Öffnung erreichen.

In unserer Zeichnung, Abb. 62, lag die Nockenwelle u n t e n und h o b den Stößel des gesteuerten Ventils. Das Ventil selbst samt Schaft und Stößel s t a n d auf der Nocke. In Abb. 63 haben wir ein Ventil, dessen Schaft nicht hinabführt, sondern hinaufgerichtet ist. Solche Ventile heißen hängende Ventile. Wenn man hier eine Steuerung anbringen sollte, könnte dies auf zweierlei Art gemacht werden. Man kann z. B., wie es bei den obengesteuerten Ventilen geschieht, die Nockenwelle o b e r h a l b der Ventile lagern und sie von der Motorwelle aus antreiben, indem man zwischen den beiden horizontalen Wellen — Motor- und Nockenwelle — entweder durch Stirnräder eine Übertragung herstellt (siehe Abb. 106) oder zwischen beide Wellen eine dritte vertikale einbaut, die Steigwelle, und alle drei untereinander durch Kegelräder verbindet (siehe Abb. 105), oder man läßt die Nockenwelle wie bisher unten und schafft die Verbindung zum Ventilschaft, der ja oben aus dem Zylinder herausführt, durch eine Stoßstange und einen Schwinghebel, wie Abb. 63 bei *H* zeigt. Hier hebt die Nocke die auf ihr stehende Stoßstange, die den Schwinghebel oben erfaßt. Das andere Ende dieses Hebels drückt dann, wenn die Stoßstange hinaufgeht, den Ventilschaft hinunter, womit sich das Ventil öffnen muß. Auch diese hängenden Ventile sind in gleicher Art wie die stehenden durch eine Feder auf ihren Sitz dicht aufgesetzt.

26. Schäden und ihre Folgen

Wie wichtig es ist, daß die Ventile dicht schließen, läßt sich leicht einsehen. Denn ist etwa das Einlaßventil nicht ganz gasdicht, so wird sich das zwar beim ersten Takt nicht bemerkbar machen, weil es da ja offen ist; aber beim zweiten wird die Kompression nicht so stark werden können wie bei dichtem Schließen, weil ein Teil der Gase durch die Undichtheit entweichen kann. Das gibt im dritten Takt eine schwächere Explosion. Und hier entsteht die Gefahr, daß die explodierenden, brennend-heißen Gase durch das schlecht schließende Ventil gedrückt werden, ins Ansaugrohr zurückschlagen und auch zum Vergaser gelangen und hier das Benzin in Brand stecken. Es genügt schon, daß ein wenig Ruß, von verbranntem Öl oder Benzin herrührend, am Ventil oder Ventilsitz haftet, um es undicht zu machen. Auch andere Ursachen können vorliegen; die Ventilfeder wird mit der Zeit ausgeglüht und ihre Spannkraft geringer; sie kann auch gebrochen oder aus der Verbindung gelöst, der Keil unter dem Federteller gelockert, gebrochen, herausgeglitten sein, wodurch der nicht mehr festgehaltene Teller herunterfällt, die Feder entspannt wird. Auch das Ventil selbst ist mitunter beschädigt, verklopft, verschlagen, so daß es nicht gleichmäßig aufsitzt. Mitunter verlängert sich, wie wir schon hörten, die Ventilstange oder der Stößel infolge der Hitze, der diese Teile stets ausgesetzt sind. Dann wird natürlich das Ventil überhaupt nicht bis zum Stiz kommen, weil es schon früher mit dem Schaft auf dem Stößel aufsitzt, und bleibt somit offen. Undichtes Aufsitzen oder Offenstehen ist auch beim Auspuffventil bedenklich. Dieses Ventil soll beim Ansaugen, d. i. im ersten Takt, geschlossen sein. Wäre es offen, dann würden bei dem im Zylinder entstehenden Unterdruck nicht nur von der Vergaserseite, sondern ebenso auch von der Auspuffseite Luft und Gase in den Zylinder einströmen. Vom Vergaser käme das frische Gasgemisch, vom Auspuff das verbrannte, heiße. Beim Zusammentreffen im Zylinder würde eine vorzeitige Explosion möglich werden, wobei die brennenden Gase durch die offenen Ventile hinausschießen würden. Auch hiedurch könnte es zu einem Vergaserbrand kommen.

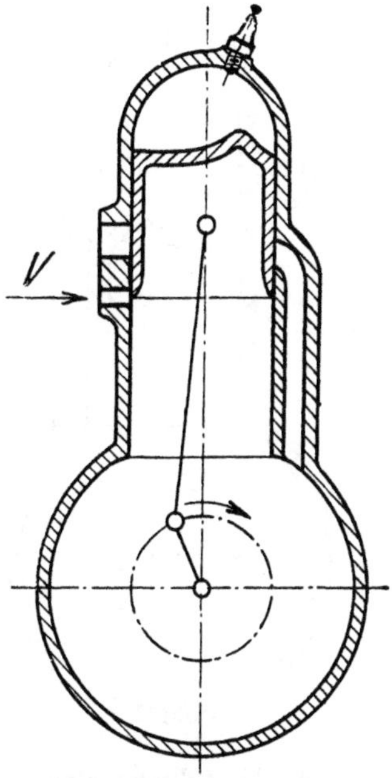

Abb. 64. Zylinder eines Zweitaktmotors im Schnitt. Stellung des Kolbens beim Einströmen des Gemisches. *V* Einströmkanal

Es ist also wichtig, solche Fehler zu kennen, um sie finden und beheben zu können. Ein undichtes Ventil kann oft durch Reinigen der Sitz- und der Kegelflächen wieder dichtgemacht werden. Oder man muß es auf dem Sitz mit Hilfe eines Schleifpulvers unter gleichmäßigem Hin- und Herdrehen einschleifen, bis Sitz und Kegel auf den Berührungsflächen gleichmäßig mattes Aussehen annehmen. Eine zu schwache Feder wird man spannen, eine beschädigte durch eine neue ersetzen.

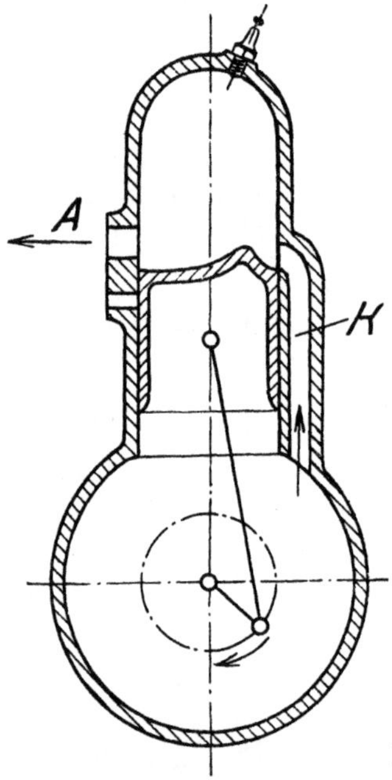

Abb. 65. Zylinder eines Zweitaktmotors. Stellung des Kolbens beim Ausströmen des verbrannten Gemisches bei *A* und Überströmen frischen Gemisches durch Kanal *K*

27. Ventillose Motoren

Bei kleinen Wagen werden heute manchmal Motoren eingebaut, die nicht im Viertakt, sondern im Zweitakt arbeiten. Hier braucht man überhaupt keine Ventile mehr. Das ist eine große Vereinfachung (Abb. 64). Das Gasgemisch tritt bei solchen Motoren sofort vom Ansaugrohr des Vergasers bei *V* in das Innere des Zylinders, und zwar unter den Kolben, und füllt das luftdichte Kurbelgehäuse. Über dem Kolben ist aber auch Gasgemisch — das ist früher dorthin gelangt; jetzt wird es, wenn der Kolben steigt, gepreßt und im oberen Totpunkt entzündet: Explosion und Herabsausen des Kolbens. Ist der Kolben unten, so sind die Kanäle *A* und *K* (Abb. 65), links und rechts, vom Kolben nicht mehr überdeckt, also frei geworden. Bei *A* strömt das verbrannte Gas aus, bei *K* frisches ein (siehe die Pfeile).

Weicht der Zweitaktmotor in der Bauart und in der Arbeitsweise vom Viertakt ab, so tut es ihm der Schiebermotor wenigstens darin nach, daß auch er ohne Ventile auskommt (Abb. 66). Gegenüber dem Zweitaktmotor, der drei Kanäle braucht, begnügt er sich mit zweien: einen für den Einlaß, E, und einen für den Auslaß der Gase, A. Auch hier werden die Öffnungen dieser Kanäle im Zylinder durch eine Art Kolben bald geschlossen, bald freigegeben. Solcher Kolben, die hier **Schieber** heißen, stecken zwei ineinander und gemeinsam im Zylinder, und der eigentliche Hauptkolben bewegt sich im Inneren des innersten Schiebers. Die Schieber selbst sind an einzelnen Stellen geschlitzt. Sie bewegen sich auf und ab, aber nicht gleichläufig und gleichschnell. Bedingung ist nur, daß die Schlitze auf der Einlaßseite den Einlaß während des Ansaugens freigeben, die Schlitze der Auslaßseite, ebenso den Auslaß während des Auspufftaktes. Zu allen anderen Zeiten müssen die genannten Öffnungen wie bei Ventilmotoren dicht geschlossen sein.

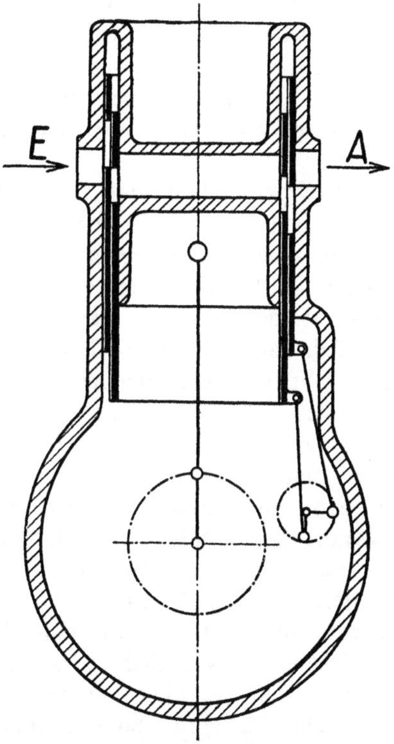

Abb. 66. Schnitt durch einen Schiebermotor (Vereinfachte Darstellung mit Weglassung der Wasserkühlung)
E Einlaßkanal *A* Auslaßkanal
Die schwarz gezeichneten zylindrischen Körper sind die beiden Schieber, die wie der eigentliche Kolben durch ein Kurbelgestänge auf und ab bewegt werden

28. Die Zündung

Von den Vorgängen im Zylinder bleibt uns nun noch der wichtigste zu betrachten übrig: die **Explosion** oder eigentlich das, was sie herbeiführt: die **Zündung**.

Es war schon früher, als wir uns mit den Eigenschaften des Benzins beschäftigten, davon die Rede, auf welche Art die mit Luft gemischten Benzindämpfe entzündet und zum Explodieren gebracht werden können. Bei den Benzinmotoren der heutigen Automobile geschieht das ausschließlich auf elektrischem Wege durch einen elektrischen Funken.

Was wird man also zunächst brauchen? Elektrischen Strom.

Und wie erhält man dann den Funken? Einfach durch Unterbrechen dieses Stromes. Das ist das ganze Wesen. Elektrischer Strom! Den kann man nun entweder im Wagen mitführen oder erst während der Fahrt erzeugen. Was ist denn nun eigentlich elektrischer Strom? Das ist wirklich sehr schwer zu beantworten. Denn sehen kann man ihn nicht, sondern nur aus seinen Wirkungen schließen, daß so etwas da ist. Auch was die Elektrizität selber ist, wissen wir vorläufig nicht, wir kennen nur ihre Erscheinungen. Daß man mit Elektrizität telegraphieren, telephonieren, Lampen beleuchten, Motoren treiben kann, das ist allbekannt. Auch daß man Drähte benützt, um die Elektrizität, die man an einer Stelle erzeugt, an eine andere entfernte zu leiten (z. B. Telegraphendrähte, Kabel, Oberleitung bei elektrischen Bahnen), kann man täglich sehen. In diesen Fällen der Fortleitung von Elektrizität spricht man davon, daß in den Drähten Strom fließt; damit ist nicht gesagt, daß wir es mit einer Flüssigkeit zu tun haben, aber zunächst schadet es nichts, sich die Sache so vorzustellen, als wäre es in der Tat so, wie zum Beispiel Wasser, das in Röhren fließt. Bei „Strom" haben wir also auch hier an etwas Fließendes zu denken.

Da gibt es nun weiter die Möglichkeit, Elektrizität aufzuspeichern, ähnlich wie Wasser in einem Behälter, so daß man sie nach Bedarf ausfließen lassen kann. Solche Speicher heißen Akkumulatorenbatterien oder kurz Akkumulatoren oder auch Batterien. Näheres hierüber wird erst im Abschnitt über die elektrischen Wagen, wo sie eine größere Rolle spielen, ausgeführt werden[1]). Hier merken wir uns, daß sie wohl Strom liefern können, aber nur eine be-

[1]) Es scheint allerdings, daß die Batteriezündung künftig auch bei Benzinwagen wieder mehr verwendet werden wird.

stimmte Zeit lang; dann sind sie erschöpft; schließlich fließt ja auch aus dem Wasserbehälter nur soviel Wasser, als wir hineingefüllt haben. Auch die Akkumulatoren müssen sozusagen mit Elektrizität gefüllt werden; man nennt es hier „laden“; das geschieht, indem man elektrischen Strom zufließen läßt. Sobald der Akkumulator geladen ist, kann er wieder Strom abgeben. Von hier geht dann der Strom überall dorthin, wo wir ihm durch Drähte einen Weg bieten.

Bevor wir diesen Weg weiter verfolgen, sehen wir uns noch andere Apparate an, mit denen man sogar beständig Strom erzeugen kann. Denn es ist zweifellos angenehmer, stets soviel Strom als man gerade braucht, selbst zu erzeugen, als einen beschränkten Vorrat mitzuführen, den man immer erneuern muß. Im Gegensatz zu den Akkumulatoren, den Aufspeicherern, heißen diese Stromerzeuger Generatoren[1]). Mit ein bißchen Magnetismus machen diese Apparate die saubersten Kunststücke. Den Magnetismus beziehen sie aus einem (oder mehreren) kräftigen Hufeisenmagneten von der Form jener bekannten Spielzeugmagnete unserer Schulkinder, nur freilich bedeutend größer und daher viel kräftiger magnetisch wirkend (Abb. 67). Die geraden Enden dieser Magnete heißen „Pole“, der eine der Südpol, der andere der Nordpol. Daß diese Pole ein Stück Eisen anziehen können, ist jedem Schulkind bekannt. Weniger bekannt ist, daß man mit dem Magnetismus elektrischen Strom hervorrufen kann; und dazu so einfach, daß man nur ein Stück Eisendraht oder etwas ähnliches zwischen den Polen zu bewegen braucht; sofort fließt dann im Drahte elektrischer Strom. Da haben wir den ganzen Generator, wenigstens sein Wesen. Und darauf kommt es uns an.

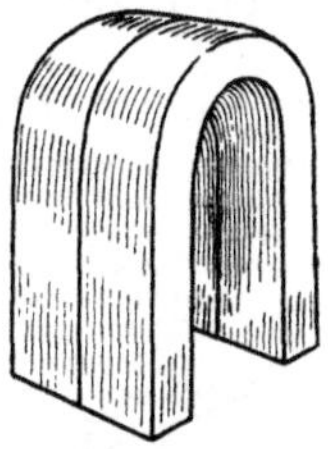

Abb. 67. Hufeisenmagnet

Um im größeren Maßstabe Strom zu erzeugen, nimmt man dann natürlich nicht einen Draht, sondern eine ganze Drahtspule, deren Windungen sich um einen Eisenkern legen, so wie es in Abb. 68 angedeutet ist. Einen solchen drahtumwickelten Eisenkern nennt man „Anker“.

1) Das ist lateinisch und heißt auf deutsch eben: Erzeuger.

Nun hat man nur noch nötig, diesen Anker zwischen den Polen des Hufeisenmagneten zu bewegen, um (bei entsprechender Wicklung) beständig Strom zu erhalten. Beständig, d. h. so lange, als die Bewegung anhält. Diese Bewegung ist, wie schon so oft, wieder eine drehende, man nennt sie hier gewöhnlich: Rotieren. Der Anker sitzt nämlich auf einer Welle, die mit Hilfe von Zahnrad- oder Ketten- oder Riemenübersetzung von der Motorwelle ihren Antrieb erhält (Abb. 60 bei Z_1, Z_2, Z_3, Z_4). In kurzem also: die Motorwelle treibt die Ankerwelle, der Anker rotiert zwischen den Polen eines starken Hufeisenmagneten; Ergebnis: in den Ankerdrähten fließt Strom. Diesen Strom kann man genau so wie etwa den aus einem Akku-

Abb. 68. Anker mit Drahtumwicklung

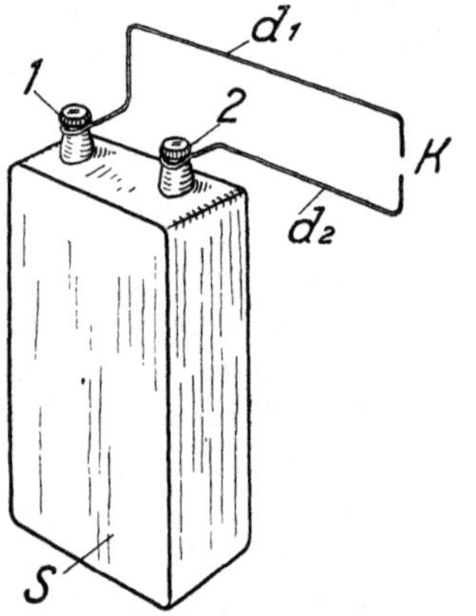

Abb. 69. Stromquelle (*S*) mit Klemmen (*1* und *2*) und angeschlossenen Drähten (*d*1 und *d*2). Bei *K* ist die Leitung unterbrochen

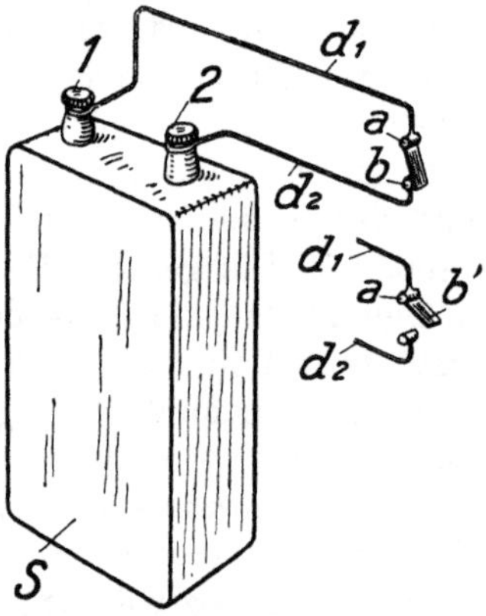

Abb. 70. Stromquelle mit angeschlossenem Stromkreis, der bei *a b* ein bewegliches Stück besitzt. In der darunter angedeuteten Stellung *a b'* ist die Leitung unterbrochen

mulator kommenden durch Drähte leiten, wohin man will. Wir brauchen ihn im Zylinder, wo ja die Explosion stattfinden soll. Aber als Strom nützt er uns nichts: was wir brauchen, ist ein Funken.

Diesen Funken kann man auf zweierlei Art gewinnen. Die eine Art ist aus der Abb. 69 zu ersehen. Aus der mit *S* bezeichneten Stromquelle (Magnet oder Batterie) fließt bei *1* ein brauchbarer Strom durch den an die dortige Klemme[1]) angeschlossenen Draht d_1 und kehrt durch den Draht d_2 zur Klemme *2* und zur Stromquelle *S* zurück. Bei *K* aber sehen wir die Drahtleitung unterbrochen. Hier stehen sich die Drahtenden ganz nahe gegenüber. Ist der Strom stark genug, so wird er, um von d_1 nach d_2 kommen zu können, die Luftstrecke *K* einfach überspringen; und das tut er in der Form eines Funkens.

Das Wesen der anderen Art, Funken zu erzeugen, können wir uns an der ähnlichen Abb. 70 klar machen. Hier ist die Leitung von der Stromquelle bis zu ihr zurück vollständig geschlossen. (In der Technik nennt man jede solche von einer Stromquelle ausgehende und zu ihr zurückführende Leitung einen „geschlossenen Stromkreis“ oder nur „Kreis“, weil sie sich wie ein Kreis schließt.) Der Strom kann in einer solchen geschlossenen Leitung ohne Hindernis fließen. Würde aber an einer Stelle, z. B. bei *K*, die Leitung künstlich irgendwie plötzlich unterbrochen werden, so würde der Strom an dieser Stelle gewissermaßen abreißen und dabei einen Funken geben. Man kann beispielsweise ein Stück der Leitung, *a b*, beweglich machen. Liegt dieses wie in der oben gezeichneten Lage mit dem Ende *b* am Draht d_2 an, so ist die Leitung geschlossen; in der Lage *a b'* (unteres Bild) dagegen ist sie offen.

29. Kerzenzündung

Funkengeber der ersten Art sind die sogenannten Zündkerzen; die der zweiten Art bezeichnet man als Abreißzündungen; diese kommen heute kaum mehr vor.

Bei den Kerzen ist also der Stromkreis dauernd dort unterbrochen, wo der Funken entstehen soll; bei den Abreißzündungen wird der sonst geschlossene Kreis an dieser Stelle künstlich in dem Augenblick unterbrochen, da die Explosion erfolgen soll.

---

1) Eine Schraube zum Festklemmen des Drahtes.

Ein lehrreiches Beispiel einer Kerze zeigt die Abb. 71. Da ist zunächst ein länglicher, zylindrisch geformter Porzellankörper (im Bilde gepünktelt). Wirklich hat er mit dem dochtartig durchgesteckten Draht etwas von einer Kerze. Im Porzellan nun fließt der Strom nicht gern, namentlich dann nicht, wenn er daneben durch einen Metalldraht gehen kann. Denn durch alles Metallische fließt der elektrische Strom leicht; Metalle sind für ihn **gute Leiter**. Solche Körper dagegen, wie Porzellan, die den Strom nicht oder fast nicht durchlassen, sondern seinem Durchgang einen bedeutenden Widerstand bieten, sind **schlechte Leiter** und heißen **isolierende** Körper oder **Isolatoren**. Auch Kautschuk, Asbest, Speckstein, Papier, Seide u. dgl. isolieren; man braucht sie, um stromführende Teile, also **gute** Leiter, davor zu schützen, daß der Strom aus ihnen in benachbarte andere gute Leiter abirrt. So wird man also sicher sein, daß bei unserer Kerze nur im Drahte Strom fließen und nicht in die nahen Metallhülsen abirren wird, solange nur die Porzellanisolierung nirgends beschädigt ist.

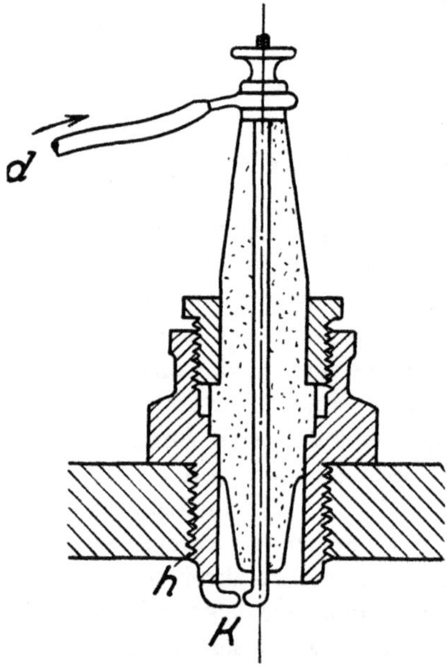

Abb. 71. Zündkerze (im Schnitt dargestellt)
d Kabelzuleitung
K Kontakte (Elektroden)
h Metallhülse

Bei *K* sehen wir die wichtige Unterbrechungsstelle. Dem Ende des mittleren Drahtes steht hier bei *K* eine zweite Drahtspitze im Abstand von etwa einem halben Millimeter gegenüber, die zur Rückleitung dient. Die Rückleitung beginnt hier mit diesem kurzen Drahtstück, setzt sich in der Metallhülse *h* fort und benützt schließlich die eiserne, gut leitende Masse des Zylinders selbst, um auf diesem Wege zur Stromquelle zurück zu gelangen, die natürlich auch mit dieser ganzen Masse gut leitend verbunden sein muß. Denn woraus die Leitung besteht, ob aus Draht oder aus ganzen Metallröhren wie beim Zylinder, ist schließlich dem Strom gleichgültig, der immer nur den bequemsten Weg sucht. Man bezeichnet solche Rückleitungen, bei denen sich statt eines Drahtes die ganze leitende Masse der vorhandenen Metallkörper dem Strom als Weg bietet, als Masseschluß, weil dabei der Stromkreis durch eine metallische Masse geschlossen wird.

Mit der Hülse *h* wird die ganze Kerze in den oberen Deckel des Zylinders eingeschraubt, der übrige Teil ragt heraus. Die Funkenstelle *K* liegt also im Innern des Zylinders mitten im hochgepreßten Gas.

Bei den Kerzen, wie sie die Firma Bosch in Stuttgart ausführt, Abb. 72, sind die Drahtenden, die man meistens Elektroden nennt, so angeordnet, daß die Mittelelektrode als stärkerer stabförmiger Zündstift durch den isolierenden Kerzenkörper hindurch führt und zwischen zwei Rückleitungselektroden endet, die hakenartig aus dem Einschraubgewinde herausragen und an den Enden etwas verbreitert und meißelartig zugeschärft sind. Dadurch wird auch der Funken in ein Band ausgezogen und zündet besser.

30. Kurze Wiederholung

Ehe wir zu neuen Schwierigkeiten gehen, überblicken wir rasch, was wir bisher von der Zündung erfahren haben.

Was gehört also zur Zündung? Eine Stromquelle am Anfang und ein Funkengeber am Ende. Und natürlich eine leitende Verbindung von einem zum andern. Eine Stromquelle, die den elektrischen Strom, wie wir ihn brauchen, erzeugt; also entweder eine Batterie (Akkumulator) oder ein elektromagnetischer Generator. Ferner ein Funkengeber, das ist ein Apparat, in dem der Strom unterbrochen wird, entweder durch dauernde Unterbrechung der Leitung (Kerzen) oder durch plötzliche (Abreißzündungen). Weiter gehören zur Zündung die Zuleitungen, nämlich Drähte, Kabel genannt (Abb. 73), die gewöhnlich auch noch besonders isoliert sind (durch eine Kautschukhülle), und schließlich die zum Masseschluß herangezogenen metallischen Teile des Zylinders als Rückleitung.

Abb. 72. Bosch-Kerze. Oben die Einklemmstelle des Kabels; unten die Elektrodenspitzen

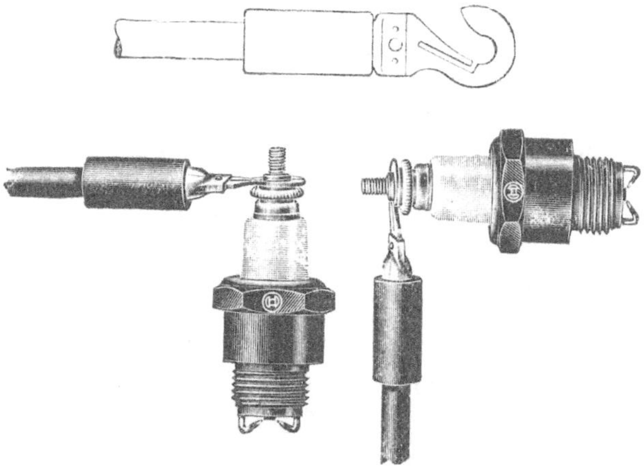

Abb. 73. Bosch-Kabelklemmen

Was sonst noch mit der Zündung zusammenhängt, dient teils zur sicheren Erzeugung besonders kräftiger Funken, teils zur Verteilung der Funken auf die einzelnen Zylinder und teils zur Regelung der Zündzeit.

31. Spannung und Stromstärke

Daß es immer einen Funken geben wird, wenn man den Strom selbst plötzlich unterbricht, wird man ohne weiteres einsehen. Soll der Strom eine schon vorhandene Unterbrechung in der Leitung durchschlagen können, so muß er hiezu entsprechend stark sein. Da nun die hier verwendeten einfachen, kleinen Stromquellen in der Regel nicht so starke Ströme liefern, muß man ein Mittel anwenden, das den schwachen Strom in einen starken verwandelt. Und die Technik verfügt in der Tat über ein solches Mittel.

Wenn jetzt öfter von starken Strömen gesprochen wurde, so sollte das vielmehr heißen: starkgespannt oder hochgespannt. Damit lernen wir wieder einen neuen Begriff kennen, der in der Elektrotechnik die größte Rolle spielt: die Spannung. Um annähernd eine Vorstellung zu gewinnen, was das eigentlich sei, erinnern wir uns, daß wir schon einmal den fließenden elektrischen Strom mit dem fließenden Wasser verglichen haben und die Leitungsdrähte mit Leitungsröhren. An dieses Bild knüpfen wir auch hier an. Das Wasser in einer Leitung kann unter einem Druck stehen. So ist es z. B. bei jeder Trinkwasserleitung. Das merkt man, wenn man den Hahn (oder das Ventil) einer Ausflußstelle öffnet: das Wasser schießt in einem wuchtigen Strahl aus der Öffnung. Wie hier der Druck das Wasser durch das Rohr treibt, so ähnlich treibt auch die elektrische Spannung einen elektrischen Strom durch einen Draht.

Noch einen zweiten Begriff wollen wir hier gleich miterklären, weil er dazu gehört, nämlich die eigentliche Stromstärke. Wenn man sagt: das Wasser fließt in starkem Strahl aus, so weiß jeder, daß damit die ausfließende Wassermenge bezeichnet sein soll. Ähnlich mißt man die Stromstärke an der Menge der im Draht fließenden Elektrizität.

32. Induktion und Transformation

Unsere Stromquellen liefern uns also, wie gesagt, nur Ströme von mäßiger Spannung. Auf die Spannung aber kommt es gerade an. Denn je stärker der Druck sein wird, der den Strom treibt, desto leichter wird dieser auch Hindernisse überspringen, wie sie die Unterbrechungsstellen bei den Zündkerzen bilden. Wir müssen somit trachten, den Druck, die Spannung möglichst hoch zu machen.

Was wir jetzt erfahren werden, gehört zu den merkwürdigsten, aber zugleich wichtigsten Tatsachen der Elektrizitätslehre. Bisher haben wir immer eine Stromquelle gebraucht, um in einem Drahtleiter Strom zu erzeugen. Dies gelingt aber auch, wenn der Draht gar nicht mit einer Stromquelle verbunden ist. Betrachten wir die einfache Abb. 74. In *Q* denken wir uns die Stromquelle, also Batterie oder Magnet; von hier geht eine Drahtleitung *P* bei + aus und kommt bei — wieder zurück. (Die Stellen, an denen man die Enden des Drahtes mit der Quelle verbindet, heißen Pole oder — weil die Drähte mit Schrauben festgeklemmt werden — Klemmen. Die Klemme, bei der der Strom aus der Stromquelle austritt, heißt die positive und wird mit „plus", Zeichen +, die andere negative mit „minus", Zeichen —, bezeichnet.) Neben einem Stück dieser ersten Leitung *P* liegt eine zweite *S*, in deren geschlossenen Kreis die Kerze *K* eingeschaltet sei. Das ist nun eine Leitung, die mit der Stromquelle nicht verbunden ist. Die erste Leitung heißt auch Primärleitung, vom lateinischen Wort primus = der erste; die zweite Sekundärleitung, von secundus = der zweite.

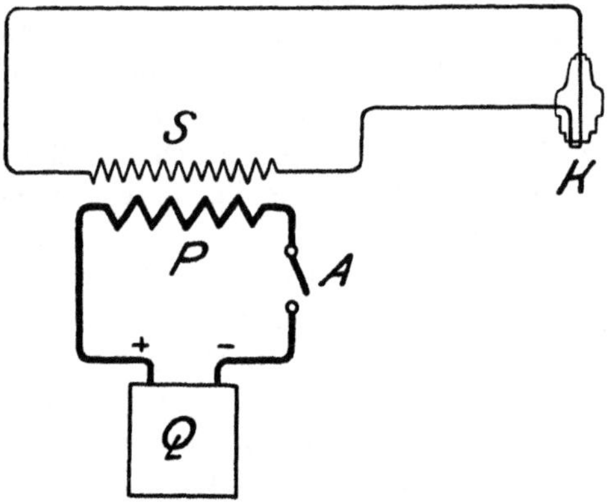

Abb. 74. Schaltung zur Erzielung von Induktionsströmen. — *Q* Stromquelle
P primäre Wicklung *A* Stromunterbrecher
S sekundäre „ *K* Kerze

Nun denken wir uns in die Primärleitung einen Schalter *A* eingebaut, mit dessen Hilfe man den Stromkreis nach Belieben öffnen und schließen kann. So oft ich schließe, kann dann die Stromquelle ihren Strom ohne Unterbrechung durch den ganzen primären Kreis schicken; so oft ich öffne, verschwindet der Strom sofort.

Die angekündigte bedeutsame Tatsache besteht nun im folgenden: So oft der Primärkreis geschlossen oder geöffnet wird, das heißt: so oft der Primärstrom auftritt oder verschwindet, ebenso oft entsteht auch in der gänzlich abgesonderten Sekundärleitung für einen Augenblick ein Strom, besser gesagt: ein Stromstoß. Schließt und öffnet man den Primärkreis sehr rasch nacheinander, so rücken auch die Stromstöße im sekundären Kreise so nahe zusammen, daß sie als dauernd fließender Strom erscheinen.

Merkwürdig an dieser Erscheinung ist also, daß ein Strom in einem geschlossenen Leiter auftritt, ohne daß er an eine Stromquelle angeschlossen wurde! Nun hören wir etwas noch Merkwürdigeres! Es soll nämlich nur von unserem Belieben abhängen, wie stark wir den Sekundärstrom haben wollen. Man hat nur eines zu tun: die beiden benachbarten Leiterteile in Windungen (spulenförmig) aufzuwickeln und in der sekundären Spule mehr Windungen unterzubringen als in der primären (Abb. 75). Dann wird die Spannung im Sekundärkreis höher als im primären, und zwar umso höher, je mehr sekundäre Windungen da sind im Vergleich zum primären. Zum Beispiel: Gibt man dem primären Leiter zehn, dem sekundären zweimal so viel, nämlich 20 Windungen, so erzielt man in diesen 20 Windungen eine Spannung, die zweimal so groß ist als die in den primären 10 Windungen. Diese Erhöhung der Spannung nennt man Transformation, die Einrichtung, die es bewirkt, Transformator.

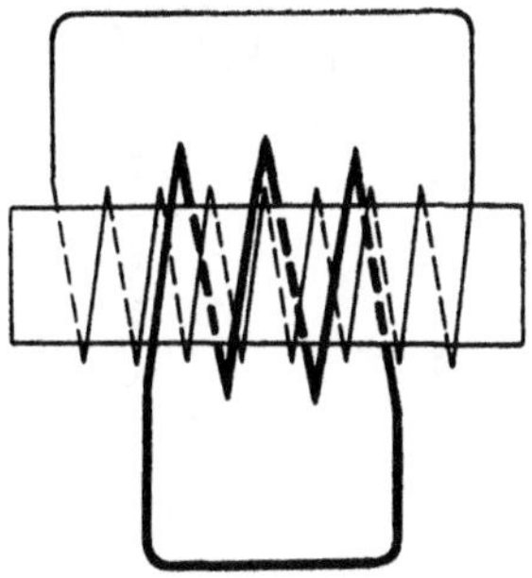

Abb. 75. Einfacher Transformator mit Eisenkern

Die im sekundären Kreis auftretenden Ströme sind „induzierte" Ströme genannt worden, die Erscheinung selbst „Induktion". Es ist dabei gleichgültig, ob die beiden Spulen, wie bisher gezeichnet, nebeneinander liegen oder ob sie, wie in Abb. 75 zu sehen, auf einen gemeinsamen Kern (aus Eisen) gewickelt sind. In der Regel wird die Primärspule wenige Windungen eines dicken Drahtes, die sekundäre viele eines dünnen Drahtes erhalten.

33. Unterbrecher

Wie man hohe Spannungen erzielt, ist jetzt klar; man braucht dazu vor allem zwei Stromkreise: den primären und den sekundären. Im Primärkreis fließt Strom einer Stromquelle. Im Sekundärkreis entsteht Strom nur durch Öffnen und Schließen des primären.

Nun haben wir also zu schauen, wie die so wichtige Unterbrechung des Primärkreises erreicht wird. Dazu sehen wir uns Abb. 76 an. In Q ist wieder unsere Stromquelle, die in den primären Kreis Strom schickt. Dieser Strom fließt aus der positiven Polklemme a heraus, windet sich bei P durch eine dickdrähtige Spule und ergießt sich über Kontakt K und die zur negativen Klemme b führende Leitung wieder in die Stromquelle. Bei K ist der **Unterbrecher**. In die Leitung fügt sich an dieser Stelle die metallische Feder f, die für gewöhnlich das anstoßende Leitungsende bei K berührt. Solange das der Fall ist, bleibt der ganze Kreis geschlossen. Nun ist aber noch eine Nockenscheibe n da, auch wieder vom Motor getrieben. Einmal bei jeder Umdrehung drückt die Nocke die Feder f von der Leitung weg und unterbricht diese solcherart. Gleich darauf freilich, wenn die Nocke wieder von der Feder abgeglitten ist, schnellt

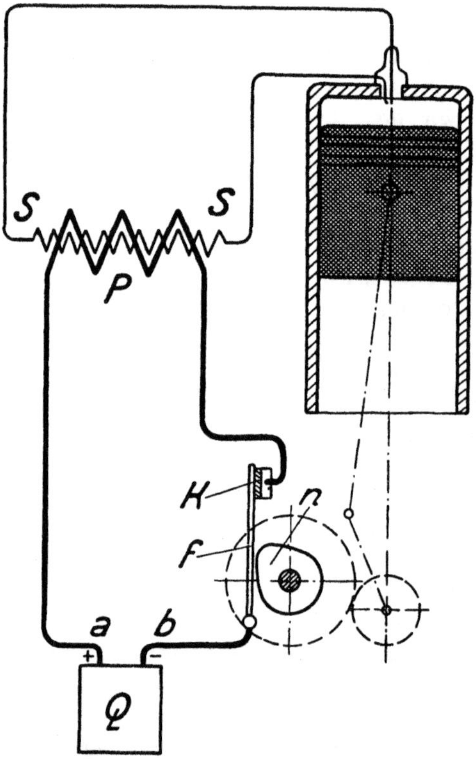

Abb. 76. Mechanischer Unterbrecher
Q Stromquelle mit Klemmen a und b
P Primärwicklung
S Sekundärwicklung
f Feder K Kontakt n Nocke

diese zurück, berührt K und schließt den Kreis wieder. Wenn sich die Nocke entsprechend rasch dreht, werden auch die Unterbrechungen und Schließungen rasch folgen.

Da es nur darauf ankommt, im Sekundärkreis gerade dann einen Funken zu haben, wenn die Explosion erfolgen soll, also nur einmal auf vier Takte, so richtet man die Übersetzung so ein, daß auch die Unterbrechung des Primärkreises nicht öfter und gerade zur rechten Zeit erfolgt. Das ist natürlich sehr einfach. Einem vollen Viertakt entsprechen zwei volle Kurbelumläufe. Auf diese zwei Kurbelumläufe braucht man somit eine Unterbrechung, d. h. einen Umlauf der Nocke. Diese dreht sich also mit der halben Kurbelgeschwindigkeit, was man bekanntlich mit einer Übersetzung 1:2 erreicht. Das deuten in Abb. 76 die gestrichelten Kreise der Zahnräder an.

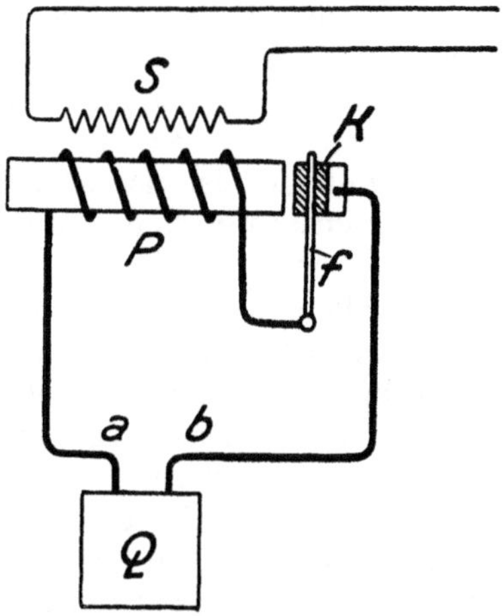

Abb. 77. Elektromagnetischer Unterbrecher
P primäre Wicklung mit Eisenkern
S sekundäre Spule
K Kontakt f Feder Q Stromquelle

Es gibt noch eine andere häufig vorkommende Art der Unterbrechung (Abb. 77). War die eben besprochene auf rein mechanischem Wege erzielt worden, so ist die folgende als elektromagnetisch zu bezeichnen. Die Anordnung ist der früheren ähnlich. Neu hinzugekommen ist, daß die Primärspule auf einem Eisenkern aufgewickelt ist. Entbehrlich geworden ist die Nockenscheibe.

Wie früher ist eine Feder f da; aber betätigt wird sie auf andere Weise. Der Primärstrom fließt wieder aus der Stromquelle bei a über die Spule P, Feder f und Kontakt K zurück in die Stromquelle bei b; der Kreis ist somit geschlossen.

Beim Durchfließen der Spule magnetisiert er ihren Eisenkern; bloß dadurch, daß er ihn umfließt. Ein so entstehender Magnet heißt darum ein Elektromagnet im Gegensatz zu den natürlichen Magneten. Er ist genau so tüchtig wie jeder andere und daher imstande, Eisenstücke an sich zu ziehen. Da ist z. B. so eine metallische Feder *f*; die wird also sofort von dem neuen Magnet angezogen und dabei hebt sie sich von dem Leiterteil bei *K* ab. Nun findet der Strom den Kreis unterbrochen und kann nicht mehr in ihm fließen; er ist aber selbst daran schuld, weil er den Magnet erzeugt hat, der die Feder anzog und so die Unterbrechung herbeiführte. Aber des Magneten Herrlichkeit ist auch nur von Stromes Gnaden und schwindet, wenn kein Strom da ist, der das Eisen umfließt und magnetisiert. Nach der ersten Unterbrechung verschwindet also zunächst der Strom, mit ihm der Magnetismus im Eisenkern und schließlich die magnetische Wirkung auf die Feder, für die unmagnetisches Eisen nichts „Anziehendes" hat und die daher lieber zu ihrem alten Kontakt *K* zurückkehrt. Damit schließt sie freilich den Stromkreis wieder und schafft die Wiederholung des früheren Spieles, weil jetzt der Eisenkern wieder magnetisch und anziehend wird. Der Primärkreis wird also fort und fort unterbrochen.

Jede Unterbrechung des Stromlaufes ist mit einer Funkenbildung verbunden. An den Unterbrecherkontakten des Primärkreises ist nun ein solcher Funken nicht eben erwünscht. Er läßt sich vermeiden, wenn man den durch die Unterbrechung im Weiterfließen gehemmten Strom während dieser kurzen Unterbrechung gewissermaßen in einem toten Seitenarm oder Sammelbecken auffängt, von wo er wieder in die Hauptleitung zurückfließt, sobald diese wieder geschlossen wird. Kondensatoren nennt man solche Elektrizitätsspeicher, die die elektrische Energie nur aufnehmen, aber nicht durchlassen. Wer mit Radio zu tun hat, kennt sie gewiß: eine Aufschichtung leitender und nichtleitender Plättchen, etwa Stanniol (Zinnfolien) und Papier (siehe auch Abb. 83 bei *C*).

34. Zylinderanordnung

Bisher haben wir immer vorausgesetzt, daß wir es nur mit einem einzigen Zylinder zu tun haben. Es gibt selbstverständlich einzylindrige Motoren, z. B. bei Motorrädern, wohl auch bei Wagen; aber begreiflicherweise nur bei kleinen und schwachen, die mehr auf Einfachheit und Billigkeit sehen und daher auch keine großen Geschwindigkeiten und Leistungen erzielen wollen. Mittlere Wagen werden wenigstens zwei Zylinder, die große Mehrzahl aller Automobile jedenfalls vier Zylinder haben müssen. Dabei muß man aber keineswegs stehen bleiben. Nicht nur für große Wagen wird der Sechszylinder immer beliebter (siehe Abb. 105 und 106). Auch acht, zehn und mehr Zylinder hat man schon zu einem Motor vereinigt. Mit sechs Zylindern läßt sich eben entsprechend mehr leisten als mit einem Vierzylinder von gleichen Abmessungen. Am verbreitetsten ist heute noch immer der Vierzylindermotor.

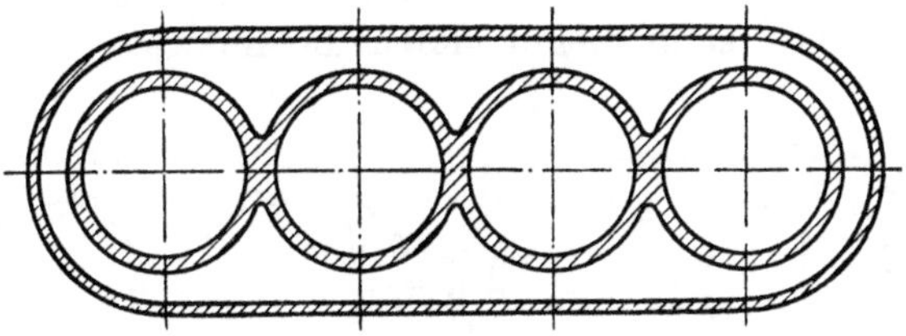

Abb. 78. Vierzylinder-Einblock, vom gemeinsamen Wassermantel umschlossen

Wenn man das Schutzblech über dem Vorderteil eines Wagens, die sogenannte Motorhaube abnimmt, so blickt man auf den Motor. Bei den heutigen Ausführungen ist da freilich von außen nicht viel zu sehen (siehe z. B. Abb. 114); was man vor

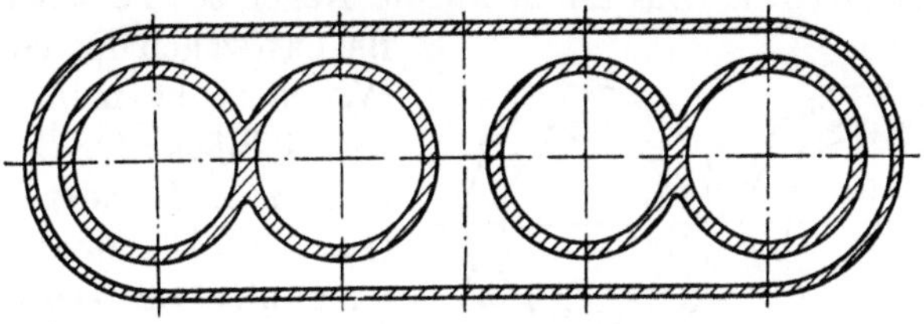

Abb. 79. Vierzylinder; je 2 Zylinder bilden eine Gruppe

sich hat, ist ein Eisenblock ohne viel Gliederung; höchstens sieht man ein paar Rohre nach verschiedenen Richtungen gehen, mehr nicht. Darum kommt so mancher in Verlegenheit, wenn man ihn fragt, wo denn die Zylinder sind. Er traut dem Dinge nicht ganz. Und doch sind das die Zylinder; nur sind sie von einem gemeinsamen Mantel umschlossen, der, wie wir noch hören werden, Wasser enthält. Im Querschnitt sieht die Sache dann etwa so aus, wie Abb. 66 erkennen läßt. Die vier Doppelkreise stellen die vier Zylinder vor, von oben geschaut, die, wie man sieht, entweder alle zusammenhängen, oder für sich gesondert stehen können (Abb. 79); natürlich sind sie auch mit dem Mantel tiefer unten noch verwachsen. Das kann man im Querschnitt nicht sehen; aber aus dem Längsschnitt, wie ihn die spätere Abb. 105 zeigt, ist es zu erkennen. Dieses Ganze wird gegossen aus Gußeisen, Aluminiumlegierung oder besonders zusammengesetztem Stahl. Mitunter findet man in dem Gußzylinder Stahlbüchsen eingesetzt, und erst in diesen laufen die Kolben.

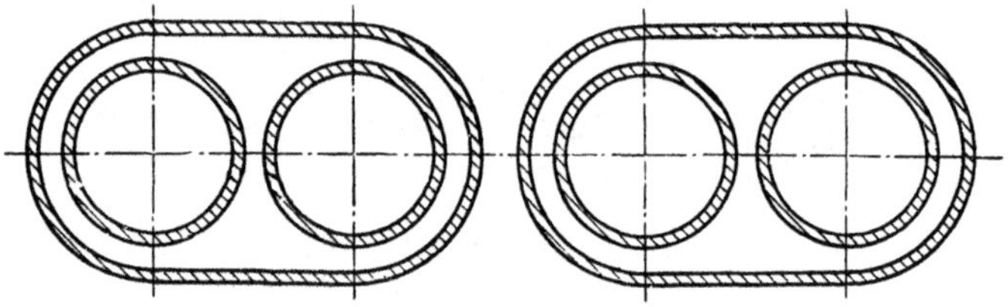

Abb. 80. Einzelstehende Zylinder, zu je zwei durch einen Wassermantel zusammengefaßt (Zweiblock)

Bildet das Ganze ein einziges Gußstück, so nennt man es: Einblock. Das ist heute die Regel bei Personenwagen. Bei Lastwagen und bei älteren Wagen sieht man noch oft zwei Blöcke für sich, deren jeder zwei Zylinder vereinigt (Abb. 80). Der Mantel umgibt dabei nicht alle vier Zylinder, er schließt sich um jedes Paar. Endlich können die Zylinder auch völlig jeder für sich, also einzeln gegossen sein (Abb. 81), jeder einen eigenen Wassermantel haben oder alle in einem stecken. Das hält jede Fabrik anders; das wechselt auch bei

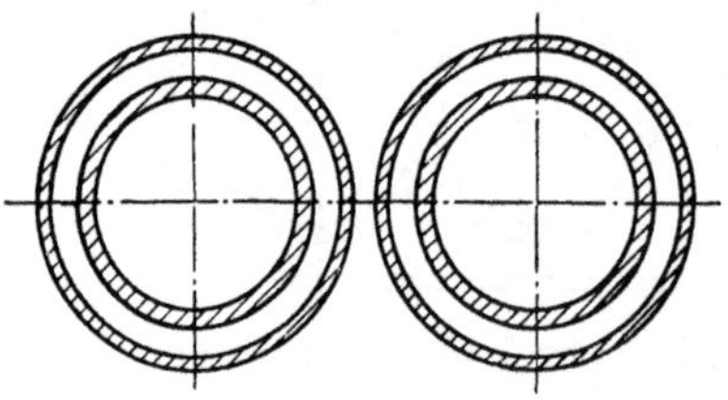

Abb. 81. Einzelnstehende Zylinder, jeder mit eigenem Wassermantel

einer Fabrik von Zeit zu Zeit. Heute trachtet man, einen nach außen möglichst glatten Blockguß herzustellen und alles Beiwerk, Ventile, Gestänge, selbst die Rohrleitungen ins Innere zu verlegen und so sehr gut gegen Verstauben, Verölen und auch gegen Beschädigungen zu schützen.

Jetzt wissen wir ein wenig vom äußeren Bau des Vierzylindermotors, wissen, wo wir die Zylinder zu suchen haben, wenn wir sie nicht gleich einzeln und erkennbar vor uns haben, und wollen wieder zur Wirkungsweise zurückkehren.

35. Vierzylinder und Verteiler

Ein Vierzylinder vereinigt vier gleiche Einzylinder; jeder einzelne arbeitet auf die gleiche Weise im bekannten Viertakt und alle vier Kolben wirken auf dieselbe Motor-

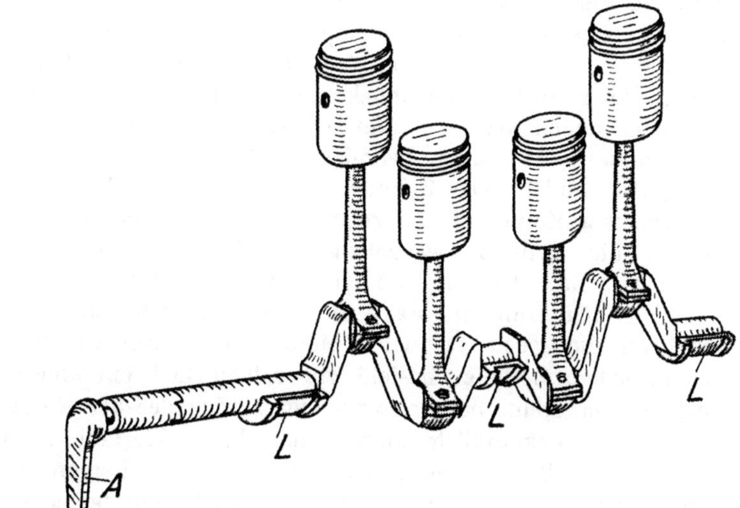

Abb. 82. Kolben und Kurbelwelle eines Vierzylinders
A Andrehkurbel *L* feste Lager der Kurbelwelle

welle: also läßt sich mit diesen vier Arbeitskräften offenbar auch die vierfache Leistung erzielen. Gewiß! Man ist nun klug und verteilt die vier mit ihrer Arbeitsfähigkeit derart, daß sie sich gegenseitig unterstützen. Denn wir wissen ja.

daß der Viertakt in jedem einzelnen Zylinder eigentlich nur einen einzigen ehrlichen Arbeitstakt aufweist, nämlich den, der mit der Explosion anhebt. Die drei anderen Takte zehren von der im Schwungrad aufgespeicherten Wucht. Es ist also naheliegend, die Sache so einzurichten, daß ein Zylinder nach dem anderen seinen Arbeitshub macht, und nicht etwa alle gleichzeitig darauf losexplodieren und dann drei Takte lang das Schwungrad sich plagen lassen; da müßte dieses schon recht gewaltige Abmessungen bekommen. Umgekehrt, wenn es nach dem Explosionshub des ersten Zylinders durch den Explosionshub des zweiten, dann des dritten und vierten Zylinders unterstützt wird, braucht es nicht mehr so viel zu leisten und kann bedeutend kleiner sein.

Man darf also nicht glauben, was mitunter doch geglaubt wird, daß der Viertakt vier Zylinder brauche, etwa so: Der erste Zylinder saugt an, der zweite komprimiert, der dritte explodiert und der vierte pufft aus! Das ist nur einen Augenblick lang richtig. Im nächsten Augenblick hat der erste Zylinder Kompression, danach Explosion und schließlich Auspuff. Denn der Viertakt läuft in jedem Zylinder vollständig ab; nur hat in jedem Augenblick jeder Zylinder einen anderen Takt.

Die vier Kolben stehen zu Beginn so, wie Abb. 82 zeigt, in der die Zylinder weggelassen sind. Jeder der vier Zylinder macht, wie gesagt, seinen vollständigen Viertakt für sich, als wäre nur er da, und gibt seinen Teil Kraft an die gemeinsame Motor- (oder Kurbel-) Welle ab. In jedem Zylinder besteht zur selben Zeit ein anderer Zustand. Da steht beispielsweise im 1. Zylinder der Kolben ganz oben. Bekanntlich kommt das beim Viertakt zweimal vor: zu Beginn des Ansaughubes und zu Beginn des Explosionshubes. Nehmen wir an, es sei der Beginn des ersten, des Ansaughubes. Im 2. Zylinder steht der Kolben ganz unten, es ist also möglicherweise das Ende des Ansaug- und der Beginn des zweiten, des Kompressionshubes. Der Kolben des 3. Zylinders steht auch ganz unten. Das kann nur wieder Ende des ersten oder Ende des dritten Hubes sein. Da in keinem Zylinder gleichzeitig dasselbe vorgehen soll und wir im 2. das Ende des Ansaughubes angenommen haben, so hat der 3. offenbar das Ende des Explosionshubes erreicht, steht also vor dem vierten Hub. Noch fehlt die Stellung zu Beginn des dritten Hubes: die haben wir im 4. Zylinder. (Nur Rücksichten auf die einfachere Bauart der Lager führen dazu, daß die Reihenfolge der Hübe nicht mit der der Zylinder übereinstimmt; daß wir also nicht im 1., 2., 3., 4. Zylinder gleichzeitig den 1., 2., 3., 4. Takt, sondern den 1., 2., 4. und dann erst den 3. Takt haben.)

Eine bequeme Übersicht über diese Vorgänge verschafft uns die nachstehende Tabelle; die senkrechten Reihen entsprechen den vier Zylindern, die wagrechten zeigen an, was gleichzeitig in ihnen vorgeht.

In jeder wagrechten Zeile steht einmal Explosion. Das heißt also: Immer gibt es in einem der vier Zylinder einen Arbeitshub. Nun muß man jedem Zylinder rechtzeitig, also wenn er an die Reihe kommt, zu einer Explosion verhelfen, d. h. den Strom so verteilen, daß ein Funken jetzt im 1, das nächste Mal im 2. Zylinder usw. zur gehörigen Zeit entsteht. Dies besorgt der Verteiler.

Da ist bei *V* in Abb. 83 ein Kreisring zu sehen. Helle und dunkle Bogenstücke wechseln ab: die hellen sind metallisch, also leitend, die anderen isolieren. Von jedem hellen Teil geht daher ein Kabel zu einem Zylinder, nämlich zu seiner Kerze.

1. Zylinder	2. Zylinder	3. Zylinder	4. Zylinder
Ansaugen	Pressen und Zünden	Auspuffen	Explosion und Ausdehnen
Pressen und Zünden	Explosion und Ausdehnen	Ansaugen	Auspuffen
Explosion und Ausdehnen	Auspuffen	Pressen und Zünden	Ansaugen
Auspuffen	Ansaugen	Explosion und Ausdehnen	Pressen und Zünden
Ansaugen	Pressen und Zünden	Auspuffen	Explosion und Ausdehnen

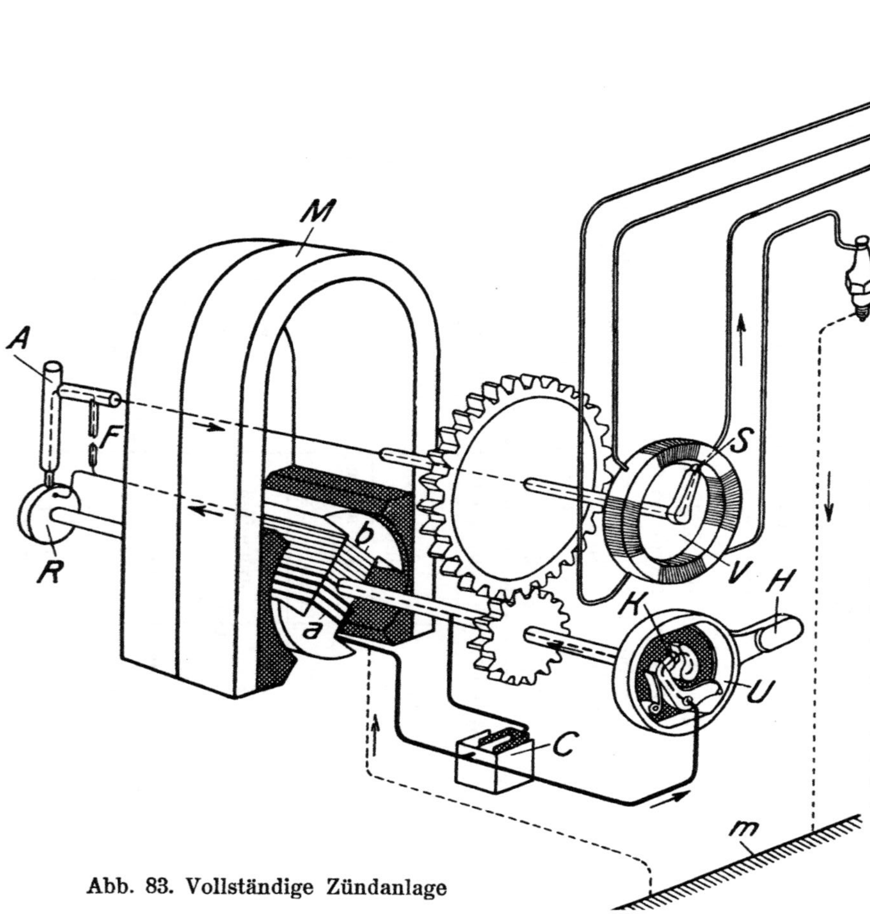

Abb. 83. Vollständige Zündanlage

M Magnete
a, b Ankerwicklungen für Primär- und Sekundärstrom
U Unterbrecher
K Unterbrecherkontakte
H Verstellhebel (für Vor- oder Nachzündung)
V Verteiler
S rotierende Schleifkohle des Verteilers
F Sicherheitsfunkenstrecke
R Schleifring
A Abnehmerkohle
L Rückleitung des Stromes mit Hilfe der Masse *m* zur Ausgangsstelle im Anker

Innerhalb des Ringes kreist eine Schleifkohle *S* über die leitenden und nicht leitenden Bogenstücke (Segmente). Der vom Anker kommende Sekundärstrom wird am Schleifring *R* von der Abnehmerkohle *A* übernommen und, wie der Pfeil andeutet, bis zur Schleifkohle *S* im Verteiler geleitet. Berührt diese Schleifkohle gerade ein leitendes Segment, so kann der Strom weiter ins Kabel gehen und kommt schließlich zur angeschlossenen Kerze. Bei vier Zylindern, also vier Kerzen, sind auch vier Kabel und somit vier Segmente im Verteiler erforderlich, bei sechs Zylindern entsprechend sechs solche.

Die Kohle dreht sich weiter, gleitet ab vom weißen Segment und schleift am schwarzen vorbei: da stockt der Stromlauf, aufgehalten von der isolierenden Schranke. Dann erfolgt wieder ein sogenannter Kontakt an der nächsten weißen Stelle und Freigabe des Stromes zum nächsten Zylinder und so fort. So wird also während einer vollen Drehung des Verteilerringes jeder Zylinder einmal in den Stromkreis eingeschaltet, d. h. er erhält einmal Zündung. Eine Umdrehung des Verteilers entspricht daher auch einem vollen Viertakt oder vier Kolbenhüben oder zwei Kurbeldrehungen; der Verteiler muß sich darum halb so schnell drehen wie die Kurbelwelle.

36. Vor- und Nachzündung

Wiederholt war im Vorhergegangenen von „richtigem Zeitpunkt zur Zündung“ gesprochen worden. Wir haben bisher angenommen, daß es Zeit sei, zu zünden, wenn die Gase bis auf das äußerste zusammengedrückt sind, wenn also der Kolben die obere Totlage einnimmt und sich eben anschickt, nach unten zu gehen. Dabei konnte man sich vorstellen, daß sich Zündung und Explosion augenblicklich über das ganze, auf engstem Raum zusammengedrängte Gasgemenge ausbreiten. Nun ist die Zeit, die hiezu nötig ist, zwar sehr klein, aber doch groß genug, um beachtet zu werden. Vor allem so groß, daß der Kolben inzwischen schon wieder ein kurzes Stück hinabgegangen ist, so daß die ganz zusammengepreßten Gase sich inzwischen in dem größer werdenden Raum wieder etwas ausdehnen konnten und dabei an Spannung verloren. Die Explosion ist aber um so wirksamer, je stärker die Gase gepreßt sind. Eine Entspannung mindert daher die Explosionskraft.

Will man also, daß der Kolben genau zu Beginn des dritten Hubes mit der vollen Kraft der Explosion hinuntergeschleudert wird, so muß man dafür sorgen, daß auch genau zu Beginn dieses Hubes die Explosion sich bereits über den ganzen Raum fortgepflanzt hat. Da hiezu eine gewisse Zeit gehört, ist es nötig, die Zündung um eben diese Zeit früher einsetzen zu lassen, noch ehe der Totpunkt erreicht ist. Zwischen Zündzeitpunkt und Totpunkt hat dann die Explosion Zeit, das ganze Gemisch zu erfassen und kann dann im Totpunkt selbst ihre volle Kraft entfalten. Da hier also die Zündung vor Erreichen des Totpunktes, einige Millimeter unter dem Hubende, erfolgt, spricht man von Vorzündung (Frühzündung). Man hört es diesem Worte wohl an, was es bedeutet?

Zu weit darf man die Zündung natürlich auch nicht vorrücken. Denn wenn die Explosion mit voller Kraft schon zu wirken beginnt, lang ehe der aufwärtsgehende Kolben den oberen Totpunkt erreicht, so wird sie ihn hinunterdrängen, jedenfalls im Aufstieg hemmen, ihn gewissermaßen bremsen. Das wäre Kraftverlust. Der Motor zeigt dies sofort durch Klopfen an.

Beim Ankurbeln ist zu große Vorzündung geradezu gefährlich. Denn hier könnte der aufsteigende Kolben bei zu früher Zündung gar nicht den Totpunkt erreichen, sondern würde tatsächlich hinuntergeschleudert, kehrte also seine Bewegung um: er schlägt zurück, was dem Ankurbelnden einen heftigen Preller, ja selbst einen Armbruch eintragen kann. Beim Ankurbeln ist daher Nachzündung am Platze.

Bei dieser verzögert sich die Zündung bis hinter den Totpunkt, also bis in den Explosionshub hinein. Es stellt sich dann das ein, was wir oben geschildert haben. Der Funken springt in ein nicht mehr aufs stärkste gepreßtes Gemisch, das sich während der zur Explosion nötigen Zeit noch mehr ausdehnt und entspannt, so daß die Wirkung der Explosion erheblich abgeschwächt wird. Das heißt aber nichts anderes, als daß sich der Kolben nicht so heftig, nicht so rasch abwärts bewegt, daß also auch die mit dem Kolben verbundenen Teile des Motors, Pleuelstange und Kurbelwelle (Motorwelle), langsamer laufen. Und dann geht alles andere natürlich ebenso langsamer: die von der Motorwelle betriebenen Nebenwellen zur Ventilsteuerung und zur Zündung, aber auch die an die Motorwelle angeschlossene Getriebewelle bis zu den Wagenrädern. Wie man sieht, gibt einem die Zündung ein wirksames Mittel, die Motor- und Wagengeschwindigkeit zu verändern: Vorzündung beschleunigt, Nachzündung verzögert sie.

37. Zündverstellung

Wie kann man nun Vor- oder Nachzündung erreichen? In der Regel — keineswegs bei allen Wagen! — ist eine solche Verstellung der Zündung dem Fahrer wirklich in die Hand gegeben. Häufig hat er nämlich am Lenkrad (französisch „Volant" genannt), mit dem er den Wagen lenkt, einen oder zwei Hebel (Abb. 84), von denen einer zur Zündung führt. Dieser Hebel ist das erste Glied einer Reihe von zusammengehörigen Hebeln und Stangen, deren letztes die Zündung verstellt. Dies geschieht auf mannigfache Weise. Immer aber dreht es sich darum, den Primärkreis früher oder später zu unterbrechen. Denn eben diese Unterbrechung ruft ja den Strom und also den Funken im Sekundärkreis hervor; wenn sie also früher erfolgt, entsteht der induzierte Strom auch früher und ebenso kommt der Funken dabei früher zustande; wenn sie dagegen später erfolgt,

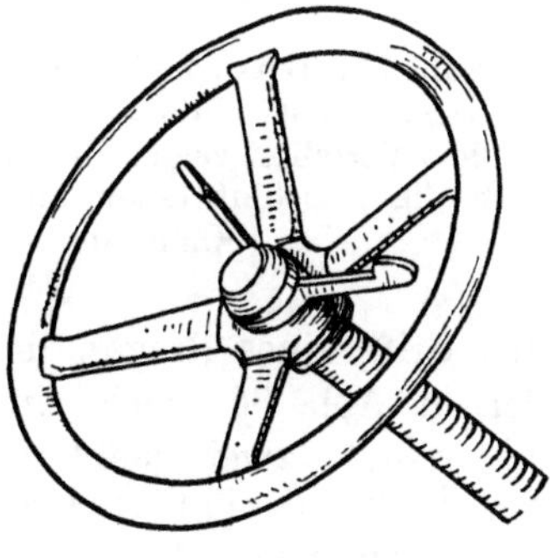

Abb. 84. Lenkrad mit Gas- und Zündverstellhebel

so treten Zündstrom und Zündfunken später auf. Das ist die ganze Sache.

Die Abb. 85 zeigt uns einen der verbreitetsten Magnetapparate, den „Bosch“, wie ihn die weltbekannte Robert Bosch A. G. in Stuttgart beispielsweise für Sechszylinder erzeugt. Man sieht auf dem Bild, von links ausgehend, zunächst die beiden Hufeisenmagnete, an sie angebaut oben, wo die Ziffern 1 bis 6 stehen, den Verteiler mit den 6 Kabelanschlußstellen, darunter den Unterbrecher, an deren Gehäusen die Deckel mit Federn festgehalten sind. Wenn man diese beiseite schiebt und die Deckel abnimmt (Abb. 86), blickt man oben auf die Verteilerkohle, VK, unten auf den Unterbrecher, der vergrößert in Abb. 87 von vorn zu sehen ist. Der rechts vorstehende Hebel (VH) bildet den Griff eines Ringes, des sogenannten Nockenringes, der in Abb. 88 noch einmal für sich herausgehoben ist; er besitzt zwei stählerne Bogenstücke, SN, eben die Nocken, die ihn stellenweise verengern. Nun bleiben für den eigentlichen Unterbrecher nur noch zwei Hebel, einer in Winkelform (UH) und einer in Hammerform (BU), die sich an den platinierten Schraubenköpfen Psk und Psl, den Kontakten, berühren. Dieses Hebelwerk dreht sich mit der Magnetachse, auf der es sitzt, und zwar innerhalb des erwähnten Nockenringes. Hiebei muß der winkelförmige Hebel mit dem in seinem einen Arm eingesetzten Anschlag (FN),

Abb. 85. Bosch-Magnet für einen Sechszylinder-Motor. Im oberen Teil, dem Verteiler, zeigen die Ziffern 1 bis 6 die Anschlußstellen für die sechs Kabel an

so oft er an eine der Nocken kommt, auf diese auflaufen. Dadurch wird das andere Hebelende mit der Kontaktschraube von dem gegenüberstehenden Kontakt abgehoben: das ist die Unterbrechung des Primärkreises, die den Funken an der Kerze gibt.

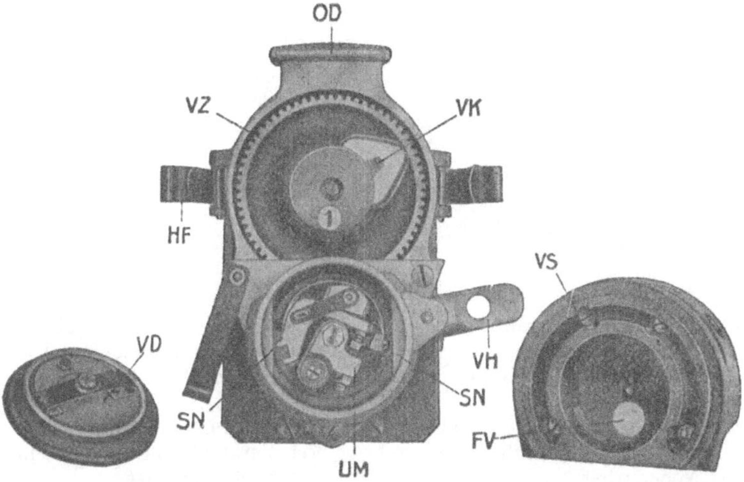

Abb. 86. Magnet (Bosch) von der Unterbrecher- und Verteilerseite aus. Die Deckel des Verteilers und des Unterbrechers sind abgehoben

FV Fenster in der Verteilerscheibe
HF Haltefeder der Verteilerscheibe
OD Ölerdeckel
SN Stahlnocken im Nockenring
VZ Verteilerzahnrad
UM Unterbrecher
VD Verschlußdeckel auf dem Nockengehäuse
VH Verstellhebel auf dem Nockengehäuse
VK Verteilerkohle
VS Verteilerscheibe

Bei der Unterbrechung sollen die Kontaktschrauben um 0·4 mm voneinander entfernt werden, nicht mehr. Da diese Stelle im Unterbrecher besonders empfindlich ist, nimmt man für die Kontakte Platin, das nicht rostet und sich nicht so leicht abnützt. Von Zeit zu Zeit muß man trotzdem nach Entfernen des vorderen Schutzdeckels den Abstand der Kontakte nachprüfen und wenn nötig durch Nachstellen der längeren Schraube regeln. Auch gereinigt müssen die Kontakte werden: Staub, Öl, auch Wasser würden die Zündung nur stören.

Der Nockenring kann mittels des Verstellhebels VH etwas verdreht werden, wodurch die Nocken an andere Stellen

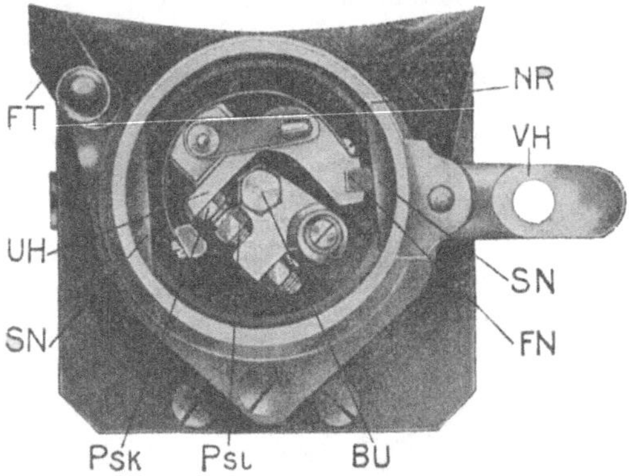

Abb. 87. Unterbrecher geöffnet

BU Befestigungsschraube des Unterbrechers
FN Fibernocken im Unterbrecherhebel
FT Feder zum Halten des Unterbrecherverschlußdeckels
NR Nockenring
Psk kurze Kontaktschraube
Psl lange Kontaktschraube
SN Stahlnocken im Nockenring
UH Unterbrecherhebel
VH Verstellhebel auf dem Nockengehäuse

rücken und der Anschlag früher oder später auflaufen muß: Zündverstellung für Früh- oder Spätzündung.

38. Fehler der Zündung

Die Zündung, für die Arbeit des Motors von größter Bedeutung, muß stets sicher und tadellos eintreten. Denn ohne Funken gibt es überhaupt keine Explosion; aber der Funken muß auch im richtigen Augenblick und in genügender Stärke zur Stelle sein. Da es nun aber doch unvermeidlich ist, daß sich mit der Zeit Mängel ergeben, die ein Versagen der Zündung nach sich ziehen, muß der Fahrer wenigstens wissen, wo er den Fehler zu suchen hat. Darum sind die ziemlich eingehenden Kenntnisse, die von ihm verlangt werden müssen und die ihm hier zu vermitteln versucht wird, ohne Zweifel wertvoll, ja notwendig. Denn nur wer Einblick in den Zusammenhang der Teile seines Wagens hat, vermag sich über Störungen Rechenschaft zu geben.

Versagt die Zündung, so wird man sich etwa folgendes sagen: Die Zündeinrichtung beginnt bei der Stromquelle und endet bei der Zündstelle. An diesen Stellen und auf dem ganzen Wege von einer zur anderen, also in der Leitung, sind Fehler möglich. Gewöhnlich beginnt man die Untersuchung an der Zündstelle; denn hier pflegt das Übel am häufigsten zu sitzen. Hat man Kerzenzündung, so müßte man sich erst einmal überzeugen, ob die Zündung in allen vier Zylindern gleichzeitig versagt oder nur in einzelnen oder in einem allein. Es ist nicht anzunehmen, daß alle Kerzen gleichzeitig schadhaft geworden sind; daher wird man beim Ausbleiben der Zündung an allen Kerzen den Fehler wahrscheinlich in der Stromquelle selbst finden. Geben einzelne Kerzen keine Funken, dann sind vielleicht Kabel aus der Anschlußklemme geglitten, haben so die Verbindung verloren oder eine falsche gefunden; oder die Isolierung der Kabel ist stellenweise beschädigt, weggescheuert oder abgefressen; der blanke Teil liegt nun an einem metallischen Bestandteil (Masse) an und bietet hier dem Strom früher einen Abweg; dann kommt natürlich kein Strom zu den Kerzen. Gewöhnlich liegt die Schuld an den Kerzen selbst. So, wenn sich auf oder zwischen ihren Elektroden Ruß niedergeschlagen hat, der die Spitzen leitend verbindet; dann fehlt die notwendige Unterbrechung und es kann sich natürlich kein Funken bilden, weil der Strom von einer Spitze über den leitenden Rußbelag zur anderen f l i e ß t, also keine Gelegenheit hat, unter Funkenbildung a b z u r e i ß e n. Eine solche k u r z e Verbindung der Drahtenden durch irgend einen Leiter heißt sehr bezeichnend K u r z s c h l u ß. In diesem Falle genügt es,

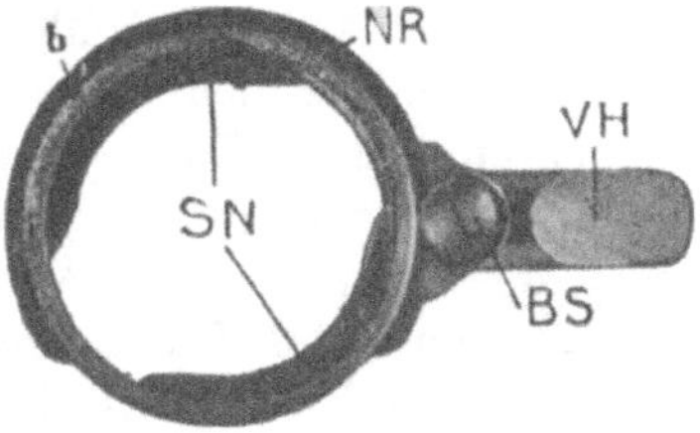

Abb. 88. Nockenring zur Verstellung des Zündzeitpunktes
BS Befestigungsschraube am Verstellhebelarm
NR Nockenring
SN Stahlnocken im Nockenring
VH Verstellhebel

den störenden Belag zu entfernen. Daß Ruß von verbrannten Gasen oder verbranntem Schmieröl herrührt (sogenannte Ölkohle), leuchtet ein. Ein Kurzschluß entsteht natürlich auch dann, wenn sich die beiden Spitzen so verbogen haben oder zusammengeschmolzen sind, daß sie sich berühren und so eine nicht mehr unterbrochene Leitung bilden. Auch kann es vorkommen, daß die Drahtspitzen zu weit voneinander abstehen, weil sie sich verbogen haben oder weil sie allmählich abgebrannt sind. Dann kann unter Umständen der Strom nicht mehr stark genug sein, die Luftstrecke zu überspringen, weil diese jetzt länger geworden ist und dadurch größeren Widerstand bietet. Die Spitzen, die aus Reinnickel sind, müssen dann vorsichtig auf den richtigen Abstand — etwa $1/2$ mm — zusammengebogen werden. Wenn man eine solche Kerze herausschraubt, um sie zu prüfen, kann ein Funken an ihr überspringen, so lange sie an der Luft ist; aber im verdichteten Gas ist der Widerstand immer größer und da kann der Abstand trotzdem zu groß sein.

Häufig wird die Funkenbildung verhindert durch den sich oft bildenden Ölbelag (nicht sehr glücklich heißt das „Ölschluß"). Da Öl kein Leiter ist, kann der Strom nicht fließen, also auch nicht abreißen. Auch hier hilft Putzen der Kerze, z. B. mit Benzin. Schließlich kann auch die Porzellanisolierung gesprungen sein, so daß sich im Kerzenkörper eine Luftstrecke bildet, die dem Strom bequemer sein kann. Hier hilft nur Auswechseln der ganzen Kerze. Bleibt in einem Zylinder der Funke, die Zündung, die Explosion aus, dann gelangt aus diesem Zylinder unverbranntes, aber noch explodierfähiges Gemisch in den Auspuff, wo es sich leicht noch nachträglich an den anderen heißen Auspuffgasen oder am Auspuffrohr selbst entzünden kann. Man hört dann das Geräusch der Explosion schußartig im Auspuff.

39. Weitere Fehler

Von der schadhaften Leitung war schon die Rede. Mangelhafter Anschluß an die Klemmschrauben, also schlechter oder gar kein Kontakt, mangelhafte Isolierung können bei allen Leitungsdrähten (Kabeln) als Fehler auftreten. Um sich davor zu schützen, müssen die Anschlüsse genau und fest hergestellt und von Zeit zu Zeit nachgesehen werden. Ebenso ist die Isolation häufig zu überprüfen und gegen Wasser- und namentlich Ölzutritt sorgfältig zu schützen.

Ein schadhaftes oder gar gerissenes Kabel, eine Lockerung seines Anschlusses, ein verölter Kontakt, zu großer Abstand der Elektroden an der Kerze, all das wirkt wie ein Hindernis im Stromlauf, so daß sich die Elektrizität gewissermaßen dort staut. Das könnte unter Umständen die Spannung so erhöhen, daß sie die Isolation an irgend einer Stelle durchschlägt, etwa die Ankerwicklung durchbrennt. Um das zu verhüten, gibt man dem hochgespannten Strom einen anderen Weg, wo er sich ungefährlich entladen kann. In Abb. 83, wo die ganze Zündeinrichtung wiedergegeben ist, sieht man dies bei *F*, wo zwei metallische Spitzen eine S i c h e r h e i t s f u n k e n s t r e c k e von mehreren Millimetern bilden. Zu dem Bild, das wohl im allgemeinen leicht zu verstehen sein dürfte, soll nur bemerkt werden, daß links der Magnet dargestellt ist und rechts daneben das, was man von vorne sieht, wenn vom Verteiler und Unterbrecher die Deckel abgenommen sind. Dazwischen die Zahnradübersetzung zwischen Ankerwelle und Verteiler.

Konnte bei der Suche nach einem Zündungsfehler weder der Zündstelle noch den Kabeln eine Schuld zugemessen werden, dann hat man noch die verschiedenen Kontakte beim Verteiler und bei den Unterbrechern der Stromkreise zu prüfen. Mitunter ist die Schleifkohle des Verteilers abgenützt oder gelockert oder Schmutz, eingedrungenes Öl und ähnliches hat sich zwischen die Kontaktstellen gelagert und hindert so deren Berührung. Anderseits könnte sich zwischen zwei oder mehreren Verteilersegmenten eine gut leitende Verbindung herausbilden, etwa durch Kohlenstaub, der von der Schleifkohle stammt. Dann bekommen zwei oder mehrere Zylinder gleichzeitig Zündung, was unter Umständen zu beträchtlichen Störungen führt.

Mitunter ist die Stromquelle selbst der Sitz des Übels. Es kann vorkommen, daß Wasser oder zu viel Öl in den Magnet oder den Unterbrecher geraten oder daß die Batterie erschöpft ist und keinen Strom mehr gibt. Im ersteren Falle muß der Anker oder der Unterbrecher sorgfältig gereinigt werden, im zweiten muß man die Batterie frisch laden.

Wie man sieht, gibt die Zündung an vielen Stellen Gelegenheit zu Schäden. Es haben daher manche besonders vorsichtige Fabriken ihre Wagen mit zweierlei Zündungen ausgestattet, um die eine stets im Falle einer Störung der anderen verwenden zu können. Gewöhnlich ist dann die eine eine Batterie, die andere eine magnetelektrische Zündung.

Zum Anfahren dient dann die Batterie, weil sie sofort Strom liefert, während der Magnet nur Strom erzeugen kann, wenn sich sein Anker dreht; und da dessen Antrieb bekanntlich vom Motor ausgeht, liefert der Magnet erst Strom, wenn der Motor arbeitet. Wie ist es denn aber, wenn nur eine Zündung am Wagen ist und die eine magnetelektrische ist? Darüber gibt der nächste Abschnitt Auskunft.

40. Ankurbeln — Anlasser

Der Motor braucht zum Arbeiten Strom, den der Magnet nur liefert, wenn der Motor arbeitet. Wartet also einer auf den andern und man käme nie zum Wegfahren. Denn der Motor kann nicht von selbst angehen und der Magnet hat keinen Stromvorrat. Was bleibt uns übrig? Dem Motor muß man helfen. Man braucht nur die Motorwelle (Kurbelwelle) so lang zu bauen, daß sie bis ganz nach vorne reicht; dort kann man nun eine Handkurbel aufsetzen und mit ihr die Motorwelle zu drehen beginnen (Abb. 82 und 89). Was wird da geschehen? Da die Welle durch die Kolbenstangen mit den Kolben im Zylinder zusammenhängt, werden die Kolben in ihren Zylindern, je nach ihrer augenblicklichen Stellung, auf- oder abwärts gehen müssen. In einem der vier Zylinder wird also ganz gewiß Gas angesaugt werden, einer wird Kompression haben, in einem werden hochgepreßte Gase auf den Funken warten, der ihnen zur Explosion verhilft. Und nun fragen wir uns, ob diesen Gasen zu einer Explosion verholfen werden kann? Selbstverständlich! Die Kurbelwelle treibt ja nicht nur die Kolben, sondern auch einige Nebenwellen, auf deren einer unser Magnet sitzt. Wenn man also mit der Handkurbel die Motorwelle dreht, treibt man auch gleichzeitig den Magnetanker. Der erzeugt jetzt bei seiner Drehung Strom und so können in einem Zylinder oft schon bei der ersten Drehung mit der Handkurbel die dort gepreßten Gase explodieren. Wenn das einmal geschehen ist, dann braucht es eigentlich keiner weiteren Hilfe unsererseits. Denn die Explosionskraft bewegt den Kolben viel energischer

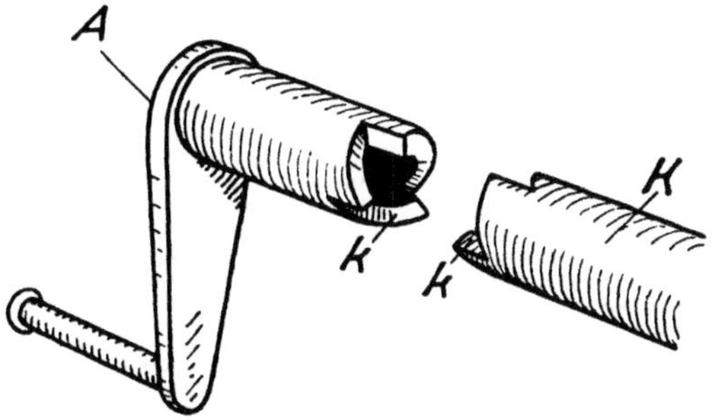

Abb. 89. *A* Andrehkurbel *K* Kurbelwelle *k*, *k* klauenförmige Enden der Kurbel und der Kurbelwelle

als wir es vermöchten; jetzt kommt der Motor in Schwung: das Schwungrad tut das seinige dazu und der richtige Gang ist erreicht. Das also ist das sogenannte „Ankurbeln“, „Anlassen“ oder „Anwerfen“ des Motors.

Dabei ist nur zu bemerken, daß die Handkurbel mit der Motorwelle nicht dauernd verbunden sein kann und auch tatsächlich nicht ist. Sonst müßte sie sich ja, so lange der Motor arbeitet, beständig mitdrehen, während sie bekanntlich auch in der Fahrt ganz ruhig vorn herabhängt. Das tut sie auch sonst. Will man ankurbeln, so muß man die Kurbel *A* (Abb. 89) zunächst ein Stück nach hinten schieben, bis die Klauen *k* am Ende ihrer Aufsteckhülse in die dazu passenden Klauen *k* am Ende der Kurbelwelle *K* fassen. Dann sind beide, nämlich Handkurbel und Motorwelle, gekuppelt und man kann jetzt andrehen. Springt der Motor an, so läßt man los und die Aufsteckhülse der Handkurbel federt wieder zurück, wobei die Klauen sich freigeben.

Moderne Wagen pflegen übrigens einen Anlasser zu haben, der einem die Mühe des Ankurbelns abnimmt

(Abb. 90). Dazu dient meist ein kleiner Elektromotor, ein Anker *A*, ähnlich wie bei einem Zündmagnet, aber in der Ruhestellung gegen die Polschuhe, *PP*, etwas versetzt. Auf seiner Welle sitzt ein kleines Stirnrad *R*, Ritzel genannt. Ein Druck auf einen Knopf an der Spritzwand oder ein Tritt auf ein Pedal: und ein elektrischer Strom wird eingeschaltet, der den Anlaßmotor antreibt, das heißt, den Anker in Drehung versetzt. Dabei wird der

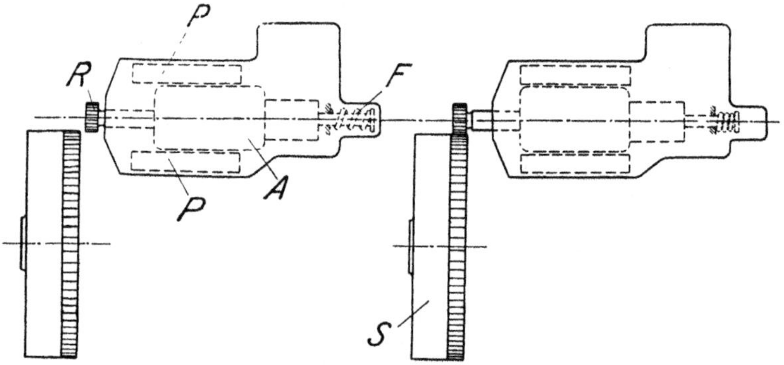

Abb. 90. Anlasser in zwei Stellungen:
links ausgerückt — rechts eingerückt

R Ritzel auf der Welle des Ankers *A* — *P* Magnetpole
S Schwungrad mit Zahnkranz — *F* Rückzugfeder

Anker, der sich in der Richtung seiner Achse verschieben kann, von den Feldmagneten kräftig in der Achsrichtung ins Magnetfeld zwischen die Polschuhe hineingezogen. Nun greift das Ritzel in einen Zahnkranz des Schwungrades *S* ein und versetzt dieses in rasche Drehung (Abb. 90 rechts). Die Einrichtung ist so getroffen, daß sich der Anlasser nach kurzer Zeit wieder selbsttätig ausschaltet, wobei die Feder *F* den Anker wieder aus dem Magnetfeld herauszieht.

Den Strom für den Motor liefert eine kleine Batterie, die während der Fahrt vom Wagenmotor aufgeladen wird. Gewöhnlich gehört diese Batterie zur elektrischen Lichtanlage wie sie heute in die meisten Wagen eingebaut wird, um Stadtlampen, Scheinwerfer und Decklicht elektrisch zu beleuchten. Eine solche Lichtanlage besteht aus einer Dynamomaschine und einer Akkumulatorenbatterie, die beide Gleichstrom liefern. Steht der Motor oder läuft er nur langsam, dann gibt die

Batterie Strom fürs Licht ab; läuft der Motor rasch genug, so erzeugt die von ihm angetriebene Dynamo den Strom für die einzelnen Lampen und Scheinwerfer und gleichzeitig ladet sie die Batterie auf.

Lichtmaschine und Batterie sind nicht dauernd verbunden; ihre Trennung ist nötig, wenn die Spannung der Lichtmaschine, etwa bei zu langsamen Laufen des Antriebsmotors, kleiner wird als die Batteriespannung. Blieben sie dann noch verbunden, so würde die Batterie infolge ihrer höheren Spannung Strom in die

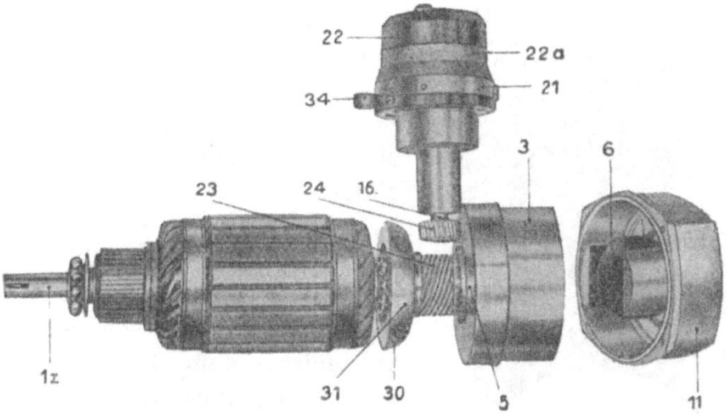

Abb. 91. Inneneinrichtung der Zünd-Lichtmaschine, Bauart B o s c h

1z	Welle der Lichtmaschine	34	Hebel zur Verstellung des Zündzeitpunktes
3	Umlaufmagnet auf Tragscheibe 5	22/22a	Verteilerkopf
6	Anker im Gehäuse 11	30/31	Fliehkraftregler zur selbsttätigen Verstellung des Zündzeitpunktes je nach der Motordrehzahl
23/24	Zahnräder zum Antrieb der Welle 16		
21	Unterbrechergehäuse		

Lichtmaschine senden und aus ihr einen Motor machen. Die Abtrennung besorgt ein automatischer L a d e s c h a l t e r. Wenn die Batterie nicht geladen wird, leuchtet überdies eine am Spritzbrett vor dem Fahrer sichtbare Kontrollampe auf.

Der Gedanke liegt nahe, den Zündmagnet und die Lichtmaschine, die beide vom Wagenmotor aus angetrieben werden müssen, zusammenzubauen. Auf diese Weise entsteht dann eine Z ü n d - L i c h t m a s c h i n e. Bei der Ausführung von B o s c h (Abb. 91) sitzen beide Maschinen auf einer gemeinsamen Achse. Abweichend von den Zündmagneten der Bauart B o s c h rotiert hier nicht der Anker, sondern der ringförmig gebildete Magnet. Über dem Maschinenblock erhebt sich ein Aufbau, in dem Unterbrecher und Regler untergebracht sind. Da zur Erzeugung des Zündstromes auch eine Batterie verwendbar ist, kann auch sie mit der Lichtmaschine zu einem Ganzen vereinigt werden. Unterbrecher und Verteiler, die ja auch hier notwendig sind, werden dann an die Lichtmaschine angebaut.

Die Lichtmaschine läßt sich auch mit dem Anlaßmotor verbinden; schließlich ist es auch schon versucht worden, den Anlasser, die Lichtmaschine und den Zündstromerzeuger in einer einzigen Maschinengruppe zu vereinigen.

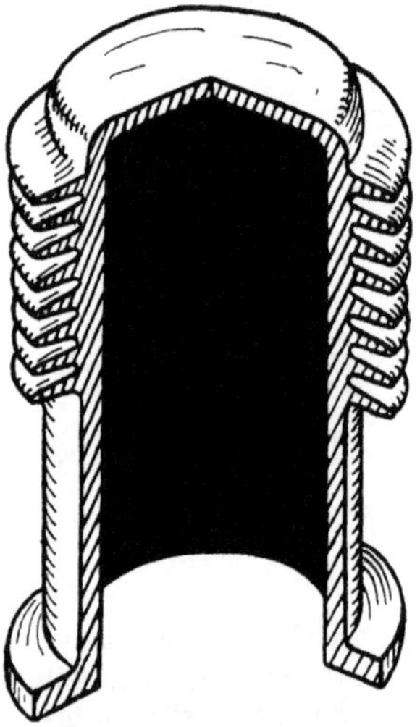

Abb. 92. Zylinder (aufgeschnitten) mit Außenrippen für Luftkühlung

41. Die Kühlung

Unser Augenmerk wollen wir jetzt einem neuen wichtigen Teil zuwenden, dem K ü h l e r, und was dazu gehört. Es ist klar, daß die Explosion der Gase mit der Entwicklung großer Hitze verbunden ist, die die Zylinderwände sehr stark erwärmt. Auch durch die äußerst rasche Bewegung des Kolbens im Zylinder — bei manchen Motoren bis zu 6000 Hüben und mehr in einer Minute! — entsteht bedeutende Reibungswärme, die gleichfalls in die Zylinderwand dringt. So hohen Temperaturen könnte diese auf die Dauer nicht standhalten, die Kolben würden sich dehnen, verziehen, stecken bleiben, die Wände Sprünge bekommen, kurz, wir wären bald am Ende mit unserem Motor und mit der Fahrt. Die Wärme muß daher zum größten Teil aus der Wand wieder heraus, muß abgeleitet werden. Zunächst verringert sich die Erhitzung, wenn man zwischen Zylinder und Kolben Öl bringt, so daß nicht Eisen auf Eisen reibt, sondern eine dünne Ölhaut beide trennt. Nun muß noch die Explosionswärme abgeführt werden. Es ist eine Tatsache, daß ein Körper die aufgenommene Wärme wieder ausstrahlt und dies um so rascher, je größere Oberfläche er hat. Auf diesem Grundsatz beruht die bei kleinen Motoren noch heute zu findende Luft- oder Rippenkühlung; der Zylindermantel hat außen eine richtige Krause von flachen Krempen oder Rippen (Abb. 92) aufgesetzt, aus denen die Wärme leicht ausstrahlt. Während der Fahrt streicht überdies die Luft (Gegenwind) zwischen diesen Rippen durch und nimmt ihnen immer wieder ihre Wärme ab.

Die mittleren und großen Wagen können sich aber mit diesem einfachen Verfahren nicht begnügen. Sie erhalten alle Wasserkühlung. Wie wir schon wissen, steckt hiebei jeder Zylinder in einem Wasserbade. Es ist entweder der einzelne Zylinder oder ein Paar oder der ganze Block von einem Mantel umhüllt und in dem Raume zwischen diesem Mantel und der äußeren Zylinderwand fließt Wasser. Fließt! Ja, denn es muß in beständiger Bewegung sein, wie wir gleich einsehen werden. Der Zylinder kann jetzt seine Wärme zum größten Teil an das ihn umgebende kalte Wasser abgeben; das wird dabei selbst heiß. Mit der dem Zylinder abgenommenen Wärme fließt es weg, um anderem, kälterem Wasser Platz zu machen und um seine Wärme an anderer Stelle selbst wieder loszuwerden. Diese Stelle ist der Kühler (*K* in Abb. 93). Wie der aussieht, das lassen wir einstweilen beiseite. Wir glauben es zunächst, daß er, wie gesagt, imstande ist, das erwärmte Wasser abzukühlen. Natürlich: irgendwohin muß die Wärme verschwinden, das ist klar; auch hier nimmt letzten Endes alles die Luft auf sich. Dann aber, wenn das Wasser wieder kalt ist, kann man es ganz gut neuerlich zur

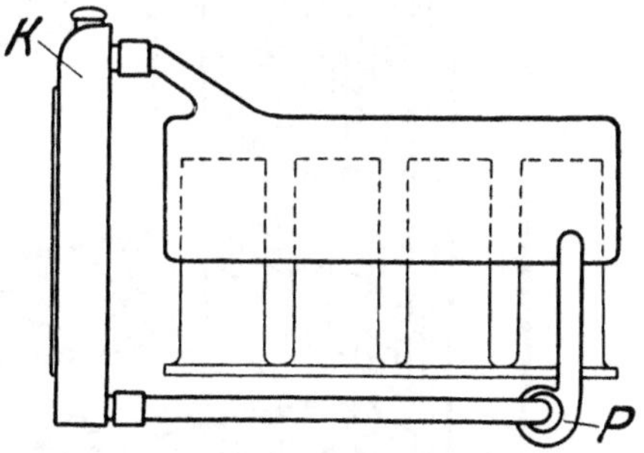

Abb. 93. Vierzylinder mit Wasserkühlung und Umlaufpumpe
K Kühler — *P* Pumpe
Die vier Zylinder stecken mit ihren Köpfen im Wassermantel.

Zylinderkühlung brauchen. So macht man es auch. Mit ein und demselben Wasser kühlt man immer wieder den Zylinder. Darum also muß es fließen! Das Wasser fließt beständig vom Zylinder zum Kühler und vom Kühler zurück zum Zylinder; es macht, wie man

Abb. 94. Vierzylinder mit Wasserkühlung durch natürlichen Kreislauf des Kühlwassers (Thermosiphon) — *K* Kühler
O Wassereinfüllöffnung *r* Verbindungsrohr zwischen Zylinder und Kühler
a Wasserzulauf
b Wasserablauf *L* Luftströmrichtung

sagt, einen Kreislauf. Zuerst hat man es in den Kühler oben bei *O* (Abb. 94) hineingeschüttet. Kalt natürlich. Auch der Wassermantel um die Zylinder hat sich dabei ganz füllen können. Das Wasser füllt jetzt alle Räume aus und steht ganz ruhig bis zum Beginn der Arbeit des Motors. Sobald der Motor läuft, werden die Zylinderwände immer wärmer, ebenso das Wasser herum. Wie jeder Körper in der Wärme sich ausdehnt, tut das auch das Wasser. Dabei wird es leichter und steigt, ähnlich wie erwärmte Luft im Zimmer, in die Höhe. Schließlich gelangt das ganze Wasser in Bewegung, weil dem aufsteigenden erwärmten Wasser das kalte nachdrängt. Die Bewegung beginnt somit im Wassermantel um die Zylinder. Das Wasser strömt ohne weiteres durch das kurze Rohrstück *r*

Abb. 95. Kühler (ausgeführt von der Windhoff A.-G. Berlin) mit geraden wag- und senkrechten Wasserkanälen, meist als sogenannter Bienenkorbkühler bezeichnet; oben die Einfüllöffnung, unten links und rechts die Pratzen zur Befestigung am Wagenrahmen

auf dem Kopfe des Zylinderblockes in der Richtung des Pfeiles *b* zum höchsten Punkt des Kühlers. Hier wird es nun gezwungen, sich auf die oder jene Weise zu zerteilen (Abb. 95). Es wird durch ein Bündel gerader oder zickzackförmig oder spiralig geschlungener Röhrchen von rundem, länglichem, viereckigem oder sonst einem Querschnitt durchgezwängt; jedenfalls läßt man es einen weiten Weg, in schmale Streifen zerlegt, durchwandern und gibt fast jedem einzelnen Tropfen Zeit und Gelegenheit, sich bei der Berührung mit den metallischen Wänden der Kühlerröhrchen gründlich abzukühlen. Diese Röhrchen selbst geben die dem Wasser entzogene Wärme infolge ihrer großen Oberfläche leicht an die zwischen ihnen in der Richtung des Pfeiles *L* durchstreichende Luft ab. Hauptsache ist: das Wasser wird auf dem langen Wege durch den Kühler

Abb. 96. Kühlwasserpumpe (von einem Benz-Wagen)
A Schaufelrad — *P* Schmiervase (Staufferbüchse)

kalt. Nun ist es als kaltes Wasser wieder schwerer geworden und fällt so ganz natürlich zur tiefsten Stelle des Kühlers hinunter; und dann kann es wieder in den Wassermantel unten durch die Zuleitung *a* eintreten, sich wieder erhitzen, aufsteigen, kühlen lassen, niedersinken usw. Ein besonderes Treibmittel ist zu alledem nicht notwendig. Die Wasserbewegung geht auch ohne äußere Mithilfe vor sich, lediglich weil heißes Wasser leichter ist als kaltes. Solche Kühler, die nur mit dem Temperatur- und Gewichtsunterschiede des heißen und kalten Wassers arbeiten, führen die Bezeichnung: Thermosiphon[1]. Sie sind sehr verbreitet und bewähren sich vorzüglich.

42. Wasserpumpe und Windflügel

Doch hat man auch andere Kühlwerke gebaut, bei denen man das Wasser künstlich und zuverlässig mit einer Pumpe durch den Kreis treibt (Abb. 93, *P*). Eine Kühlwasserpumpe, bei der das Wasser durch ein Schaufelrad umgetrieben wird, sieht man auf Abb. 96.

Die Kühlwasserpumpe wird, wie so vieles andere, auch von der Motorwelle aus betrieben, entweder durch Zahnräder oder durch Ketten. Sie bietet eine sichere Gewähr, daß das Wasser in dauerndem Umlauf bleibt, daß es rasch fließt und so die Kühlung steigert, solange die Pumpe in Ordnung und solange Wasser vorhanden ist. Denn wenn man auch im großen und ganzen immer wieder das gleiche Wasser benützt, so muß man doch bedenken, daß nach und nach durch Verdunsten und Verdampfen Wasser verschwindet. Schließlich kommen Undichtheiten oder gar größere Schäden am Kühler selbst nicht selten vor und werden mitunter erst bemerkt, wenn der Motor nicht mehr recht arbeiten will. Er ächzt und kreischt und gibt dem aufmerksamen Fahrer beizeiten ein Zeichen, einmal nachzusehen. Überhört man das, dann kann es auf einmal auch ein unfreiwilliges Ende der Fahrt geben. Denn bei mangelhafter Kühlung werden die Zylinder heiß, strecken sich und verengern sich; die Kolben laufen auch heiß, dehnen sich aus und finden im Zylinder keinen Durchgang mehr; sie verziehen sich und bleiben stecken. Wollte man jetzt ankurbeln, so ginge das natürlich nicht, weil Kurbelwelle und Kolben sich nur miteinander bewegen können. Da heißt es warten, bis sich die Zylinder abgekühlt haben, bis auch der wahrscheinlich dampfende Kühler die gewöhnliche Temperatur annimmt, dann Wasser nachfüllen, vielleicht

---

[1] Thermos ist griechisch und heißt warm; das Wort kommt auch vor in Thermometer, d. h. Wärmemesser. Siphon (nicht: Syphon) ist ebenfalls griechisch, heißt Heber und kommt vor in Siphonflasche, wo das Wasser auch in einem Rohre senkrecht aufsteigt. Thermosiphon also: Wasserheben durch Wärme.

vorher ein Leck des Kühlers verlöten oder wenigstens notdürftig verstopfen; meistens läßt sich die Kurbel jetzt wieder drehen; wo nicht, hilft man den Kolben, indem man oben bei den kleinen Hähnen auf den Zylindern, den Zischhähnen, Petroleum eingießt, um die Zylinderbahn zu reinigen und schlüpfrig zu machen.

Mitunter sind die engen Röhrchen und Kanäle des Kühlers selbst verstopft. Aus hartem, kalkhaltigem Wasser setzt sich leicht sogenannter Wasser- oder Kesselstein ab, legt sich an die Innenwände an und sperrt schließlich den Durchfluß ab. Wenn man reines, kalkfreies Wasser verwendet, oder noch besser: abgekochtes, kann das nicht vorkommen. Hat man aber einmal Wasserstein im Kühler, so kann man ihn mit Salzsäure (1 kg auf 20 Liter Wasser) lösen; den danach entleerten Kühler muß man mit Sodalösung und frischem Wasser ordentlich nachspülen, um die letzten Säurenreste herauszubekommen.

Der Wasserkreislauf hört ganz auf, wenn das Kühlwasser gefriert. Zusatz von Glyzerin schützt davor.

Auch die Pumpe kann Ursache der Störung sein, wenn sie im Innern verlegt oder etwas an den beweglichen Teilen gebrochen ist.

Daß die Kühlerwände selbst durch Luft gekühlt werden, haben wir schon gehört. Die Luft muß daher durch die freien Räume zwischen den Kühlkammern (Röhren, Kanälen, Zellen usw.) gut durchstreichen können. Dabei erwärmt sie sich an den Kühlerwänden und zieht mit dieser Wärme beladen ab.

Meist unterstützt man die Kühlung, indem man knapp hinter dem Kühler einen Windflügel (Ventilator) einbaut, den wieder der Motor in der Regel mit Hilfe eines Riemens treibt (siehe Abb. 97). Dieser Flügel saugt dann die beim Fahren an die Vorderwand des Kühlers anprallende Luft noch kräftiger durch die engen Zwischenräume des Kühlers hindurch und führt sie auch rasch wieder nach unten oder hinten oder seitlich durch Schlitze in der Motorhaube ab. Das erhöht natürlich wesentlich die Wirksamkeit des Kühlers. Mitunter ist auch das Schwungrad der Kupplung selbst als Windflügel ausgebildet.

Wenn der oben erwähnte Treibriemen des Ventilators reißt oder schlaff geworden ist und gleitet, so verschlechtert sich sofort die Kühlung; dies kann unter Umständen eine übermäßige Erhitzung der Zylinderwände nach sich ziehen.

Abb. 97. Vordergestelle eines Benz-Wagens. Bei *K* ist die rechtseitige Lagerung des Kühlers auf dem Wagenrahmen zu sehen. Hinter dem Kühler der 3-schauflige Windflügel, mit einem Riemen getrieben. Das Bild zeigt noch einen der beiden Zylinderblöcke mit dem angeschraubten T-förmigen Ansaugrohr des Vergasers und den Vergaser selbst, ferner das Steuerungsgestänge *(D, G)*, das zu dem rechten Achsschenkel *A* führt.

Außer den schon erwähnten Betriebsstörungen kann dies mitunter dazu führen, daß das in einen solchen Zylinder einströmende Gasgemisch sich noch während des Einströmens an der heißen Zylinderwand sofort, auch ohne elektrischen Funken, vorzeitig entzündet und nun brennend durch das beim Einströmen offene Einlaßventil in den Vergaser zurückschlägt: eine andere Ursache des schon früher besprochenen Vergaserbrandes.

Gewiß hat mancher schon „dampfende“ Kühler gesehen. Das tritt ein, wenn man lange mit hohen Tourenzahlen fährt oder das Kühlwasser nicht rasch genug umläuft oder durch sonst eine Störung in der Kühlung die Zylinder sich so stark erhitzen, daß an ihnen das Kühlwasser sich bis zur Siedetemperatur erwärmt und dampfend in den Kühler fließt. Um nun zu verhüten, daß sich solcher Wasserdampf im Kühler sammle und etwa eine Spannung erzeuge, die den Kühler mit seinen dünnen Wandungen zerreißen könnte, ist gewöhnlich am Kühlerkopf ein am Rand innen entlang geführtes Rohr mit offenem Ende angelötet, durch das alle Dämpfe sofort bequem abziehen können.

43. Die Schmierung

So wie durch mangelhafte Kühlung kann sich auch durch ungenügende Schmierung schädliche Hitze in den Zylindern anstauen. Überall, wo Reibung auftritt, ist darum ausgiebige Schmierung erforderlich. Solcher Stellen gibt es nun genug bei unserem Wagen. Da sind zunächst alle Lager der zahlreichen Wellen, also jene Stellen, in denen die Wellen gestützt sind und in denen sie sich gleichzeitig frei drehen können. Sollen diese nicht heißlaufen, so müssen sie mit Öl versorgt werden. Da sind vor allem die so wichtigen Kurbelwellenlager, die oberen und unteren Pleuelstangenlager, die Kolbenbolzen, die Kolben- und Zylindergleitflächen. Da sind die Getriebe, die Ketten, die Kardangelenke (mit Ausnahme der Hardyscheiben), in Öl laufende Kupplungen; die Federngehänge, die Federblätter selbst, die Radlager usw., kurz alles, was sich bewegt und einem Verschleiß ausgesetzt ist, muß auf diese Weise geschützt werden.

Nicht alle Stellen brauchen gleiches Öl; der Motor verlangt ein ziemlich flüssiges Öl, im Sommer ein dickeres, im Winter ein dünneres; das Getriebe wieder soll dickstes Schmieröl bekommen, ebenso das Differenzial- und Hinterachsgehäuse; mit festerem, sogenannten konsistentem Fett werden versorgt die Federbolzen, die Kardangelenke, die beweglichen Teile der Lenkvorrichtung; hiezu dienen gewöhnlich die als Staufferbüchsen bekannten Schmiervasen, wie eine zu sehen war auf Abb. 96 bei *P*.

Die Ausführung der Schmierung ist noch immer bei den einzelnen Fabriken recht verschieden. Wenn wir zunächst die mit flüssigem Öl zu versorgenden Hauptschmierstellen betrachten, also Kurbelwellenlager, Pleuelstangenköpfe, Kolben und Kolbenbolzen, so finden wir als älteste und einfachste Methode die Sprühölung. Der unterste Teil des ge-

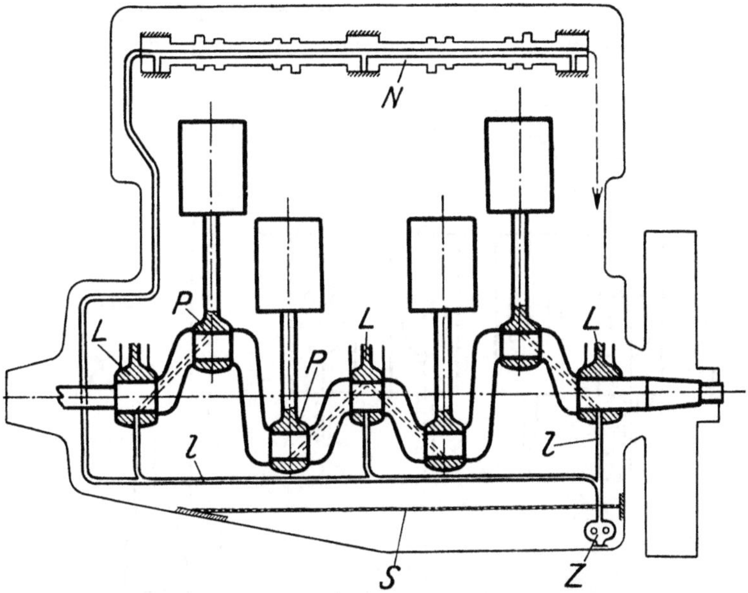

Abb. 98. Druckschmierung. Z Ölpumpe mit Druckleitungen l zu den Lagern L und P der Kurbelwelle und einer Steigleitung zu den Lagerstellen der Nockenwelle N. S Ölsieb

schlossenen Kurbelgehäuses dient in diesem Fall als Öltrog, in den die Kurbeln bei jedem Niedergang mit den sie umschließenden Pleuelstangenlagern eintauchen. Die Lager erhalten hiebei reichlich Öl und überdies spritzt dieses im ganzen Gehäuse herum, bis hinauf zu den Kolbenbolzen, aus deren Lagern es in die Zylindergleitflächen überfließt. Das abtropfende Öl fällt in den Öltrog zurück.

Will man aber sicher sein, daß das Öl in der entsprechenden Menge an einen bestimmten Punkt auch wirklich hinkommt, dann muß man das Öl zwangläufig dahin leiten. So kann man finden, daß beispielsweise (Abb. 98) an die festen Kurbelwellenlager *L* Leitungsröhrchen *l* angeschlossen sind, in denen das Öl den Lagern zufließt oder ihnen von einer Pumpe *Z* zugedrückt wird, die z. B. so aussieht wie die in Abb. 100 gezeigte. Bei dieser Pumpe laufen im Innern des Gehäuses zwei Zahnräder gegeneinander, die das ihnen zufließende Öl (Pfeil I) in ihrer Drehrichtung mitnehmen und längs des Zahnkranzes zwischen Zahnlücke und Gehäusewand weiterschieben. Auf der dem Eintritt

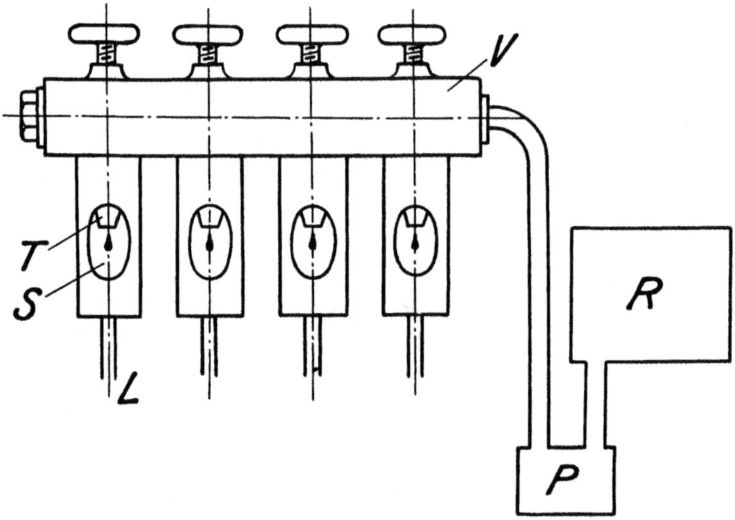

Abb. 99. Ölverteiler mit Tropfölern *T* und Schaugläsern *S*. *L* eine einzelne Leitung, *R* der Ölbehälter, *P* die Pumpe

gegenüberliegenden Stelle (Pfeil II) wird das Öl in die Ölleitung gedrückt. Diese Art Schmierung heißt D r u c k - s c h m i e r u n g. Ist die Kurbelwelle, wie in Abb. 98 angedeutet, durchbohrt, so kann das Öl aus den festen Lagern *L* durch die Bohrungen zu den beweglichen Lagern *P* der Pleuelstangen fließen und durch die Pleuelstangen, wenn sie hohl sind, oder sonst in entlangführenden Leitungen zu den Kolbenbolzenlagern aufsteigen.

In Abb. 99 sehen wir bei *P* eine Ölpumpe angedeutet, die das Öl einem mit Öl gefüllten Behälter *R* entnimmt und es zuerst einem an der Spritzwand angeschraubten Verteiler *V* zudrückt, von wo es sich dann in die einzelnen Ölleitungen ergießt. Jede derartige Leitung *L* führt zu einer oder einigen wenigen Schmierstellen. Um den Zufluß des Schmieröles regeln und überwachen zu können, sind in jede Leitung Tropföler *T* mit Schaugläsern *S* eingebaut.

Es gibt auch Schmieranlagen, bei denen für jede Schmierstelle und Druckleitung eine eigene kleine Pumpe besteht, wobei alle diese kleinen Pumpen in einem gemeinsamen Gehäuse, meist an der Spritzwand, zusammengefaßt sind (Friedmann, Bosch).

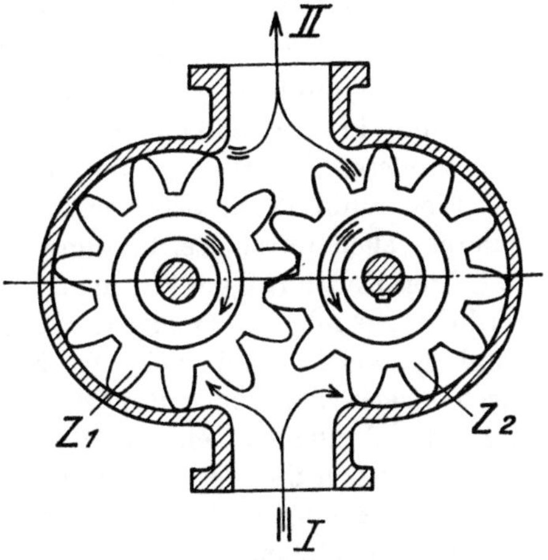

Abb. 100. Zahnradpumpe — Z_1 Z_2 Zahnräder

I Zulauf *II* Ablauf

Zu beachten die Pfeile!

Das Öl wird von den Zahnflanken jedes Rades in dessen Drehrichtung mitgenommen, teilt sich also nach links und rechts vor den Rädern in zwei Arme, die sich hinter ihnen wieder vereinigen

Um das bereits einmal gebrauchte Öl immer wieder verwenden zu können, kann man eine Pumpe in dem untersten Teil des Kurbelgehäuses, wo sich alles abtropfende Öl ansammelt, einbauen und mit ihr dieses Öl wieder in den Ölbehälter hochpumpen (Umlaufschmierung).

Der Fahrer muß nicht nur darauf sehen, daß alle schmierbedürftigen Teile genug Öl erhalten; er muß auch verhüten, daß sie zuviel bekommen. So wäre es beispielsweise ganz schlecht, die Zylinder übermäßig zu schmieren; das überschüssige Öl würde verbrennen und die verbrannten Ölgase würden mit den verbrannten Benzingasen den Auspuff als dicker, stinkender Qualm verlassen. Das ist natürlich zu vermeiden. Darum muß der Ölzufluß an den Schaugläsern sorgfältig beobachtet werden. Die Ölkontrolle ist überhaupt eine wichtige Aufgabe jedes gewissenhaften Fahrers. Darum wird z. B. von der Hauptölleitung eine Abzweigung zu einem Manometer an der Spritzwand geführt, das den Öldruck und damit das sichere Umlaufen des Öles anzeigt; oder ein Kontrollämpchen an der Spritzwand leuchtet auf, sobald der Druck in der Ölleitung nachläßt.

Auch vor Verschlechterung muß das Öl bewahrt werden. Das von den Schmierstellen zurückwandernde Öl ist niemals so rein wie frisches; es führt Staub, Schmutz, feine Metallstäubchen mit, die die Schmierung stören würden. Man legt daher großen Wert darauf, das rückfließende Öl vor neuerlicher Verwendung sorgfältig von allem anhaftenden Beiwerk nicht nur in den Sieben des Kurbelgehäuses, sondern noch in besonderen Ölfiltern zu befreien.

Eine Einbuße an Schmierfähigkeit erleidet das Öl unter anderem auch durch Verdünnung. Dazu kann es leicht bei undichten Kolbenringen kommen, wenn hier, namentlich beim Verdichtungshub, das Gemisch zwischen Kolben und Zylinderwand entweicht und sich im Kurbelgehäuse mit dem Öl mischt. Nach längerer Zeit wird aber auch das beste Öl allmählich unbrauchbar und muß durch frisches ersetzt werden.

Außer den Stellen, denen das Öl aus einem gemeinsamen Behälter zufließt, gibt es an jedem Wagen eine Anzahl von Einzelschmierstellen mit besonderen Gefäßen, in denen der Schmierstoff gewöhnlich als schmalzähnliches Fett eingefüllt ist, wie in den früher erwähnten Staufferbüchsen. Wieder andere Betriebsteile arbeiten in förmlichen Öl- oder Fettbädern, wie die Räder des Wechselgetriebes oder des Differenzials. Alle diese Stellen sind natürlich in den früher besprochenen Ölumlauf nicht einbezogen.

In neuester Zeit hat man versucht, dem Fahrer auch das Schmieren der einzelnen Wagenteile abzunehmen, indem von einer einzigen zentralen Stelle aus durch Druck auf einen Knopf alle schmierbedürftigen Teile mit der angemessenen Ölmenge versorgt werden (System Bowen).

44. Bremsen

Nun gibt es aber auch Stellen, wo man peinlich jeden Tropfen Öl vermeiden muß: das ist an den Bremsen. Vorgeschrieben sind zwei Bremsen, von denen jede den Wagen zum Stehen bringen muß. Die eine ist gewöhnlich eine Fußbremse, also mit einem Fußhebel oder Pedal zu bedienen; die zweite Bremse wird durch einen Handhebel seitlich vom Fahrer, rechts oder links, angezogen.

Von jedem dieser Hebel führt eine Verbindung zur eigentlichen Bremse: entweder ein starres Gestänge oder ein Drahtseil oder ein flaches Band. Auch kann die Verbindung teils aus Gestänge, teils aus Seil bestehen.

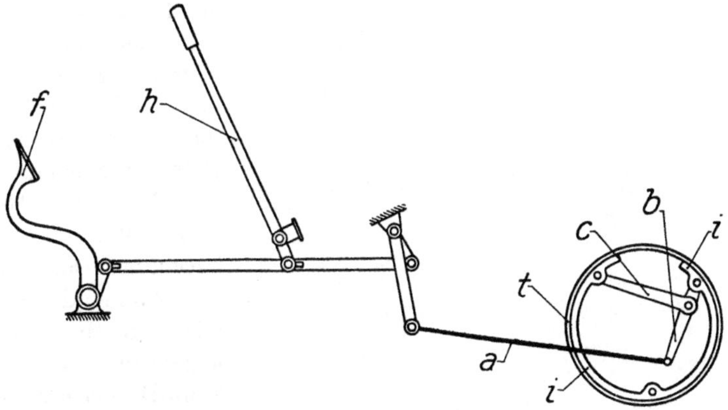

Abb. 101. Anordnung einer Hinterradbremse (Austro-Daimler), die zugleich von Fuß wie von Hand aus angezogen werden kann

f Fußhebel (Pedal)
h Handhebel
a Drahtseil
i Bremsbacken
t Bremstrommel
b, c Spreizhebel für die Bremsbacken

Bremsen kann man jeden sich drehenden Teil des Motors, also vor allem die Wellen und die Wagenräder. Bei gewöhnlichen Wagen bremst man an den Umfängen der Wagenräder; beim Kraftwagen ist das wegen der Pneumatiks nicht zweckmäßig; vielmehr setzt man auf die Räder oder Wellen besondere Bremstrommeln, an die man Bremsbacken von innen oder außen anpressen kann. Bei älteren und bei manchen ausländischen Wagen findet man um die Bremstrommel ein Stahlband gelegt, das sich festziehen läßt.

Das Wesen der Bremswirkung beruht immer darauf, daß man der Bewegung einen unüberwindlichen Widerstand entgegensetzt. Dies geschieht, indem man auf den Umfang der umlaufenden Welle oder einer mit ihr fest verbundenen Bremsscheibe einen bedeutenden Druck ausübt. Man drückt den Fußtritt nieder oder zieht den Handhebel an: und das Band oder das Backenpaar (Bremsklötze) rückt immer näher an die sich drehende Welle oder Scheibe und hemmt sie in ihrer Bewegung. Das kánn nun an der Getriebewelle oder an der Differenzialwelle, am Vorgelege oder an Bremsscheiben der Hinterräder oder der Vorderräder geschehen.

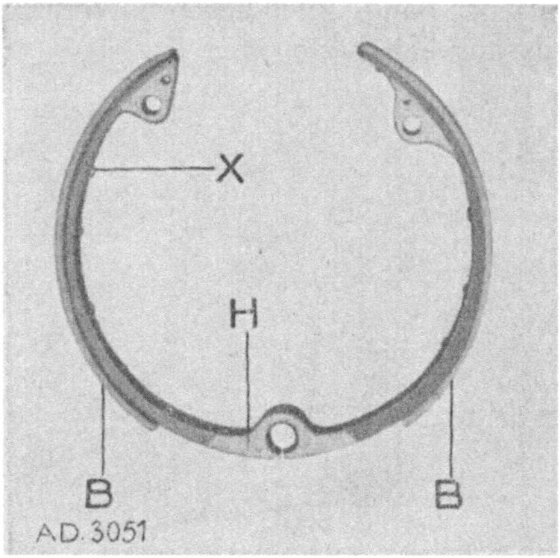

Abb. 102. Einteiliger Bremsbacken einer Innenbackenbremse (Austro-Daimler)
B B Bremsbacken auf dem Träger H
X Befestigungsschrauben

Die Abb. 101 zeigt eine Innenbackenbremse, die hier sowohl mit Pedal wie von Hand aus angezogen werden kann. Die Verbindung mit der Bremse stellen starre Hebel und ein Zugseil her. Die Bremse selbst besteht aus der äußeren Bremstrommel *t*, die mit der Antriebswelle fest verbunden ist und sich daher mit ihr dreht, und aus den inneren Bremsbacken *i*, die mit der still stehenden Hinterachsbrücke verbunden sind und sich also n i c h t mit der Trommel drehen.

Zieht man das Drahtseil *a* mit Hilfe des Pedales *f* oder des Handhebels *h* an, so bewegen sich die Hebel *b* und *c*, die an den Backen hängen, spreizen diese Backen auseinander und drücken sie an die Innenwand der umlaufenden Bremstrommel fest an. Das gibt Reibung, immer mehr Reibung, je fester man das Pedal niedertritt oder den Handhebel anzieht; immer langsamer wird die Trommel und mit ihr die Welle, auf der sie sitzt, und mit der Welle die Wagenräder und damit der Wagen selbst. Bremsbacken und ihre Befestigung sind auf den Ausführungsbildern Abb. 102 und 103 zu sehen. Die Backen werden aus Grauguß hergestellt und erhalten meist einen die Bremswirkung steigernden Belag aus Ferodo oder Jurid.

Wenn die Hinterachse aus zwei Teilen besteht, müssen auch zwei Bremsen da sein, für jede Achshälfte, also an jedem Hinterrad eine Trommel, zu der je ein Gestänge führt; beide Gestänge vereinigen sich und werden gleichzeitig von einer einzigen Stelle aus beordert. Nun soll natürlich die Bremswirkung an jedem Rad annähernd gleich stark sein; indessen können sich die beiderseitigen Gestänge verschieden dehnen, die Backen ungleich abnützen und ähnliches; darum müssen solche Verschiedenheiten wieder ausgeglichen werden. Die besondere Ausbildung des Gestänges zu diesem Zweck heißt darum „Bremsausgleich". Auf die mannigfachen Ausführungen kann hier nicht eingegangen werden.

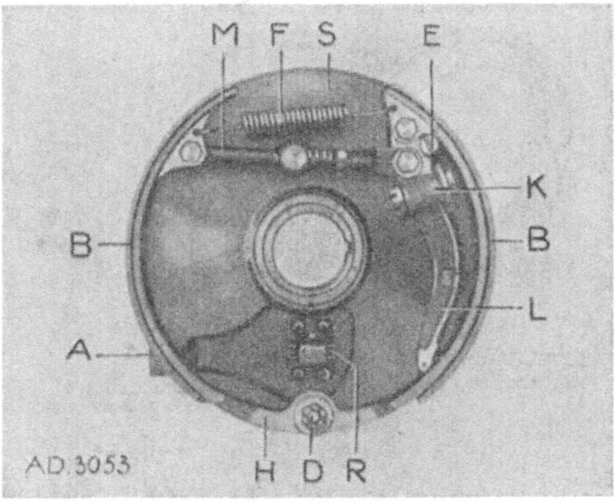

Abb. 103. Hinterradbremse (Austro-Daimler)
Aufhängung der Bremsbacken B B mit ihrem Träger H im Bolzen D auf Scheibe S, die fest auf der Hinterachsbrücke sitzt
L Bremshebel
K Klemme zur Seilbefestigung
E Abstützbolzen
M Spreizhebel
F Feder zur Rückführung des Bremsbackens in die freie Lage
R Seilführungsrolle
A Seilablauföffnung

Ebenso wie an den Hinterrädern lassen sich Bremstrommeln auch an den Vorderrädern anbringen. Die Ausführung ist hiebei nicht ganz einfach, weil ja die Vorderräder auch zur Lenkung dienen. Davon abgesehen, sind die Vorderradbremsen im Wesen den früher beschriebenen gleich. Es ist bemerkens-

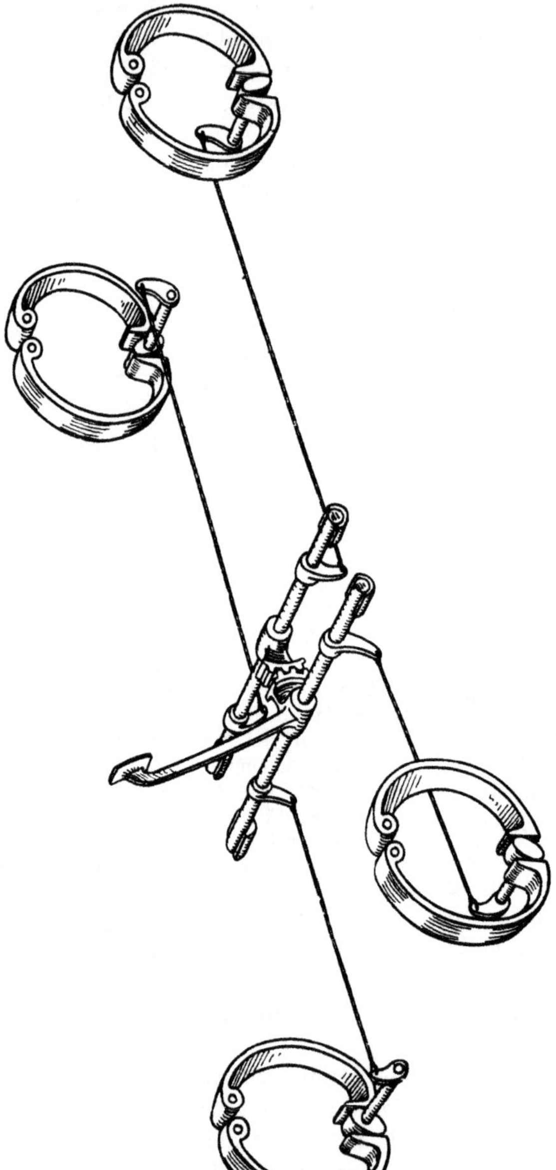

Abb. 104. Vierradbremse. Ein einziges Pedal (in der Mitte) dreht beim Niedertreten die vordere Bremswelle, auf der es sitzt, und zieht damit die Vorderradbremsen unmittelbar an; durch Vermittlung zweier Zahnsektoren wird die zweite Bremswelle mitverdreht und dadurch der Anzug der Hinterradbremsen erreicht.

wert, daß Wagen mit Vierradbremsen, also Bremsen auf allen vier Wagenrädern, ein erheblich rascheres Bremsen gestatten; man kann einen solchen Wagen auch bei schnellem Tempo auf ziemlich kurze Strecke sicher zum stehen bringen.

Aus der Abb. 104 ersieht man ohne viel Worte, wie ein einziges Pedal die an jedem der vier Wagenräder angebrachten Bremsen gleichzeitig anziehen kann.

45. Bremsen mit dem Motor

Zwischen Trommel und Backen darf niemals Öl kommen. Denn dieses würde die Reibung vermindern und das Bremsen unmöglich machen.

Da es aber auch sonst vorkommen kann, daß die Bremsen versagen, z. B. bei Bruch eines Gestängehebels oder bei Seilriß, muß man sich auch ohne Bremsen helfen können. Man kann *mit dem Motor selbst bremsen.* Viele Fahrer wissen das auch und wenn man sie fragt: wie wird das gemacht? geben sie rasch die richtige Antwort: Zündung ausschalten, erste Geschwindigkeit einschalten. Aber warum jetzt der Wagen gebremst wird, das weiß nicht mehr jeder zu sagen. Es ist aber ganz einfach.

Bremsen heißt ja: die Bewegung hemmen. Um die Wellen oder Räder kann es sich beim Bremsen mit dem Motor nicht handeln, denn die haben ihre eigenen Bremsen, die aber versagt haben. Was bewegt sich noch? Die Kolben. Was haben wir denn gemacht? Die Zündung ausgeschaltet. Da gibt es also keine Explosionen mehr, keine Arbeitshübe; unter solchen Umständen würde jeder Motor die Arbeit mit der Zeit einstellen. Das hieße wohl: Auslaufen, aber noch nicht: Bremsen! Wir müssen noch den Schwung des Wagens und des von ihm getriebenen Motors rasch dämpfen. Sehr einfach: man hängt ihm eine Last an; die größte, die man hat: den ganzen Wagen. Der Motor, dem man die Zündung genommen hat, liegt ohnehin schon in den letzten Zügen; jetzt soll er noch den Wagen ziehen — das gibt ihm den Rest, er stirbt rasch ganz ab. Kommt noch dazu, daß er bei den letzten Hüben, als er noch bißchen Schwung hatte, Gas oder Luft angesaugt hat und das bißchen Kraft auch noch herhalten muß, um diese zusammenzupressen. All das zusammen gibt eine verhältnismäßig rasche Bremswirkung. Man nennt es oft: mit der Kompression bremsen. Ganz richtig ist das eigentlich nicht. Denn was geschieht unmittelbar nach Ausschalten der Zündung? Der Wagen kann nicht augenblicklich stehen bleiben, sondern läuft noch im Schwung weiter und reißt auch den Motor mit sich. Also wenigstens einen vollständigen Viertakt wird der gewiß noch machen. Er wird nämlich noch einmal Gas ansaugen oder, wenn man das auch absperrt, Luft, und diese einmal zusammendrücken. Soweit stimmt es. Dann aber bleibt die Zündung aus. Also gibt's auch keine Explosion. Der Kolben geht lediglich infolge des noch vorhandenen Schwunges wieder hinunter; die gepreßten Gase dehnen sich nun wieder aus und geben die Kraft ihrer Pressung fast ganz wieder an den Kolben ab, etwa wie eine zusammengedrückte und wieder losgelassene Spiralfeder. Dadurch würde somit der Kolben nicht, wie man beabsichtigt, verlangsamt, sondern beschleunigt werden. Die Kompression bremst also zwar, aber gleich darauf bekommt der Kolben doch wieder einen Anstoß durch die folgende Entspannung. Was wirklich am stärksten zur Bremsung beiträgt, ist der große Reibungswiderstand, den der Kolben findet und der umso stärker wirkt, je niedriger die eingeschaltete Übersetzung ist; denn die kleinste Übersetzung ist zwar eine Übersetzung ins Langsame, wenn der Motor sie treibt, aber umgekehrt eine ins Schnelle, wenn der Wagen treibt; sie will daher den Kolben am schnellsten im Zylinder auf und ab bewegen und erzeugt dabei den stärksten Widerstand. Zur Überwindung dieses Widerstandes wird nur der Schwung des Wagens und Motors benützt und aufgebraucht.

Um wirklich mit der Kompression zu bremsen, hat man eigene Motorbremsen gebaut (z. B. Saurer, Henschel). Bei diesen dehnen sich die gespannten Gase nach dem zweiten Takt nicht mehr im Zylinder aus, denn man schafft sie vorher aus dem Zylinder weg. Das geht freilich nicht ohne weiteres, weil ja für gewöhnlich im dritten Takt sowohl Ansaug- als Auspuffventil geschlossen sind. Hier aber hat die Nockenwelle für jedes Auspuffventil zwei Nocken und ist verschiebbar. Durch die Verschiebung rückt die zweite Nocke an die Stelle der ersten; diese zweite ist als Doppelnocke ausgeführt, so daß sie das Ventil nach jedem zweiten Takt hebt. Dann arbeitet der Motor folgendermaßen: Erster Takt: Ansaugen von Luft. Zweiter Takt: Zusammendrücken dieser Luft. Jetzt hebt sich das Auspuffventil und läßt die Luft hinaus. Dritter Takt: wieder Ansaugen und vierter Takt: wieder zuerst zusammendrücken, dann auspuffen. Da kann man also mit Recht von Bremsen mit Kompression sprechen.

46. Rückblick

Jetzt wollen wir wieder ein wenig zurückblicken. Wissen wir wirklich schon alles Notwendige, kennen wir am Ende schon das Automobil in allen seinen Teilen? Wir wollen sehen. Der Wagen steht vor uns. Was jetzt? Wir sollen ihn ankurbeln. Ehe man sich daranmacht, wird man nachsehen, ob alles zur Fahrt bereit ist: ob genug Benzin im Behälter, Öl im Kurbelgehäuse, Wasser im Kühler, Luft in den Pneumatiks ist. Der Schalthebel wird auf Leerlauf gestellt, die Handbremse muß angezogen sein. Dann wird man zunächst die Zündung einschalten. Gewöhnlich ist vorn an der senkrechten Wand, die den Führersitz gegen den Motor abschließt, am sogenannten „Spritzbrett", ein Knopf, Taster, Schalter oder Stecker, mit dem man den Kurzschluß des Primärkreises aufhebt. Denn bliebe der Primärkreis dauernd kurzgeschlossen, so könnte er nicht unterbrochen werden, dann gebe es keine Zündung.

Weiter! Vor allem brauchen wir Gas. Da entdecken wir am Lenkrad (Abb. 84) neben oder unter dem Zündhebel einen zweiten ähnlichen Hebel, der ebenfalls um den Mittelpunkt des Lenkrades drehbar ist. Dieser Hebel führt zu einer in der Saugrohrleitung eingebauten Klappe oder einem Schieber; mit diesem kann man den Zufluß des Gasgemisches zum Zylinder verringern (drosseln), ja auch ganz absperren. Fast immer kann man diese Gasdrossel auch durch einen kleinen Fußtritt, das Akzeleratorpedal[1]),

[1]) Akzeleratorpedal = Beschleunigungsfußhebel, weil man durch bloßes Niederdrücken dieses Trittes die Geschwindigkeit des Motors rasch beschleunigen (akzelerieren) kann.

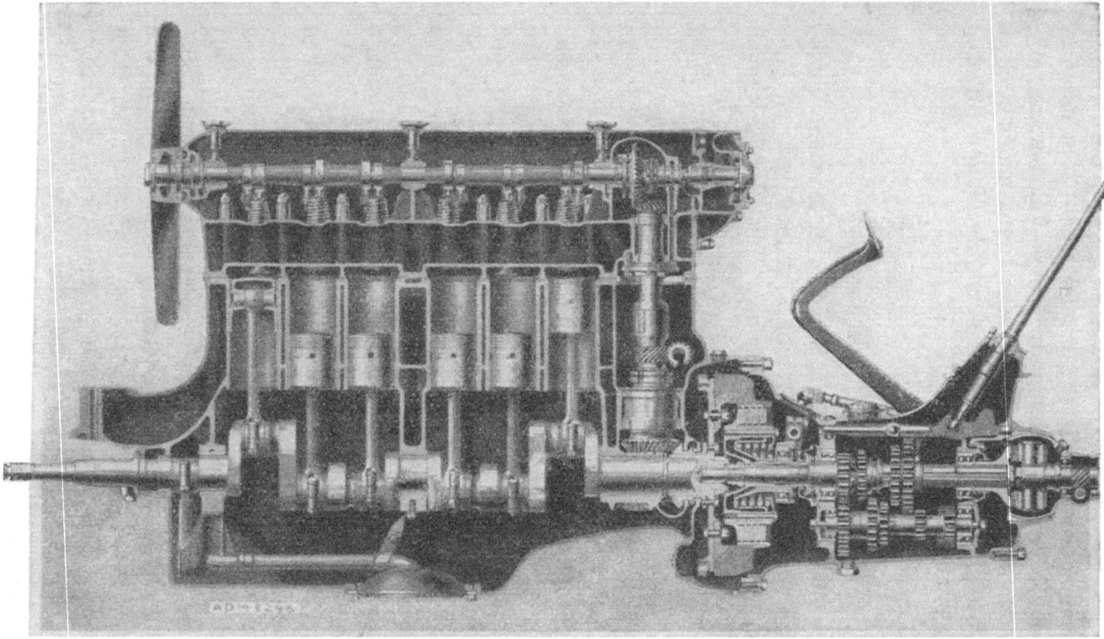

Abb. 105. Motor mit angebautem Getriebe von einem modernen Austro-Daimler-Wagen, im Schnitt dargestellt. Von den 6 Zylindern sind je 3 zu einem Block vereinigt. Im 1. Zylinder ist auch der Kolben im Schnitt gezeigt, wobei die Verbindung mit der Pleuelstange deutlich wird. Unterhalb der Kolben die Kurbelwelle. Die Nockenwelle liegt oben; sie trägt links den Windflügel; am rechten Ende sitzt das Kegelrad, das durch die dort sichtbare senkrechte Welle die Bewegung von der Kurbelwelle übernimmt. Auf dem rechten Ende der Kurbelwelle sitzt die Schwungscheibe samt Kupplung (Lamellen); anschließend der Getriebekasten, in dem die beiden Wellen mit den Schubrädern und den festsitzenden Rädern deutlich erkennbar sind, ferner eine Schaltstange, in die der in einem Kugelkopf schwenkbare Schalthebel eingreift. Der im Winkel gebogene Hebel gehört der Fußbremse an. Hinter dem Getriebekasten sieht man noch den Ansatz der Kardanwelle.

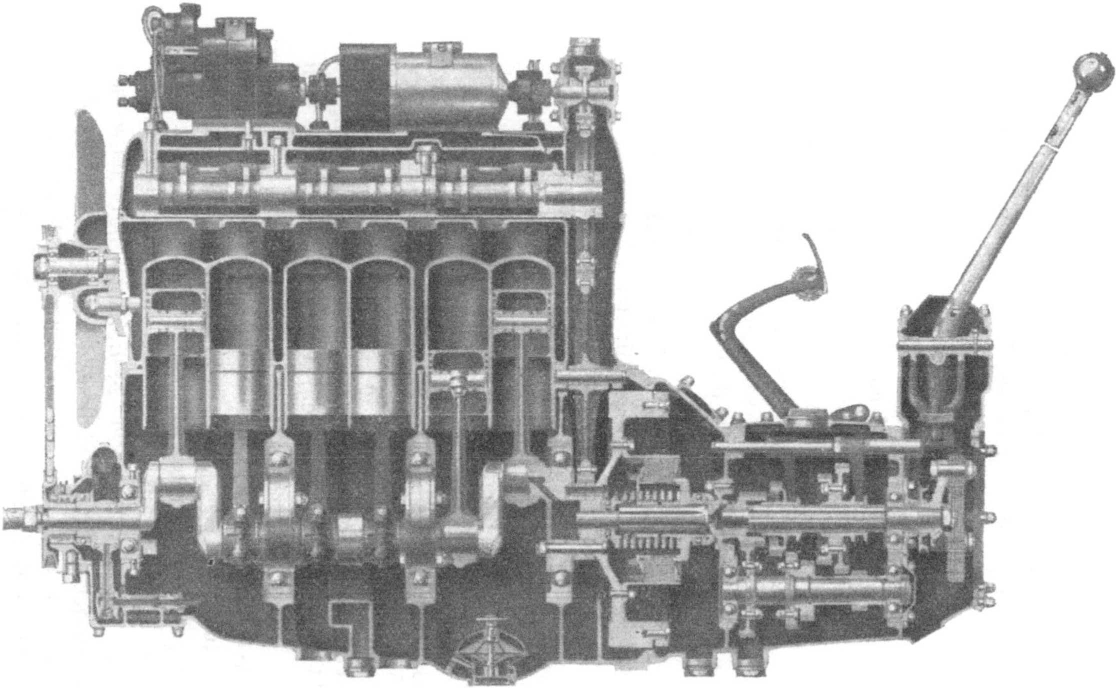

Abb. 106. Motorblock eines S t e y r-Wagens im Schnitt. Von den 6 Z y l i n d e r n je 2 vereinigt. Die obenliegende N o c k e n w e l l e mit Z a h n r a d ü b e r s e t z u n g von der K u r b e l w e l l e angetrieben. Diese läuft in Kugellagern. M a g n e t und L i c h t m a s c h i n e oben liegend, ebenfalls durch Zahnräder angetrieben. V e n t i l a t o r mit Riemenantrieb durch die Kurbelwelle. L a m e l l e n k u p p l u n g im S c h w u n g r a d. S c h m i e r u n g von Motor, Kupplung und Getriebe mit Drucköl durch eine vorn an der Kurbelwelle sitzende Kolbenpumpe. Weiterleitung der Kraft aus dem Getriebe mittels L e d e r k a r d a n s (Hardyscheiben)

bewegen, so daß es ganz gleichgültig ist, ob man mit der Hand oder mit dem Fuß arbeitet. Der Gashebel muß so stehen, daß bei stehendem Wagen genug Gas in den Zylinder treten kann (Standgas). Bei fast geschlossener Drosselklappe liefert die Leerlaufdüse das zum Anspringen nötige Gemisch.

Wie steht es mit der Kupplung? Die Kupplung bleibt eingeschaltet; so hängen also Wagen (Getriebe) und Motor zusammen? Scheinbar schon. Tatsächlich nicht, weil man ja zuvor den Schalthebel auf „Leerlauf“ gestellt hat, nämlich in jene Zwischenstellung, bei der im Getriebe kein Räderpaar im Eingriff steht. Nun kann sich wohl die Getriebehauptwelle drehen, weil sie durch die Kupplung an der Motorwelle hängt; aber eine Übertragung kann noch nicht stattfinden.

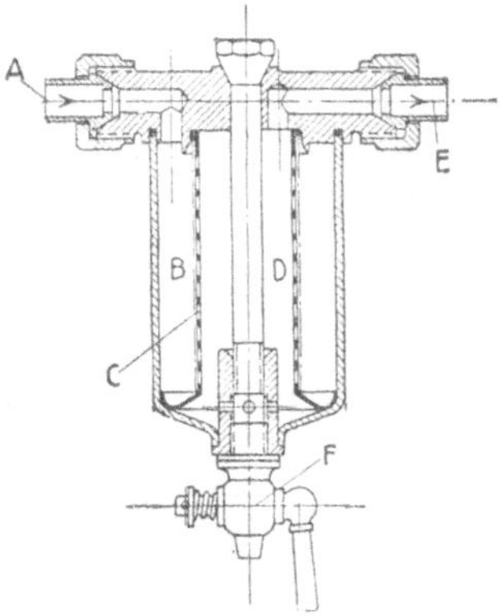

Abb. 107. Pallas-Brennstoffreiniger
Das von A zufließende Benzin tritt aus dem Raum B durch Sieb C in das Rauminnere von D und fließt schließlich durch Leitung E ab. F Ablaßhahn für Wasser

Jetzt kann man ankurbeln oder den Anlasser einschalten. Nach wenigen Umdrehungen, oft schon nach einer oder einer halben, soll der Motor „anspringen“, nämlich nach der ersten künstlich herbeigeführten Explosion selbst weiterarbeiten. Wenn er aber allen wiederholten Versuchen, ihn in Gang zu bringen, trotzt? Da heißt es den Fehler suchen.

Das erste wird wohl sein, daß man im Benzinbehälter nachsieht, ob überhaupt was drin ist. Schließlich kann auch ein am Abend gefüllter Behälter am anderen Morgen leer sein, weil er oder die von ihm ausgehende Benzinleitung irgendwo ein Leck hat. (Untersuchen durch Bestreichen mit Seifenwasser, wobei sich an der undichten Stelle Luftblasen zeigen.) Fehlt es da nicht, so sieht man nach, ob das Benzin auch aus dem Behälter ausfließen kann. Mitunter hat man bloß vergessen, den Absperrhahn zu öffnen, oder es ist zu wenig oder gar kein Druck im Benzinbehälter. Schließlich werden sich die zur

Reinigung des Brennstoffes in die Leitung eingebauten Siebe (z. B. C in Abb. 107) mit der Zeit immer mehr verschmutzen und verlegen.

Aber es kann auch am Vergaser etwas nicht in Ordnung sein. Es kommt vor, daß sich die Nadel des Schwimmers nicht bewegen kann, weil sie verbogen oder festgeklemmt ist, oder sie klebt in der verschmutzten Öffnung und hält diese dauernd gesperrt. Umgekehrt kann diese auch dauernd offen bleiben, wenn sich etwa ein vom Sieb nicht zurückgehaltenes Körnchen dort festklemmt. Oder der Schwimmer selbst trägt die Schuld; er kann ein Loch bekommen und sich durch dieses mit Benzin gefüllt haben; dann ist er zu schwer geworden, so daß er sich nicht hebt; dann bleibt natürlich auch die Nadel oben, anstatt zu schließen. Dann fließt aber zu viel Benzin zu und der Vergaser wird überschwemmt. Dabei wird auch das Gasgemisch zu reich an Benzin, verbrennt nicht schon im Zylinder gänzlich, sondern auch noch während des Auspuffens (Knallen im Auspuffrohr). Ist die Schwimmerkammer in Ordnung, so heißt es weiter suchen. Namentlich ein so enges Röhrchen wie eine Düse verlegt sich leicht mit Schmutz oder Staub, die trotz aller Vorsicht beim Einfüllen des Benzins und trotz allen Reinigungssieben in der Leitung stets durchrutschen können; dann muß man die Düse herausnehmen und mit Benzin reinigen. Bei einer verlegten Düse kann das Gemisch zu arm an Benzin werden; dann verbrennt es zu langsam, brennt noch, wenn schon wieder neues Gemisch einströmt, das sich dann an ihm entzündet und durch das jetzt offene Einlaßventil in den Vergaser zurückschlägt (Vergaserbrand).

Wir nehmen aber an, daß die Düse selbst richtig gewählt ist, also die rechte Länge und die nötige Bohrung hat; daß der Brennstoff weder in der Düse so tief steht, daß er nicht heraus kann, noch überfließt, und vor allem, daß er in der richtigen Menge ausströmen kann. Ist da alles in voller Ordnung, dann kann das Einlaßventil die Schuld tragen, indem es sich gar nicht oder ungenügend hebt. Erst wenn man auf diesem ganzen Wege nichts Bedenkliches hat finden können, wird man den Fehler ganz wo anders suchen. Liegt es nämlich nicht am Gas (und damit ist alles, was noch dazu gehört, gemeint), so kann es wohl nur an der Zündung fehlen. So hätte man jetzt die Kerzen, die Kabelleitung und schließlich den Magnet mit Verteiler und Unterbrecher oder die Batterie zu untersuchen, ob einer der seinerzeit besprochenen Mängel daran zu entdecken wäre.

Ist der Fehler gefunden und behoben, dann muß der Motor anspringen. Jetzt können wir die Fahrt beginnen. Zuerst aber die angezogene Bremse gelöst, sonst haben wir uns vergeblich geplagt und beim Einschalten des Getriebes stirbt der Motor unfehlbar ab. Also Bremse lösen, Kupplung niederdrücken und Getriebe einschalten! Vor allem versteht es sich, daß man mit der kleinsten Geschwindigkeit anfangen muß; man wird ja die Fahrt nicht mit einem Sprunge beginnen wollen. Also die erste Geschwindigkeit einstellen. Um das zu treffen, wird eben zuerst die Kupplung ausgerückt, indem man das Kupplungspedal, das neben dem Fußbremspedal vor dem Führer aus dem Boden ragt, niedertritt. Damit ist das Getriebe für einen Augenblick vom Motor getrennt; die bisher mit der Geschwindigkeit des Motors umlaufende Getriebewelle verlangsamt sich und das Einschieben der Zahnräder geht leicht vor sich. Nun kommt eine Arbeit, die viel Gefühl verlangt; jetzt heißt es, das Getriebe endlich an den Motor anschließen. Dazu hebt man allmählich den auf dem Kupplungspedal stehenden Fuß; dabei geht auch das Pedal wieder in seine frühere Lage zurück und die Kupplung wird langsam fassen. Die Fahrt beginnt.

Nicht lange soll man auf der niedrigsten Übersetzung bleiben. Wenn nämlich erst einmal der größte Widerstand beim Anfahren übertaucht ist, was eben durch die niedrige Übersetzung erleichtert wird, ist keine große Kraft mehr nötig, den fahrenden Wagen auf ebener Bahn in Bewegung zu erhalten. Man könnte auch mit der „Ersten“ immer rascher fahren: aber bei der niedrigen Übersetzung müßte dazu der Motor eine übermäßig hohe Tourenzahl annehmen und würde bald heiß. Wir gehen daher auf die nächste, die zweite Geschwindigkeitsstufe. Man macht es genau so wie oben: Kupplung austreten, Hebel von der ersten in die zweite Stellung bringen, Kupplung langsam einrücken. Dabei wäre nur zu erwähnen, daß man kurz vor dem Übergang zur höheren Geschwindigkeit die Gaszufuhr verringert. Denn nach dem Auskuppeln hat der Motor keine Last an sich hängen; ohne Gasdrosselung würde sich daher seine Tourenzahl erheblich steigern; das wäre zwecklose Verschwendung, aber auch höchst unvorteilhaft. Denn nach dem Umschalten läuft das Getriebe jedenfalls langsamer, weil es nicht mehr am Motor hängt, sondern nur vom eigenen Schwung zehrt; nun soll es ja wieder an den Motor angeschlossen werden; das geschieht leichter und besser, wenn Motor und Getriebe möglichst gleichschnell laufen. Darum ist es geboten, die Tourenzahl des Motors durch die Drosselung herabzumindern. Ist danach der Motor mit dem Getriebe wieder verbunden, dann muß man dem Motor rasch mehr Gas geben, weil er ja jetzt wieder mehr ziehen muß.

47. Motorleistung und Fahrgeschwindigkeit

Wie hängen nun Motorleistung und Fahrgeschwindigkeit zusammen?

Vor allem: Was ist die Motorleistung? Es ist das, wonach man die Wagen bezeichnet, z. B. als 10/40 PS. PS sind die Anfangsbuchstaben von **P**ferde-**S**tärke. Wenn man also sagt: Ein Motor leistet 40 Pferde oder Pferdestärken, was bedeutet das? Um Leistungen von Maschinen messen und vergleichen zu können, mußte man sich auf ein geeignetes Maß hiefür einigen. Wenn ein Athlet ein Gewicht von 75 kg einen Meter hoch heben könnte und nicht mehr Zeit dazu brauchte als eine Sekunde, so wäre diese Leistung gerade 1 PS. Ein 40-PS-Motor leistet das Vierzigfache, und zwar Sekunde auf Sekunde! Es ist zugleich seine Höchstleistung. Seine ganze Bauart gestattet keine größere Kraftentfaltung. Auch bei ihm sind Herz und Muskeln begrenzt. Kriegt er nicht genug oder nicht richtig zusammengesetztes Gasgemisch einzuatmen, so geht seine Leistung sofort zurück, er arbeitet schwerer, läuft langsamer, bleibt schließlich stehen. Das gleiche geschieht, wenn man ihm zu viel zumutet. In der Ebene ist das ja nicht möglich. Aber wenn es steil aufwärts gehen soll, da zeigt es sich, ob der Motor was in sich hat. Der Motor hat ja schon beim Ziehen des Wagens auf ebener Bahn einige Widerstände zu überwinden: die Reibung der Kolben in den Zylindern.

die Reibung in den vielen Lagern, im Getriebe, die Reibung zwischen Rad und Straße, den Luftwiderstand. Auf jeden dieser Teilwiderstände geht ein Teil von den verfügbaren PS auf. Und nur was dann noch an PS im Motor steckt, kann zum Bergsteigen herhalten. Darum kann man nicht mit jedem Wagen, selbst gleicher PS-Leistung, die gleichen Steigungen überwinden; oder wenn es geht, nicht mit jedem gleich schnell. Und was der eine Wagen noch mit der Vierten nimmt, bewältigt der andere kaum mit der Dritten. Und geht es nicht mehr mit der Dritten, dann muß rechtzeitig auf die Zweite zurückgeschaltet werden. Der Motor wird dadurch natürlich nicht stärker. Aber bei der niedrigeren Übersetzung arbeitet er sozusagen mit einem größeren Hebelarm, also leichter, freilich auf Kosten der Geschwindigkeit. Was der „Hebelarm“ ausmacht, das kann man sich klar machen, wenn man etwa eine Schraubenmutter einmal mit einem kurzen, und dann mit einem längeren Schraubenschlüssel zu drehen versucht: Je länger der Schlüssel, desto leichter geht es, desto länger braucht es aber zugleich, um einmal ganz herum zu kommen.

Auch der Zündung ist im Zusammenhang mit der Tourenzahl des Motors zu gedenken. Je schneller der Kolben sich bewegt, desto kürzere Zeit steht für die Explosion zur Verfügung. Sie muß also gleichzeitig mit steigender Tourenzahl gegen den Totpunkt vorgerückt werden.

48. Fahrzeuglenkung

Um unsere Kenntnisse zu vervollständigen, hätten wir uns zum Schlusse noch ein wenig mit der Lenkung des Wagens zu beschäftigen. Wer sich einen gewöhnlichen Pferdewagen ansieht, wird bemerken, daß hier das vordere Rädergestelle ganz unter dem Kutschbock durchlaufen kann und sich dabei um einen einzigen Punkt dreht. Diesen „Lenkschemel“ hat der Automobilbau schon sehr früh verloren. Von einem hohen Bocke ist hier nichts zu sehen. Wäre auch höchst unzweckmäßig. Wie erginge es dem bedauernswerten Fahrer, wenn er auf hohem Kutschbock mit Schnellzugsgeschwindigkeit dahinsausen sollte! Bei niedrigem Sitze aber können wieder die Räder nicht darunter durchlaufen. Darum setzt man sie nicht auf eine gemeinsame Achse, sondern jedes für sich auf je eine kurze Achse (*a a*, Abb. 108 und 109), die an den Enden der Vorderachse *A* gelenkig eingehängt ist. *A* ist dabei nur der unbewegliche Träger dieser kurzen „Achsschenkel". Die Achsschenkel bilden mit den Schenkeln *a'* Winkelhebel, deren Endpunkte durch die Stange *b* verbunden sind. Diese Stange heißt Spurstange, denn sie ermöglicht den Rädern die ge-

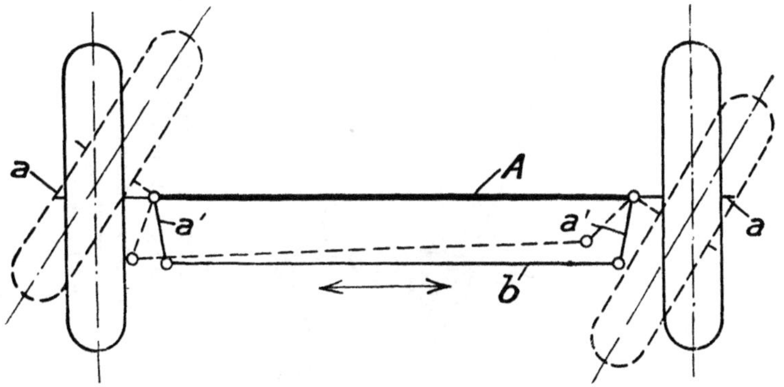

Abb. 108. Lenkgestänge in Verbindung mit der Vorderachse *(A)*
a Achsschenkel *b* Spurstange

meinsame Spur. Beide Vorderräder werden durch diese Stange ein einheitliches Gebilde, das von einem Punkte aus gelenkt werden kann. Dazu ist der Drehpunkt des einen Winkels *a a'* geeignet. Dort greift, wie man in Abb. 109 sehen kann, ein dritter Schenkel, der Lenkschenkel *c*, an, der über eine Stange *g*, die Stoßstange, und über den sogenannten Lenkstockhebel *d* zur Lenksäule führt. Verschiebt man die Spurstange *b*, so drehen sich die Winkel *a a'* beiderseits in ihren Gelenken. Die punktierte Eintragung in Abb. 108 deutet die Stellung der Winkel und der Räder nach einer solchen Verschiebung an.

Wie das Lenkrad mit diesem Lenkgestänge zusammenhängen kann, zeigen die Abb. 109 und 110. Das Lenkrad sitzt auf der schräg abwärts führenden Lenksäule. Nahe ihrem unteren Ende hat diese in dem einen Falle ein paar Gänge

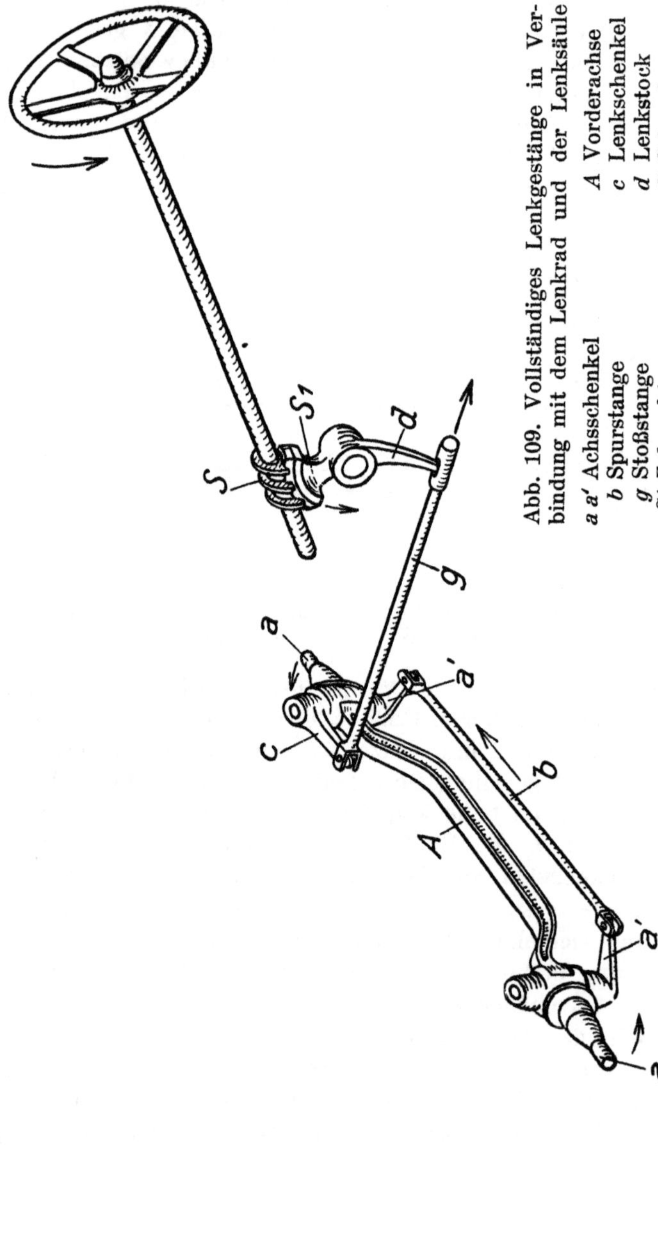

Abb. 109. Vollständiges Lenkgestänge in Verbindung mit dem Lenkrad und der Lenksäule

a a' Achsschenkel
b Spurstange
g Stoßstange
S1 Zahnsektor
A Vorderachse
c Lenkschenkel
d Lenkstock
S Schnecke

einer sogenannten Schnecke *S*. Ein gezahnter Sektor S_1 greift in diese Windungen ein. Dreht man am Lenkrad, so dreht sich die Lenksäule; dabei wird der um seinen Drehpunkt schwenkbare Sektor durch die Gewinde auf- oder abwärtsgedreht. Dieser Sektor ist als Winkelhebel ausgebildet, so zwar, daß der zweite Schenkel *d* dieses Winkels, der Lenkstock, die Stoßstange *g* erfaßt und bei seiner Bewegung mitnimmt.

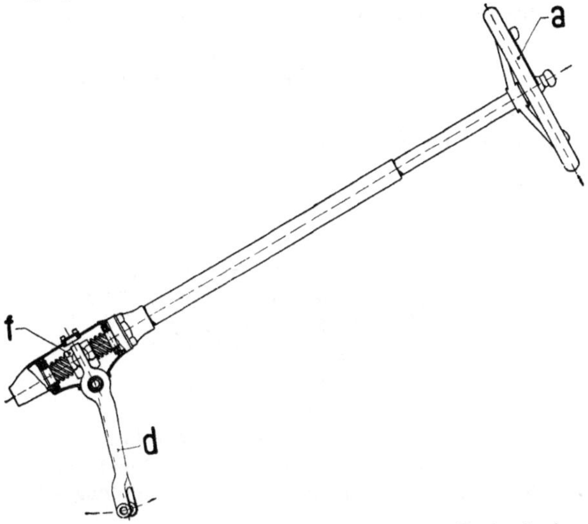

Abb. 110. Lenksäule (an einem Austro-Daimler) mit Lenkrad *a*, Spindel und Mutter *f*; Lenkstock *d*

Der Vorgang beim Lenken spielt sich nun so ab: Lenkrad und Säule drehen sich (die Abbildung zeigt dies für den Einschlag der Räder nach links). Der Sektor beschreibt dann einen kleinen Bogen abwärts; sein zweiter Schenkel dreht sich nun entgegengesetzt und schiebt oder zieht an der Stoßstange *g*, die den einen Achsschenkel (in der Abb. 109 rechts) und mit Hilfe der Spurstange *b* auch den zweiten samt den zugehörigen Wagenrädern in die gewünschte Richtung bringt.

Statt einer Schnecke mit Sektor sieht man in Abb. 110 am Ende der Lenksäule ein mehrgängiges Schraubengewinde, das von der Schraubenmutter *f* ganz umfaßt wird. Auch hier findet sich wieder der schon bekannte Lenkstock *d*, der dann wieder, wie früher gezeigt, zur Stoßstange *g* führt. Beim Drehen der Lenksäule muß die Mutter, die am Drehen durch eine Führung gehindert ist, auf- oder abwärts gleiten und entgegengesetzt dazu dreht sich *d*.

Die Schraube oder Schnecke hat ein sehr flaches Gewinde; dadurch erreicht man, daß Bodenunebenheiten nicht leicht die Steuerung rückwirkend verstellen können; die hiebei auftretenden Erschütterungen werden zunächst das Rad treffen und von da sich über die Achsschenkel und das anschließende Lenkgestänge bis zur Mutter oder zum Sektor fortpflanzen, freilich schon stark abgeschwächt. Wenn der Stoß die Mutter oder den Sektor verschieben könnte, müßten sich Lenksäule und Lenkrad verdrehen. Es ist

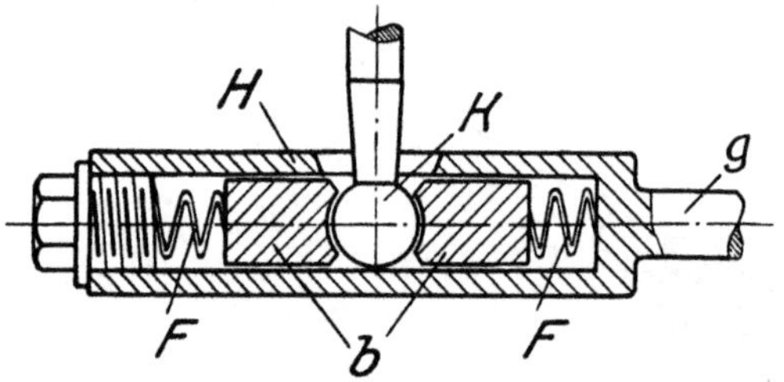

Abb. 111. Stoßfänger im Lenkgestänge
H Hülse *b* Backenlager *g* Stoßstange
K Kugelkopfende des Lenkstockes *F* Stoßfangende Federn

aber der gewaltige Widerstand nicht zu überwinden, den ein flaches Schraubengewinde einer solchen Längsbewegung der Schraubenmutter entgegensetzt. Bei einem steilen Gewinde wäre das möglich, wie es z. B. bei einer Bohrratsche der Fall ist. Auch bei Lenkungen, die statt mit Schnecke oder Spindel mit Kegelrädern ausgeführt sind, wie es bei einfacheren kleinen Wagen vorkommt, ist die Rückwirkung von unten hinauf zum Lenkrad möglich.

Lenkungen, die gegen solche Verdrehung des Lenkrades infolge rückwirkender Bodenstöße geschützt sind, heißen „selbsthemmend".

Um übrigens die das Steuergestänge treffenden Stöße möglichst abzuschwächen, ist die gelenkige Verbindung des Lenkstockes *d* und des Steuerschenkels *c* mit der Stange *g* gewöhnlich als sogenannter Stoßfänger ausgebaut (Abb. 111).

Der Schenkel d ist mit einem kugeligen Ende zwischen zwei Backen b gelagert; diese Backen können sich in der Hülse H am Ende der Stange g verschieben und drücken dabei eine der Spiralfedern F F zusammen. Alle Stöße werden daher von diesen Federn aufgefangen und kommen nicht oder nur geschwächt zum Sektor oder zur Mutter an der Lenkspindel.

Abb. 112. Rahmen für einen Austro-Daimler-Wagen
F F Federhand der Vorderfeder A und C Hinterfederböcke
S Schutzabdeckung vor dem Kühler L L Rahmenlängsträger
T T T Querträger zur Versteifung

Besonders deutlich sind alle die beschriebenen Teile in ihrem Zusammenbau auf Abb. 97 zu sehen.

49. Gesamtaufbau

Die Hauptteile des Kraftwagens sind nun dem Leser vorgeführt worden. Es bleibt noch zu zeigen, wie sie zusammengefügt sind, wie ein richtiger Kraftwagen daraus wird.

Alle diese Teile, die die Maschinenanlage bilden, werden durch einen Rahmen zusammengefaßt und gehalten (Abb. 112). Dieser Rahmen besteht in der Regel aus zwei Längsträgern, die an mehreren Stellen durch Querträger mit einander vernietet sind. Dadurch entsteht ein steifes, tragfähiges Gerüst. Die Längsträger werden heute meist aus Stahlblech gepreßt.

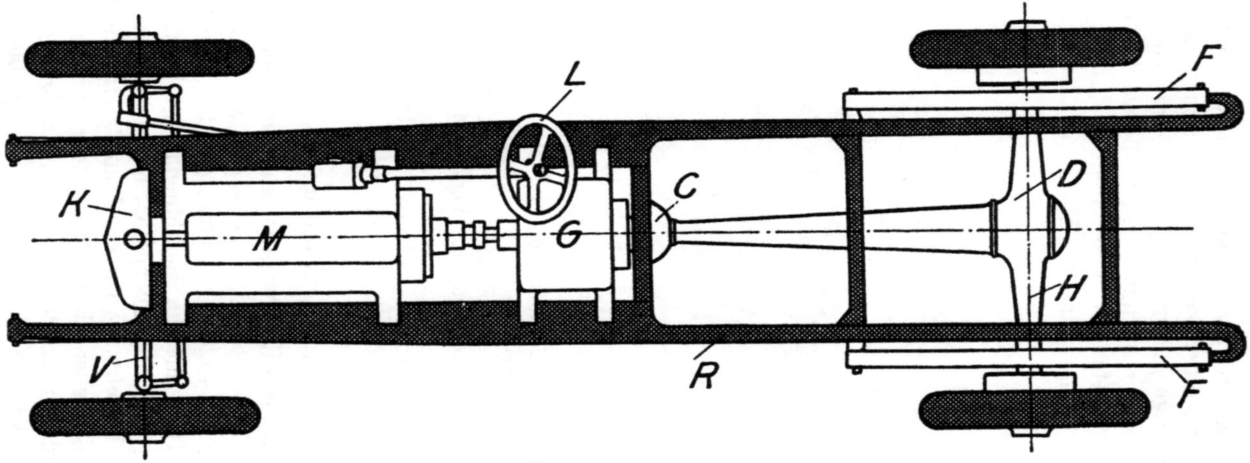

Abb. 113. Wagengestelle (Chassis). Der dunkel gehaltene Teil stellt den eigentlichen Rahmen *R* und die Räder vor.
K Kühler *G* Getriebe *D* Differenzial *V* Vorderachse *L* Lenkrad
M Motor *C* Kardangelenk *H* Hinterachsbrücke *F* Wagenfedern
Zwischen *C* und *D* liegt das die Kardangelenkwelle einschließende Kardanrohr

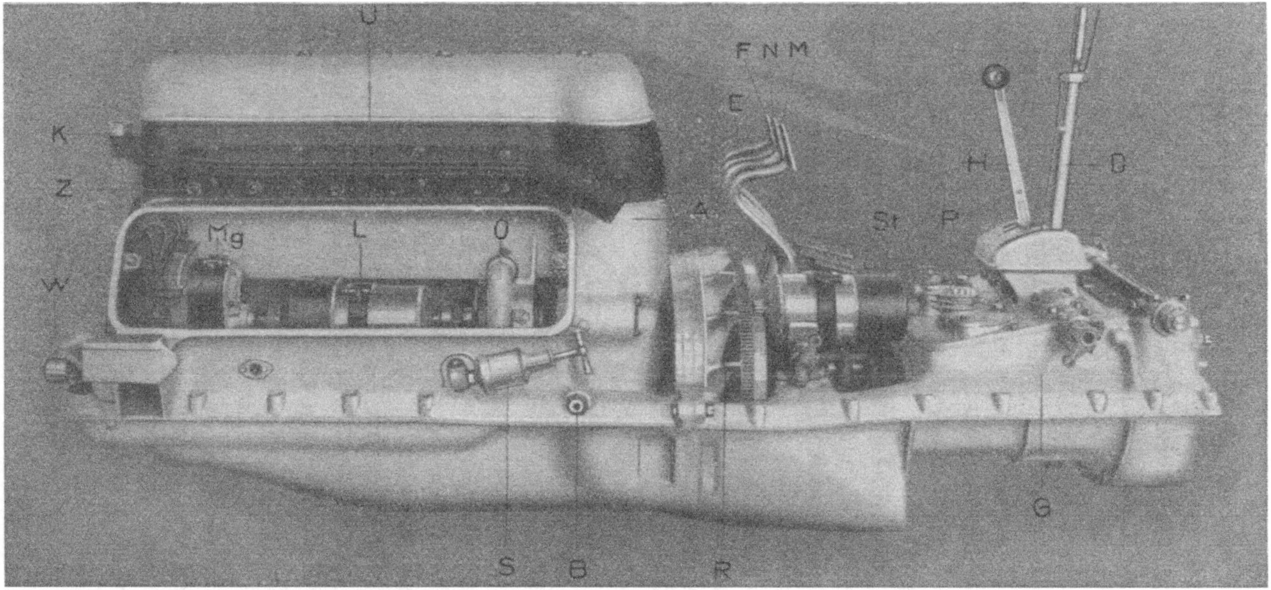

Abb. 114. Maschinenanlage eines Austro-Daimler-Wagens: Motor, Kupplung, Getriebe samt Schalt- und Bremsgestänge bilden einen zusammenhängenden Block. Durch die abgenommene Deckplatte auf der linken Seite des Motorgehäuses werden der Magnet (Mg), die Lichtmaschine (L) und die Kühlwasserpumpe (O) sichtbar.

A Motorgehäuseoberteil U Auspuffrohr W Andrehkurbellagerung S selbsttätige Staufferbüchse zur Wasserpumpe Z Zylinderkopf mit Anschluß K zum Kühler R Schwungradventilator B Anschluß zur Ölkontrolle E, F, N, M sind die Fußhebel für den Beschleuniger, die Hinterradbremse, die Getriebebremse und die Kupplung St Starter (Anlasser) P Pneupumpe G Getriebekasten H Schalthebel D Bremshebel

In diesen Rahmen lassen sich nun die einzelnen Teile der Maschinenanlage einbauen.

Vorn wird der Kühler *K* auf den Rahmen aufgestellt und mit ihm auch verschraubt (siehe Abb. 113 bei *K*).

Danach kommt der Motor *M*, dessen Zylinderblock mit dem geschlossenen Kurbelgehäuse zusammengebaut ist, auf dem sich außen die Nebenorgane — Wasserpumpe, Magnet, Lichtmaschine, Vergaser — an geeigneter Stelle anbringen lassen; mit der Schwungmasse der Kupplung schließt es ab, falls nicht auch noch das Getriebe selbst mit dem Motor zu einem noch größeren Block vereinigt ist, wie in Abb. 114 zu sehen. An dem Kurbelgehäuse sind sogenannte Pratzen vorgesehen, die zur Befestigung des Ganzen mit dem Rahmen dienen. Gewöhnlich geschieht das nicht an den Hauptträgern, sondern an einem zwischen diese verlegten schmäleren Hilfsrahmen, und womöglich nur an drei Stellen — Dreipunktaufhängung —, damit Verwindungen des nachgiebigen Rahmens, die leicht auftreten können, dem starren Motorblock nicht schaden.

Ist das Getriebe *G* für sich, so wird es auch hinter dem Motor im Rahmen befestigt.

Hinter der Maschinenanlage erhebt sich das von früher her bekannte Spritzbrett, das in Abb. 115 sich sehr deutlich mit allen Bedienungshebeln zeigt. Zwischen diese hintere Abschlußwand der Maschinenanlage und deren vordere, den Kühler, fügt sich die Motorhaube, deren aufklappbare Blechwände den Motorraum zu beiden Seiten abschließen; in Abb. 115 ist sie abgenommen zu denken.

Vom Getriebe führt die Kardanwelle *C* (Abb. 113) zum Differenzial *D*, das auf der Hinterachse *H* sitzt, oder bei Kettenwagen auf der Kettenvorgelegewelle. Die Hinterachse, als letzte Achse, trägt die Räder; diese Achse samt Rädern darf nicht mehr starr mit dem Wagenrahmen verbunden werden, ebensowenig die Vorderachse *V*, weil sonst alle Erschütterungen infolge von Bodenhindernissen durch die Räder auf den Rahmen übertragen würden. Um das zu verhindern, werden Vorder- und Hinterachse mit Federn *F* ausgestattet und erst diese tragen den Rahmen (siehe Abb. 97 und F in Abb. 115).

Nun steht endlich der Wagen richtig auf seinen Füßen. Wenn wir uns diese noch ein wenig besehen, so finden wir einiges an ihnen zu bemerken. Zunächst lassen sich verschiedene Ausführungen beobachten: es sind bald Holzspeichen (siehe Abb. 30),

Abb. 115. Spritzwand eines Austro-Daimlers mit sämtlichen Bedienungshebeln

K Kühler mit Einfüllöffnung T
A Motor mit Auspuffleitung Z
R Rahmen
V Vorderachse mit Feder F
W Scheinwerfer
St Starter
L' Lenkrad
E, F, M, N Fußhebel für Beschleuniger, Bremsen und Kupplung

D Handbremshebel, daneben — unbezeichnet — der Schalthebel, am Kugelgriff kenntlich
Bg Gestänge zur Getriebebremse
O Kardankugel
P Pneupumpe
U Uhr
B Bosch-Schaltkasten
L Instrumentenbrettlampe
C Ölkontrollampe
G Kilometerzähler

bald Stahl-, bald Drahtspeichen, bald überhaupt keine Speichen, sondern Vollscheiben (siehe Abb. 34). Speichen oder Scheiben führen nach innen zur Nabe, nach außen zur Felge. Auf diese wird der elastische Gummireifen (Pneumatik) aufgezogen, in dessen Innern der mit Luft aufgepumpte Schlauch steckt. Bei Lastwagen kommen noch Vollgummireifen in den verschiedensten Formen und bis zu den gigantischen Größen der Riesen- und Kissenreifen vor. In jedem Falle wirkt eine solche

Abb. 116. Abnehmbares „Kapezet"-Stahlrad. Auf dem Bilde ist die Radachse durch einen Wagenheber gehalten, so daß die Nabe sichtbar ist, auf der das abgezogene Rad mit 5 Schrauben befestigt war, die im Vordergrund neben dem T-förmigen Schlüssel dazu zu sehen sind.

Bereifung als erster Stoßdämpfer: das Hindernis — ein Stein, eine Bodenwelle — dringt mehr oder weniger in die nachgiebige Lauffläche ein, es wird nicht mehr das Rad gehoben, um dann wie ein Hammer wieder herabzufallen; mindestens ist dies seltener und in geringerem Maße der Fall. Dies schont Straße und Wagen. Heftigere Stöße heben natürlich Rad und Achse; und nun wirkt die Feder stoßdämpfend. Zu langes und zu starkes Ausschwingen der Federn selbst läßt sich vermeiden, wenn man zwischen sie und den Rahmen eigene Stoßdämpfer einfügt, die als elastische Puffer mit Gummi, Leder, Stahlfedern und ähnlichem die Federwirkung etwas abschwächen.

Der gewaltige Fortschritt und die rasche Entwicklung im Automobilbau sind überhaupt nur dem Pneumatik zu verdanken. Aber dieser ist auch nicht frei von Nachteilen, als deren größter seine Verletzlichkeit empfunden wird. Das Aufziehen eines Radreifens ist keine geringe Kunst und Mühe. Um sie zu erleichtern, sind die abnehmbaren Räder, deren man immer eines oder mehrere als Reserve bequem mitführen kann, erdacht worden.

Ein Muster eines solchen ist in Abb. 116 gezeigt. Hier läßt sich das Rad samt Reifen nach Lüften einiger Schrauben des inneren Speichenkranzes sehr einfach von der Nabe abziehen und ebenso leicht ein anderes mit unverletztem Reifen aufschieben, wobei die Löcher des Speichenkranzes über die Bolzen auf der Nabenscheibe geschoben werden; auf die dann noch vorstehenden Bolzengewinde werden die wenigen Schraubenmuttern, die im Bilde vor dem Rad stehen, geschraubt und mit einem praktisch geformten, einem *T* gleichenden Schraubenschlüssel festgezogen. Bei anderen Ausführungen wird nur die Felge samt dem aufgezogenen Reifen selbst abgenommen. Dadurch verringert sich das Gewicht der mitzuführenden Ersatzräder.

50. Zusammenfassender Rückblick

Damit sind wir ans Ende dieser Betrachtungen gelangt. Ehe wir uns aber der zweiten großen Gruppe von Kraftwagen, den elektrisch betriebenen, zuwenden, rufen wir uns das Gelernte in knappen Umrissen noch einmal ins Gedächtnis. Am besten in Form einer kurzen Prüfung mit Frage und Antwort.

Womit wird der Kraftwagen betrieben?

Mit Benzin (Benzol oder ähnlichen Brennstoffen, die mit Luft explosive Gemische bilden).

Was geschieht damit?

Der Brennstoff wird in flüssigem Zustand in einen auf dem Wagen mitnehmbaren Behälter eingefüllt. Von da fließt er bei hochgelegenem Behälter selbsttätig (als sogenanntes Fallbenzin) zum Vergaser. Bei tiefliegendem Behälter erzeugt man einen Druck im Behälter, anfangs durch Einpumpen von Luft mit einer meist am Spritzbrett befestigten kleinen Handpumpe; während der Fahrt wird diese Luft durch einen Teil der Auspuffgase ersetzt. Die übrigen Auspuffgase entweichen durch Schalldämpfer ins Freie.

Bei neueren Ausführungen wird das Benzin aus dem Behälter herausgesaugt (Unterdruckförderung).

Was leistet der Vergaser?

Der Vergaser vergast, wie schon sein Name anzeigt, das aus dem Behälter kommende flüssige Benzin (Benzol usw.), indem er es durch eine Düse als fein verteilten Nebel aussprüht. Gleichzeitig bereitet er ein zur Explosion geeignetes Gemisch aus diesem Nebel und Luft. In der Regel ist eine zweimalige Zufuhr von Luft möglich, wobei die erste Luft gewöhnlich erwärmt und in stets gleicher Menge zugeführt wird, die zweite, Zusatzluft, erst dazutritt, nachdem schon ein vorläufiges Gemisch gebildet worden ist. Durch diese Zusatzluft, deren Menge entweder willkürlich der Fahrer oder selbsttätig der Überdruck des Vergasers regelt, wird das Gemisch immer auf jenes Verhältnis von Luft und Benzin gebracht, das der Motor zum richtigen Arbeiten braucht.

Was geschieht mit dem fertigen, zündfähigen Gemisch?

Es strömt beim ersten Niedergang (Hub) des Kolbens, dem ersten Takt, in das Innere des Zylinders. Dabei bleibt das Einlaßventil, von der Nocke gehoben, so lange offen, daß während des ganzen ersten Hubes Gasgemisch in den Zylinder eindringen kann. Dieses nun den Zylinder erfüllende Gemisch wird im zweiten Takt oder Hub bei geschlossenen Ventilen zusammengepreßt und knapp vor dem Hubende entzündet. Die Folge der Zündung ist dann die den dritten Takt einleitende Explosion und die Ausdehnung der Gase unter kräftigem Vortreiben des Kolbens. Beim letzten, vierten, Takt endlich werden die verbrannten und zu weiterer Arbeit im Zylinder unbrauchbar gewordenen Gase aus diesem durch das nun geöffnete Auspuffventil wegbefördert und gehen entweder ganz oder teilweise durch den Schalldämpfer ins Freie.

Wodurch erfolgt die Explosion?

Durch den elektrischen Funken, der an einer im Zylinderinneren geschaffenen Zündstelle erzeugt wird.

Wie entsteht der Funken?

Zur Funkenbildung ist zunächst elektrischer Strom notwendig und dann, daß er an der Zündstelle überspringt. In der Regel muß der Strom über eine Lücke in der Leitung springen (Kerzenzündungen).

Woher nimmt man den Strom?

Der Strom stammt entweder aus einer mit Elektrizität geladenen Batterie (Akkumulator) oder er wird während der Fahrt in einem eigenen Generator erzeugt (Magnet).

Worauf beruht der Generator?

Der Generator beruht darauf, daß ein mit Leitungsdraht umwickelter Anker in dem Kraftfelde eines starken Hufeisenmagneten gedreht wird. Hiebei entsteht in den Drähten des Ankers Strom. Meist wird aber nicht dieser primär entstehende Strom den Kerzen zugeführt, sondern durch Unterbrechen des Primärstromes Sekundärstrom erzeugt, der durch die Transformation und das plötzliche Verschwinden des Primärstromes beim Unterbrechen eine sehr hohe Spannung erhält.

Wie erfolgt die richtige Zuweisung der Funken bei Mehrzylindern?

Durch besondere Verteiler. Diese haben soviel ruhende Kontakte als Zylinder da sind. Bei Vierzylindern somit vier. Jeder dieser Kontakte ist an einen Zylinder, d. h. an dessen Kerze angeschlossen. Zwischen diesen ruhenden Kontakten kreist ein Schleifkontakt, der ständig mit der Stromquelle verbunden ist; so oft der Schleifkontakt einen ruhenden berührt, schaltet er den zugehörigen Zylinder an die Stromquelle an und liefert ihm Strom und Funken.

Wie wird der Motor in Gang gesetzt?

Durch das Ankurbeln oder mit eigenen Anlassern. Dabei werden die ersten Takte künstlich eingeleitet. Nach den ersten Explosionen hat der Motor Schwung genug, um sich allein weiterzuhelfen.

Was alles treibt die Motorwelle an?

Den Magnet, die Nockenwelle zur Ventilsteuerung, bei Abreißzündungen auch die Nockenwelle des Abreißgestänges, mehrere Pumpen, so die für Wasser- und Ölumlauf, unter Umständen auch einen Windflügel, meist auch noch eine Lichtmaschine.

Wie wird der Motor gekühlt?

Durch Luft allein bei kleinen Ausführungen, sonst durch Luft und Wasser. Dieses führt die bei der Explosion und infolge der raschen Kolbenbewegung auftretenden großen Wärmemengen von den Zylinderwandungen weg. Das hiebei erwärmte Wasser steigt entweder selbsttätig (Thermosiphon) wegen seines geringeren Gewichtes in den meist vorn angebauten Kühler oder wird durch eine eigene Pumpe dahin befördert. Im Kühler durchfließt es in langem Wege viele feine Kanäle, in denen es sich unter Mitwirkung der an den Kanälen vorbeistreichenden Außenluft allmählich abkühlt. So gekühlt verläßt es den Kühler an seinem tiefsten Punkte und umspült dann wieder die Zylinderwände.

Wie erfolgt die Kraftübertragung von der Motorwelle auf die Hinterräder des Wagens?

Zunächst durch die Kupplung, die aus zwei zusammengehörigen Teilen besteht, von denen einer auf der Motorwelle, der andere auf der Getriebewelle sitzt. Mit ihr kann man das Getriebe vollkommen vom Motor trennen. Die Getriebewelle überträgt ihre Bewegung auf die querliegende Differenzialwelle, die entweder durch Ketten die Hinterräder treibt oder mit der Hinterradachse zusammenfällt und dann mit Gelenk- (Kardan-) Wellen an das Getriebe angeschlossen ist.

Was besorgt das Differenzial?

Es teilt den Antrieb vor den Hinterrädern und ermöglicht den beiden Hinterrädern selbständige Bewegungen mit den durch die Richtung und Beschaffenheit der Bahn bedingten Geschwindigkeiten.

Wie erteilt man den Wagen verschiedene Geschwindigkeiten?

Durch das Wechselgetriebe oder durch Änderung der Tourenzahl. Das letztere kann geschehen durch Verstellen der Zündung oder durch Änderung des Gasgemisches oder durch beides.

Der elektrische Wagen

(Das Elektromobil)

1. Allgemeiner Aufbau

Ein elektrisch betriebener Wagen unterscheidet sich sehr wesentlich von einem Benzinwagen. Äußerlich noch am wenigsten. Für gewöhnlich erscheint der elektrische Wagen in der Form der Stadtdroschke und ist den Bedürfnissen einer solchen angepaßt. Die Geschwindigkeit braucht da keine allzu große zu sein. So ein Wagen erinnert noch am meisten an den Pferdewagen, aus dem er hervorgegangen ist. Beim Benzinwagen hatten wir einen großen Abstand zwischen Vorder- und Hinterrädern, also langgestreckten Wagen, niedere Sitze, Fahrer und Wageninsassen in gleicher Höhe. Der elektrische Stadtwagen ist viel kürzer, der Bock meist noch recht hoch; der für den Benzinwagen so kennzeichnende Vorbau, in dem der Motor drin steckt, von der Motorhaube überdeckt, zwischen Kühler und Spritzbrett, fehlt dem elektrischen Wagen häufig, der darum vorn wie abgeschnitten aussieht.

Viel einschneidender aber sind die Unterschiede des inneren Gefüges. Wir werden uns leicht denken, daß die Stelle des Explosionsmotors hier ein Elektromotor vertritt. Der überträgt seine Kraft unmittelbar auf die Wagenräder; ohne Kupplung, ohne Getriebe und möglicherweise auch ohne Differenzial. Ja, oft nimmt der Motor seinen Platz gleich im anzutreibenden Rad selbst ein, als sogenannter Radnabenmotor. Dabei ist es ebenso möglich, die Hinterräder anzutreiben wie die Vorderräder oder sogar alle vier. Mitunter sind zwei Motoren da, die entweder beide vorn oder beide hinten in den Rädern und auf deren Achsen sitzen. In diesem Falle ist darum ein Differenzial völlig entbehrlich, weil jedes Rad seinen eigenen Antrieb hat.

Auch eine Kupplung braucht man nicht. Es genügt ein Stromausschalter, da der Motor von selbst angeht, ohne daß man erst ankurbeln müßte. Und daß wir ohne Getriebe verschiedene Geschwindigkeiten erzielen können, das liegt daran, daß man mit verschiedenen Stromschaltungen einfacher zum Ziel kommt, wie wir bald sehen werden.

Im ganzen vereinfacht sich also der Bau des Wagens, und wir haben eigentlich nur den Motor und die verschiedenen Schaltungen zu besprechen.

2. Die Kraftquelle

So beginnen wir denn mit dem Motor!

Wir erinnern uns, was man im allgemeinen einen Motor nennt: jede Maschine, die imstande ist, eine Bewegung zu erzeugen, ohne Rücksicht darauf, woher sie ihre Kraft nimmt. Darum gibt es verschiedene Motoren, je nachdem Wind, Wasser, Gas, Elektrizität oder etwas anderes die Kraftquelle bildet.

Hier, beim elektrischen Motor, begegnet uns wieder als Kraftquelle die Akkumulatorenbatterie, die wir bei der Zündung des Benzinmotors zum ersten Male kennengelernt haben. Wir wissen von dort her, daß eine solche Batterie Strom liefert, wenn sie geladen ist, und daß man sie wieder laden kann, wenn sie erschöpft ist. Man kann also mit einer Batterie nur so lange fahren, als ihr Stromvorrat reicht. Und darum kann man mit elektrischen Wagen vorläufig keine großen Reisen machen. Die Akkumulatoren, die man ja wegen des Gewichtes und des Raumbedarfes nicht in beliebiger Größe einbauen kann, reichen durchschnittlich für 70 bis 80 km Fahrt hin. Dann müssen sie durch aufgeladene ersetzt oder selber frisch geladen werden. Daß man mit einer viel weniger Raum einnehmenden Benzinmenge viel weiter fahren kann, ist gewiß allbekannt; daß man überall Benzin erhält, dagegen Ladestationen für Akkumulatoren sich leider noch nicht eingebürgert haben, daran liegt's, daß das Elektromobil heute sich neben dem Benzinwagen noch nicht behaupten kann. Vielleicht aber wird sich das einmal ändern. Das wäre sehr wünschenswert. Denn der elektrische Wagen ist nicht nur einfacher gebaut, er hat auch drei sehr wertvolle Tugenden: er ist rauchlos, geruchlos und geräuschlos.

Den Strom also entnehmen wir einer Akkumulatorenbatterie. Damit ist gleich gesagt, daß man zum Betrieb des Elektromotors Strom braucht. Und wir wollen uns gleich hier mit zweien der wichtigsten, grundlegenden Gesetze der Elektrotechnik in einfachster Form vertraut machen.

1. Strom erzeugt Bewegung.

2. Bewegung erzeugt Strom.

Die Maschinen, die nach dem 1. Satz Bewegung erzeugen, sind unsere Elektromotoren. Die, in denen Strom erzeugt wird, heißen Dynamomaschinen, kurz Dynamos oder Generatoren. Einen solchen Generator stellt auch jeder Zündungsmagnet eines Explosionsmotors vor: bewegt wird der Anker, erzeugt wird Strom. Genau die Umkehrung der Dynamomaschine ist daher der Motor. Würde man in den ruhenden Anker einer Dynamo von auswärts Strom einleiten, so begänne der Anker sich zu drehen; aus der Dynamo wäre ein Motor geworden. Das ist natürlich sehr wichtig und vorteilhaft. Von dieser Vertauschbarkeit der Rollen macht man besonders im Elektromobilbau eine wertvolle Verwendung, über die bei den Bremsen gesprochen werden soll. Auch einen kleinen Elektromotor haben wir bei Benzinwagen kennengelernt: den Anlaßmotor.

3. Stromquellen

Einstweilen besehen wir uns zunächst die Stromquelle: die Akkumulatorenbatterie. So eine Batterie besteht immer aus einer Anzahl ganz gleicher Gefäße, die mit einer Flüssigkeit gefüllt sind; in jedem Gefäß stehen drei Platten und ragen mit ihren oberen Enden aus dem Gefäß heraus. Ein solches einzelnes Gefäß mit Flüssigkeit und Platten heißt eine Zelle oder ein Element. Wie viel solcher Elemente eine Batterie zusammensetzen, ist ganz verschieden. Je mehr, desto stärker und dauerhafter ist die Batterie. Wichtig ist nun, daß jedes einzelne Element schon für sich Strom zu liefern vermag, wenn es geladen ist.

a) Primär-Elemente

Um auch einigen Einblick in die Vorgänge beim Laden zu gewähren, sei folgendes vermerkt. Es gibt zwei Arten von Elementen: Primäre und sekundäre. Jedem sind gewiß die Elemente bekannt, die zu Haustelegraphen oder Klingeln verwendet werden.

Im einfachsten Falle hat man ein Gefäß *G* (Abb. 117), das zum Teil mit einer Flüssigkeit, z. B. Schwefelsäure, gefüllt ist. In der Flüssigkeit stehen eine Zinkplatte und eine Kohlenplatte. Bloß dadurch, daß diese beiden, dem Stoffe nach verschiedenen Platten in die Flüssigkeit eintauchen, entsteht ein gewisser elektrischer Druck an den herausragenden Plattenenden, eine Spannung. Diese zeigt sich aber erst, wenn man die Platten außen durch einen Leitungsdraht verbindet. In diesem Augenblick läßt es sich feststellen, daß in dem Draht Strom fließt. Wir können es uns nicht gut anders vorstellen, als daß an den Punkten, wo der Draht an die Platten angeklemmt ist, an den sogenannten Klemmen, ein Druck den Strom aus der einen Platte, der positiven, austreten und durch den Draht nach der anderen, der negativen Platte, fließen läßt. Dieser Druck muß natürlich schon dagewesen sein ehe der Draht die beiden Platten verband. In diesem Zustand der unverbundenen Platten nennt man das Element „offen", sagt auch, der Stromkreis sei offen, wobei „Kreis" immer eine in sich zurückkehrende Leitung bedeutet. Freilich kann diese Leitung aus verschiedenen Teilen bestehen, so in unserem Falle aus der positiven Platte, aus der der Strom herausfließt, aus dem Verbindungsdraht, aus der negativen Platte und aus der zwischen den Platten stehenden Flüssigkeit. Durch Anklemmen des Drahtes an die Platten wird dieser Kreis „geschlossen".

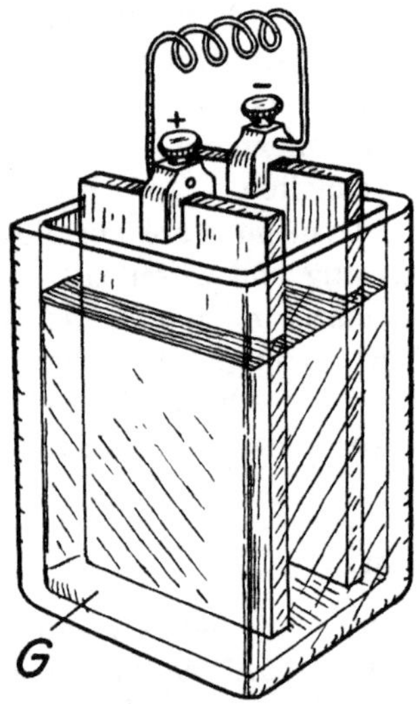

Abb. 117. Einfaches Element. *G* Glasgefäß mit elektrolytischer Flüssigkeit gefüllt

Man stellt sich also vor, daß an den Polklemmen eines offenen Elementes ein Druck, eine Spannung, eine Kraft wirkt, die die Elektrizität in Bewegung setzt und der man darum den Namen „elektromotorische Kraft" gegeben hat (von motorisch = bewegend). An der offenen Klemme staut sich sozusagen eine Elektrizitätsmenge wie etwa Wasser in einem abgesperrten Leitungsrohr. Wenn man den Hahn öffnet, treibt der Druck das Wasser aus der Leitung. Wenn man den Draht an beide Klemmen eines Elementes anlegt, geschieht etwas Ähnliches: die Elektrizität fließt aus der einen Platte durch den Draht in die andere hinüber. Es wird jetzt klar sein, was man mit der „Spannung" eines Elementes meint. Da man diese Spannung auch messen will, wie man ja auch Längen oder Temperaturen u. dgl. mißt, so hat man, ebenso wie für Längen und Temperaturen, eine Maßeinheit aufstellen müssen. Längen mißt man nach Zentimetern, Temperaturen nach Celsiusgraden; die elektrische Spannung wird in Volt gemessen; es ist somit 1 Volt das Maß für die Spannung. (Das Wort Volt ist eine Abkürzung des Namens Volta, den ein um die Erforschung der eben besprochenen Vorgänge sehr verdienter Gelehrter trug. Um ihn hiefür zu ehren, wird in allen Sprachen die elektrische Spannungseinheit nach ihm Volt benannt.)

Man mißt die Spannung mit geeigneten Apparaten, den Spannungsmessern oder „Voltmetern". Ähnlich mißt man auch die fließende Elektrizitätsmenge selbst, freilich nicht mit Gefäßen (denn sie ist weder sichtbar noch greifbar), aber in ihren Wirkungen. Die Menge der durch den Draht fließenden Elektrizität bestimmt die Stromstärke. Auch ein Fluß wird reißender bei Hochwasser, wo mehr Wasser als gewöhnlich durch sein Bett fließt; so kann man sich wohl auch vorstellen, daß, wenn durch ein und denselben Draht in gleicher Zeit die doppelte Elektrizitätsmenge fließt, auch der Strom doppelt so stark sein wird. Die Einheit der Stromstärke wurde nach einem berühmten Physiker „Ampère" genannt (gesprochen: Ampär, mit dem Ton auf der letzten Silbe).

b) Sekundär-Elemente (Akkumulatoren)

Die eben besprochenen Elemente, primäre oder auch galvanische genannt (nach dem Forscher Galvani), liefern selbst ohne weiters Strom. Nach einiger Zeit aber sind sie erschöpft und meist unbrauchbar. Zur Verwendung im Automobilbetrieb eignen sich darum besser die sekundären Elemente eines Akkumulators, weil sie immer wieder aufgefrischt werden können.

Die Elemente einer solchen Batterie bestehen ebenfalls aus Flüssigkeit und Platten. Vor der Ladung aber sind hier die Platten von gleichem Stoff und da zeigt es sich, daß kein Strom entsteht. Erst bei stofflich verschiedenen Elektroden

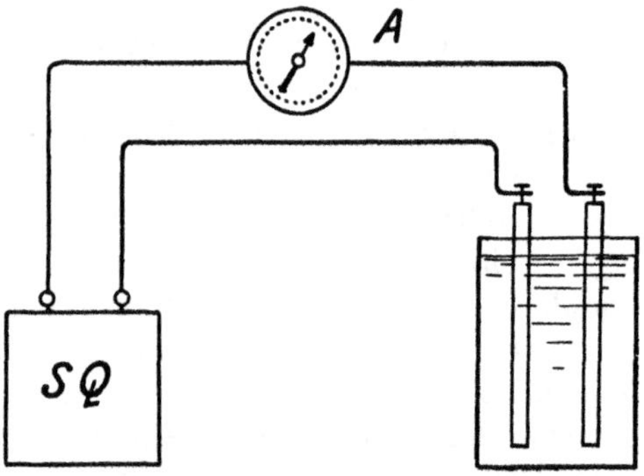

Abb. 118. Element einer Akkumulatorenbatterie mit einer Stromquelle *SQ* zum Laden verbunden *A* Ampèremeter

tritt Strom auf. Das Laden bedeutet daher nichts anderes, als daß dabei die ursprünglich gleichen Platten auf chemischem Wege in zwei verschiedene verwandelt werden. Ist das geschehen, so ist die Ladung beendet und man erhält ein neues Element, das man nur zu schließen braucht, wenn man Strom haben will.

Wie ladet man nun?

Beim Laden wird das Element mit irgend einer Stromquelle verbunden und nun Strom von gewisser Stärke bei bestimmter Spannung durch die Zelle geleitet (Abb. 118). Zur Beobachtung der Stromstärke ist in die Leitung ein Ampèremeter (bei *A*) eingebaut, das ist eine Art Uhr, die die Elektrizitätsmenge, die Ampères, mißt. Beim Durchgang des elektrischen Stromes durch das Element findet in diesem eine völlige Umwälzung statt. Alles wird umgeschichtet, die Platten zersetzen sich an ihrer Oberfläche, die Zersetzungsprodukte wandern von einer Platte zur andern, lagern sich dort ab und bilden so schließlich zwei ganz veränderte Platten heraus. Es sind chemische Vorgänge, die sich da abspielen als Wirkung des elektrischen

Stromes. Nach einer gewissen Zeit steigen aus der Flüssigkeit große Gasblasen auf, der Akkumulator „kocht“, das Zeichen, daß der Umsturz beendet ist. Die zur Ladung benützte Stromquelle wird wieder ausgeschaltet und nun stellt sich die neue Ordnung der Dinge dar: zwei neue verschiedene Platten in der alten Flüssigkeit; da haben wir ein Element, dem man nun Strom entnehmen kann. Natürlich nicht unbegrenzt. Bei der Entladung durch Stromentnahme sinkt die Spannung allmählich. Für jede Batterie gibt die Fabrik die Spannung an, bis zu der entladen werden darf. Dann muß die Batterie wieder von neuem aufgeladen werden.

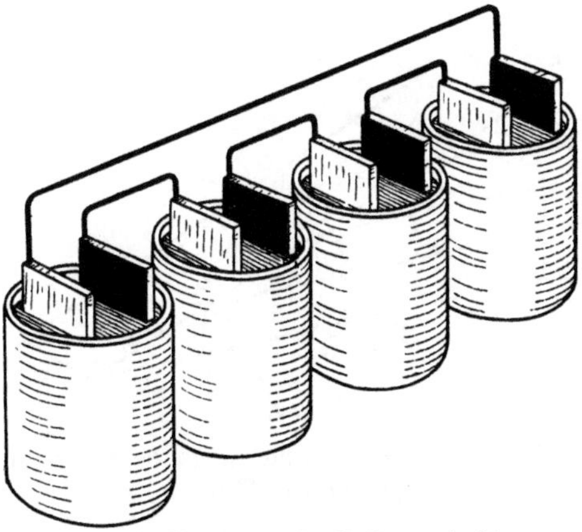

Abb. 119. Elemente in Reihenschaltung

4. Reihenschaltung

Eine Reihe solcher Elemente bildet eine Akkumulatorenbatterie. An jedem Element unterscheidet man auch hier einen positiven und einen negativen Pol, nämlich die Klemme, bei der der Strom austritt (die positive) und die, bei der er wieder in die andere Platte eintritt (die negative)[1]. Man kann nun die einzelnen Elemente so durch Drähte untereinander verbinden, daß immer die positive Klemme des einen Elementes an die negative des benachbarten angeschlossen ist, wie es die Abb. 119 er-

[1] Bei den ausgeführten Zellen werden mehrere Platten in einem Gefäß vereinigt, wobei eine positive zwischen zwei negativen Platten steht. In den Abbildungen erscheinen, der einfacheren Darstellung wegen, alle gleichartigen Platten durch eine einzige angedeutet.

kennen läßt. Der Strom fließt immer vom positiven Pol zu dem mit ihm verbundenen negativen. In diesem Falle durchfließt er darum der Reihe nach alle einzelnen Elemente; man bezeichnet das als Reihen- oder Hintereinanderschaltung.

Nun hat jedes einzelne Element bei der Ladung eine ganz bestimmte Spannung erhalten, etwa $2^1/_2$ Volt; das heißt, daß zwischen den beiden Platten ein Spannungsunterschied von $2^1/_2$ Volt besteht, den man sich wie das Gefälle bei einem Flußbett vorstellen kann. Ist kein Gefälle da, so gibt es keine Strömung, es steht das Wasser; sobald aber ein Gefälle vorhanden ist, so fließt es vom höher gelegenen Punkte zum

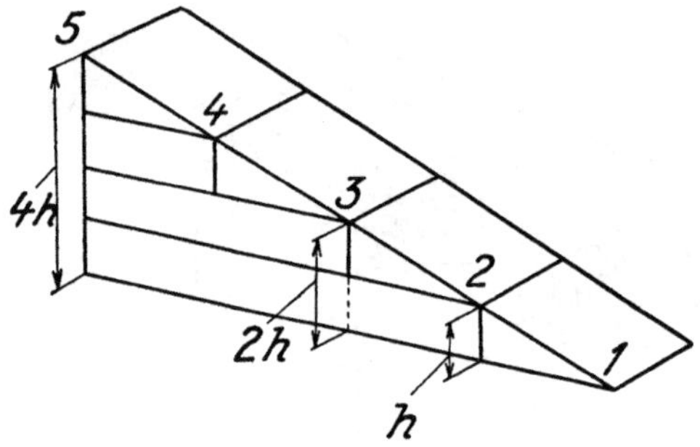

Abb. 120. Hintereinanderliegende Strecken gleichen Gefälles *h*

tieferen. So kann auch der elektrische Strom immer nur von einer und derselben Platte zur anderen fließen, wenn zwischen den Platten ein Spannungsgefälle besteht. Dieses Spannungsgefälle bleibt auch beim Aneinanderreihen in jedem Elemente erhalten, so daß die Batterie etwa nur eine längere Strecke mit stets gleichbleibendem Gefälle vorstellt. Es reihen sich einzelne kurze Wegstrecken von gleicher Länge und gleichem Gefälle aneinander und bilden eine lange Strecke mit demselben Gefälle (siehe Abb. 120). Der Punkt 2 der ersten Strecke ist um die Gefällshöhe h über dem Anfangspunkte 1 gelegen. Um dasselbe Maß liegt der Endpunkt 3 der Strecke 2—3 höher als 2; gegen Punkt 1 liegt er daher schon um 2 h höher. Jeder folgende Endpunkt liegt um ein weiteres h höher als der Anfangspunkt seiner Teilstrecke; der letzte

Punkt 5 liegt gegen Punkt 1 um 4 *h* höher. Zwischen 5 und 1 besteht also ein viermal größerer Höhenunterschied als zwischen je zwei benachbarten Punkten; das Gefälle aber (oder die Steigung, die Steile) ist auf der ganzen Strecke 5—1 immer gleich geblieben. Ganz genau so verhält es sich mit den hintereinandergeschalteten Elementen. In jedem einzelnen ist der Spannungsunterschied der gleiche, zwischen den äußersten aber ist er soviel mal größer, als Elemente verbunden wurden. Auf diese Weise läßt sich die Spannung auf ein beliebiges Maß erhöhen; doch der Strom hat in allen Elementen die gleiche Stärke.

5. Parallelschaltung

Ehe wir zu der zweiten Art der Schaltung übergehen, haben wir noch den sehr wichtigen Begriff des Widerstandes kennen zu lernen. Wir haben uns vorgestellt, daß die Elektrizität durch den Draht fließt, wie eine Flüssigkeit durch ein Rohr. Je enger dieses Rohr, desto schwerer fließt sie durch; ein weites Rohr aber ist bequemer; das Wasser spürt hier weniger Widerstand beim Durchfließen. Ähnlich beim elektrischen Strom. Auch jeder Draht setzt dem Stromdurchfluß Widerstand entgegen; ein dünner mehr, ein dicker weniger: ganz wie die Rohre dem Wasser. Aber auch die Länge des Drahtes spielt eine wichtige Rolle; denn ein langer Draht bietet ebenfalls größeren Widerstand als ein kurzer. Der Widerstand hängt also zusammen mit dem Drahtquerschnitt (oder seiner Dicke) und mit der Drahtlänge. Die Einheit des Widerstandes heißt — wieder nach einem Forscher — Ohm.

Nun wollen wir sehen, was sich alles mit einem solchen Drahtwiderstand machen läßt. Eines ist klar: zwei gleich starke und gleich lange Drähte aus gleichem Stoff haben auch gleichen Widerstand. Wenn man nun den einen Draht an den anderen reiht, so gibt das einen einzigen Draht, der doppelt so lang ist wie jeder einzelne und daher einen doppelt so großen Widerstand darstellt. Das ist auch eine Hintereinanderschaltung. Man kann jedoch auch beide Drähte nebeneinander legen und den Strom gleichzeitig durch beide fließen lassen. Dann braucht sich nicht die ganze Elektrizitätsmenge gewissermaßen durch einen einzigen dünnen Draht durchzuzwängen, sondern sie hat jetzt zwei Wege, in die sie sich verteilt, und auf jeden Draht kommt nur die Hälfte. Diese Hälfte fließt natürlich leichter durch den Draht als das Ganze, und zwar gerade doppelt so leicht. Oder, was dasselbe bedeutet: der Widerstand ist durch die Querschnittsverdopplung auf die Hälfte gesunken. Auch das ist an einem Beispiel leicht einzusehen. Denken wir uns ein großes Wasserfaß.

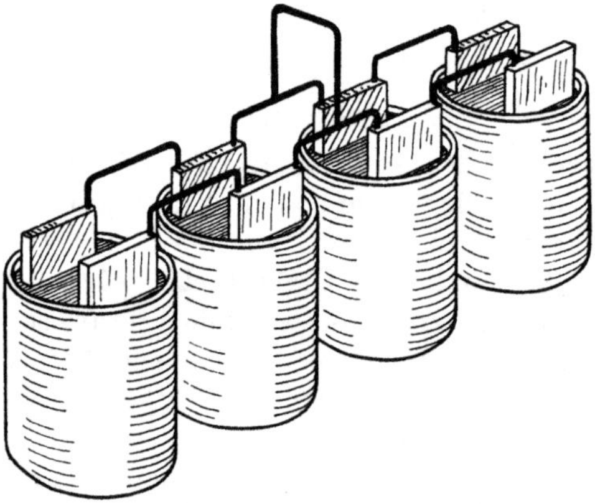

Abb. 121. Elemente in Parallelschaltung

Das soll entleert werden. Dazu kann man ein Rohr ansetzen und nun abfließen lassen. Wenn man aber zwei solche Rohre benützt, so fließt die doppelte Menge in der gleichen Zeit ab, bei dreien die dreifache.

Solches Aneinanderlegen von Widerständen heißt Parallelschaltung. Durch dieses Mittel wird man einen Widerstand verkleinern können.

Genau so wie wir es mit den Drähten machten, kann man es auch mit Elementen machen, sie parallel (nebeneinander) schalten. Nur darf man jetzt nicht mehr die ungleichen Klemmen miteinander verbinden, sondern alle positiven untereinander und ebenso alle negativen, und dann schließt man die vereinigten positiven Platten an die vereinigten negativen an. Man hat so nur ein vergrößertes Element (Abb. 121). Die Weglänge wurde in diesem Falle nicht verlängert, wohl aber der Weg selbst verbreitert (Abb. 122). Am Gefälle h jedes einzelnen Elementes hat sich wieder nicht das Geringste geändert, aber auch nicht am Gesamtgefälle. Alle positiven Platten haben gegenüber allen negativen nur den Spannungsunterschied eines Elementes, nämlich $2^1/_2$ Volt. Aber der Strom kann jetzt zwischen den Platten durch ein viel breiteres Bett hindurchfließen, hat daher für seine Elektrizitätsmenge einen viel bequemeren Weg, d. h. der Widerstand ist bedeutend kleiner geworden.

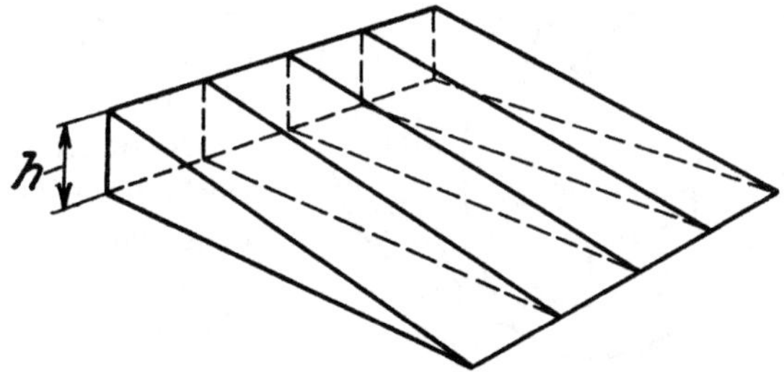

Abb. 122. Nebeneinanderliegende Strecken gleichen Gefälles h

Wir merken uns also:

Hintereinanderschaltung = langer, unbequemer Weg, großer Widerstand;

Nebeneinanderschaltung = kurzer, breiter bequemer Weg, kleiner Widerstand.

Durch diese beiden Mittel kann man also schon sehr viel erreichen.

Ein Beispiel: Wir hätten 40 Elemente von je 2 Volt Spannung. Alle 40 hintereinandergeschaltet gibt an den Endpunkten einen Spannungsunterschied von $40 \times 2 = 80$ Volt. Teilt man aber die Batterie in zwei Hälften von je 20 Elementen, so herrscht an den Endpunkten jeder Hälfte nur eine Spannung von $20 \times 2 = 40$ Volt. Jede dieser Hälften kann man nun noch mit der anderen nebeneinanderschalten und halbiert so auch noch den Gesamtwiderstand. Ebenso läßt sich die Batterie in vier Viertel usw. teilen, die man untereinander wieder durch Hinter- oder Nebeneinanderschalten auf verschiedenste Weise verbinden kann.

Da wir nun wissen, daß die Batterie den Strom liefert, der die Motoren treibt, so sehen wir schon jetzt, daß man ihr durch entsprechende Schaltung verschieden starke Ströme entnehmen kann; denn bei halber Klemmenspannung kommt aus der Batterie ein schwächerer Strom als bei voller Spannung; dieser wird in den Motoren auch weniger Kraft entfalten können. Die Motoren laufen dann langsamer; wie man sieht, eine Geschwindigkeitsänderung auf rein elektrischem Wege, ohne jedes Übersetzungsgetriebe.

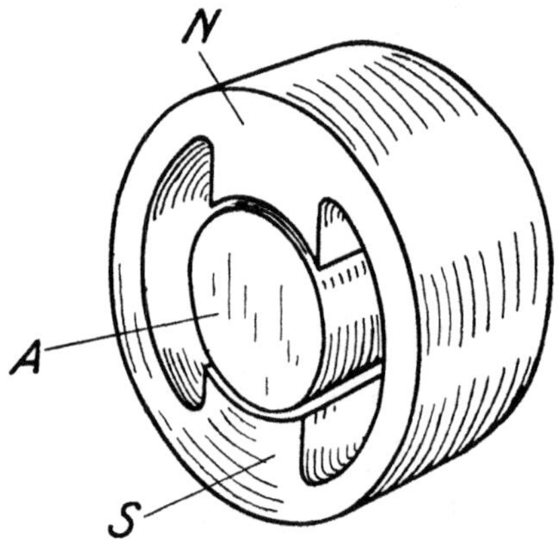

Abb. 123. Magnetgehäuse mit den Polen *N* und *S*, zwischen diesen der Anker *A*

Wir haben also Ströme von verschiedener Stärke zur Verfügung. In die Motoren darf nur so viel Strom fließen, als ihre Drähte ohne Schaden aufnehmen können. Sonst würden sie sich übermäßig erhitzen und durchbrennen. Um dies zu verhüten, sind in die Leitungen Schmelzsicherungen eingesetzt, das sind Streifen oder Drahtstücke aus Blei oder einem anderen leicht schmelzbaren Metall, die so bemessen werden, daß sie abschmelzen, sobald der Strom für die Motoren zu stark wird. Dadurch wird die Leitung und damit der Strom unterbrochen. Selbstverständlich bleibt dann der Wagen stehen und ein Weiterfahren ist erst wieder möglich, sobald eine neue entsprechende Sicherung eingesetzt ist.

6. Die Motoren

Und nun zu den Motoren! Es ist leider ausgeschlossen, ein so schwieriges Gebiet in kurzer Weise wirklich allgemein verständlich darzustellen; es kann daher hier nur eine allgemeine Grundlage geboten werden.

Äußerlich betrachtet, besteht der Motor aus zwei Hauptteilen: einem ruhenden Elektromagneten mit den Polen *N* und *S* (Abb. 123) und einem beweglichen, zwischen den Polen drehbaren Anker *A*. Magnet und Anker werden mit Draht umwickelt (siehe Abb. 124). In beide Wicklungen fließt der Strom der Akkumulatoren. Der die Magnetwicklungen durchfließende Strom magnetisiert das stromumflossene Weicheisen. Dabei bildet sich zwischen den beiden Polen ein ganz eigentümlicher Zustand, wie wir ihn von den Polen eines Hufeisenmagneten her kennen. Dort haben wir gesehen, daß diese Pole auf Eisen eine starke anziehende Kraft ausüben, die nur vom Magnetismus herrührt und die verschwindet, wenn sich dieser verliert. Man spricht darum von dem Auftreten eines Kraftfeldes zwischen den Polen des Magneten. Dieses Kraftfeld, das man nicht sehen kann, dessen Wirksamkeit aber deutlich erkennbar wird, ist das wichtigste am ganzen Motor. Abgesehen von der eben erwähnten Wirkung auf weiches Eisen hat es noch andere, hier für uns wichtigere Fähigkeiten. Eine ist uns noch vom Zündmagneten her in Erinnerung: wenn man einen geschlossenen, stromlosen

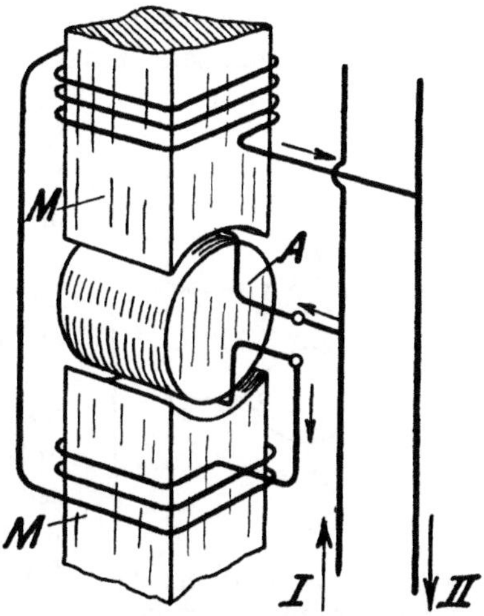

Abb. 124. Magnetgestelle *M M* und Anker *A* mit Wicklungen. Pfeil *I* gibt die Richtung des aus der Stromquelle in die Anker- und Magnetwicklung fließenden Stromes an, Pfeil *II* die Richtung des rückfließenden Stromes.

Leiter durch das Kraftfeld so bewegt, daß er die Kraftlinien schneidet, so entsteht im Leiter durch die Wirkung des Kraftfeldes elektrischer Strom. Wir wissen, daß Maschinen, die hierauf beruhen, Dynamomaschinen sind.

Hier haben wir es mit der Umkehrung dieser Erscheinung zu tun: wenn man in einen ruhenden, geschlossenen Leiter, der sich in einem magnetischen Kraftfeld frei bewegen kann, elektrischen Strom sendet, so ruft die Wechselwirkung zwischen Feld und Strom eine Bewegung des Leiters hervor. Das ist das Wesen des Motors. Die Ankerwicklung stellt als Ganzes nur einen einzigen, langen, geschlossenen Leiter dar, der an eine Stromquelle angeschlossen wird. Da er mitten ins Kraftfeld des sehr starken Elektromagneten hineingesetzt ist, unterliegt er dessen Wirkung auf seine stromdurchflossenen Leiterwindungen und muß sich drehen. Die Richtung dieser Drehung hängt nur vom Pol, unter dem sich ein Leiter gerade befindet, und von der Stromrichtung im Leiter selbst ab.

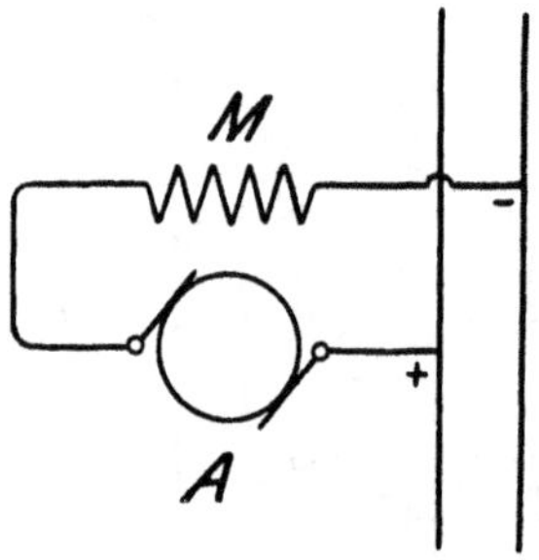

Abb. 125. Technisch übliche Schaltzeichnung; *A* Anker; *M* Magnetwicklung

Die ganze Geschichte ist ziemlich rätselhaft. Dem Anker geht es ähnlich wie einem Mühlrad: wenn in dessen Schaufeln Wasser fließt, fängt es sich zu drehen an. Schaufeln hat der Anker zwar nicht, aber Drähte; er bekommt ja auch kein Wasser, sondern elektrischen Strom. Fließt der in die Drähte, so fängt der Anker an sich zu drehen — nur muß er überdies noch in einem magnetischen Kraftfeld stecken, was beim Mühlrad überflüssig ist.

Bei den im Elektromobilbau fast ausschließlich verwendeten Motoren fließt der von der Stromquelle kommende Strom der Reihe nach durch alle vorhandenen Drahtwicklungen; das ist also eine Reihen- oder Hintereinanderschaltung. Solche Motoren heißen Hauptstrommotoren, um anzudeuten, daß man es bei ihnen nur mit einem einzigen Stromkreis zu tun hat; damit grenzt man sie gegen anders geschaltete Motore ab, bei denen die Magnetwicklung nicht hinter, sondern neben der Ankerwicklung, im sogenannten Nebenschluß, liegt.

Bei unserem Hauptstrommotor fließt also der Strom, wie Pfeil *I* in Abb. 124 angibt, aus der Stromquelle in die Ankerwicklung *A*, durch diese hindurch, dann in die Magnetwicklungen *M* und schließlich zur Quelle (Pfeil *II*) zurück. Diese Quelle ist gewöhnlich eine Akkumulatorenbatterie, könnte aber auch eine kleine Dynamomaschine sein, die ein eigener Explosionsmotor treibt. Bei den Straßenbahnen mit Oberleitung braucht der Wagen überhaupt keine Stromquelle mitzuführen, weil er durch die Oberleitung an die Elektrizitätszentrale angeschlossen ist.

In Abb. 125 ist die Schaltung vereinfacht gegeben, wie es in der Technik üblich ist; man hat da sofort einen Überblick über den ganzen Weg, den der Strom von der Quelle bis zu ihr zurück macht. *M* bedeutet den Magnet, *A* den Anker. Jedenfalls liefert diese Stromquelle stets den gleichen Strom; wollte man daher diesen gleichbleibenden Strom unmittelbar den Motoren zuführen, so würden sich diese offenbar auch mit gleichbleibender Geschwindigkeit drehen müssen und man könnte stets nur mit einer Schnelligkeit fahren. Ein solcher Wagen wäre natürlich unbrauchbar. Wie also erzielt man hier verschiedene Geschwindigkeiten?

7. Das Ohmsche Gesetz

Bei Wagen, die ihre Stromquelle als Batterie mit sich führen, läßt sich, wie schon erklärt, die Batterie selbst teilen; so kann man schon vor den Motoren verschiedene Spannungen erzeugen, verschieden starke Ströme in die Motoren leiten. Man muß sich aber nicht damit begnügen. In der Regel erzielt man die verschiedenen Geschwindigkeiten mit verschiedenen Widerständen. Überall, wo der Strom durchfließen will, stößt er auf einen gewissen Widerstand: alles, was er durchfließt, ist für ihn Widerstand; der ist je nach dem Stoffe der Körper verschieden; bei gleichem Stoff aber, wie wir wissen, ist er vom Querschnitt (d. i. von der Dicke) und von der Länge des durchflossenen Leiters abhängig.

Die Widerstände sind hier Drahtspulen von bestimmtem Querschnitt und bestimmter Länge, so daß man den Widerstand ganz genau in Ohm angeben kann. Nun ist folgendes festzuhalten: An den beiden Klemmen der Stromquelle herrscht wie an den Klemmen eines Elementes eine bestimmte Klemmenspannung. Diese Spannung ist wieder imstande, einen Stromfluß zu erzeugen, wenn man die Klemmen irgendwie verbindet. Es findet dann ein Ausgleich der Spannungen in der Form des fließenden Stromes statt. Beim Elektromotor stellt die ganze Wicklung, Anker + Magnet, selbst diese Verbindung vor. Die Spannung der Stromquelle entlädt sich daher, indem sie den Strom durch diese Wicklung schickt. Die Wicklung, die ja nichts anderes als ein langer Draht ist, stellt einen bestimmten Widerstand dar. Nur von diesem Widerstand und von der Klemmenspannung, an der der Widerstand liegt — wie man sich ausdrückt — nur von diesen beiden Größen hängt die Stromstärke ab.

Das Gesetz für diesen Zusammenhang ist das nach seinem Entdecker benannte Ohmsche Gesetz. Es ist die wichtigste Grundlage, das Um und Auf der ganzen Elektrotechnik. Dieses eine Gesetz sei daher hier angeführt und, da es überaus einfach ist, kann man sich's leicht merken; man wird die geringe Mühe nicht bedauern, weil man damit einen Schlüssel zu einer Reihe von Erscheinungen gewonnen hat. Es lautet:

$$\text{Stromstärke} = \frac{\text{Spannung}}{\text{Widerstand}}$$

das ist zu lesen: Stromstärke ist gleich Spannung dividiert durch den Widerstand. Der Wert der Stromstärke wird somit durch einen Bruch gegeben. Gewöhnlich bedient man sich zur Abkürzung der Buchstabensprache, in der auf Grund allgemeiner Vereinbarung die Stromstärke mit J, die Spannung (Klemmenspannung, elektromotorische Kraft) mit E und der Widerstand mit W bezeichnet werden. Dann schreibt man das Gesetz kürzer:

$$J = \frac{E}{W}$$

Ist z. B. $E = 100$ Volt, $W = 50$ Ohm, so errechnet man $J = \frac{100}{50} = 2$ Ampère; So lange E, die Klemmenspannung, gleich bleibt, hängt der Strom J nur vom Widerstand W ab.

Beim Elektromotor haben wir es nun mit solchen gleichbleibenden Spannungen zu tun. Will man daher den Strom ändern, so muß man den Widerstand ändern. Man braucht z. B. nur den Weg des Stromes zwischen den Klemmen zu verlängern und hat einen größeren Widerstand. Der nunmehr in diesem Kreis fließende Strom ist dann in demselben Verhältnis schwächer als der Widerstand gewachsen ist. Zum Beispiel nehmen wir wieder eine Quelle mit 100 Volt und legen wir an diese Spannung einen Widerstand von 100 Ohm, also einen doppelt so großen als früher, so wird der Strom $J = \frac{100}{100} = 1$ Ampère, also halb so groß werden.

8. Schaltungen

Denken wir nur wieder an das Bild vom Behälter mit Wasser, der entleert werden soll. Enge Leitung heißt großer Widerstand, wenig Wasser. Weite Leitung oder viele enge, die zusammen soviel durchlassen können wie eine weite, heißt kleiner Widerstand, viel Wasser. Nunmehr wird es keine Schwierigkeit machen, die in Abb. 126 dargestellte Schaltzeichnung zu verstehen. Darin sind die einzelnen Teile, wie Magnetwicklung, Anker, Widerstände durch allgemein angenommene Zeichen wiedergegeben. Bei *SQ* ist die beliebige Stromquelle; K_1, K_2 sind ihre Anschlußklemmen, an die man den Kreis anschließt. W_1, W_2, W_3 sind die in die Leitung einschaltbaren, aber auch ausschaltbaren Widerstände zur Veränderung der Stromstärke; A_1, A_2 die Anker zweier Motoren; M_1, M_2 die zugehörigen Magnetwicklungen. Nehmen wir K_1 als positive Klemme an, so fließt dort der Strom heraus, bei *a* in die Widerstände, der Reihe nach durch alle drei Widerstände, der Reihe nach weiter durch die zwei Anker, dann durch die zwei Magnetwicklungen und bei der negativen Klemme K_2 zurück in die Stromquelle. So sieht eine Schaltung beim Anfahren aus. Alle Widerstände, wozu auch Anker und Magnet gehören, sind hintereinander geschaltet.

Einen längeren Weg kann man dem Strom nicht bieten, es ist der größte Widerstand, den man ihm entgegenstellt, und es ist daher der kleinste Stromwert, den man so erreicht. Nun ist das zum Anfahren gerade recht. Mit dem kleinsten Stromwert wird der Motor am langsamsten laufen. Diese Schaltung: alles hintereinander! entspricht der ersten niedrigsten Geschwindigkeitsstufe.

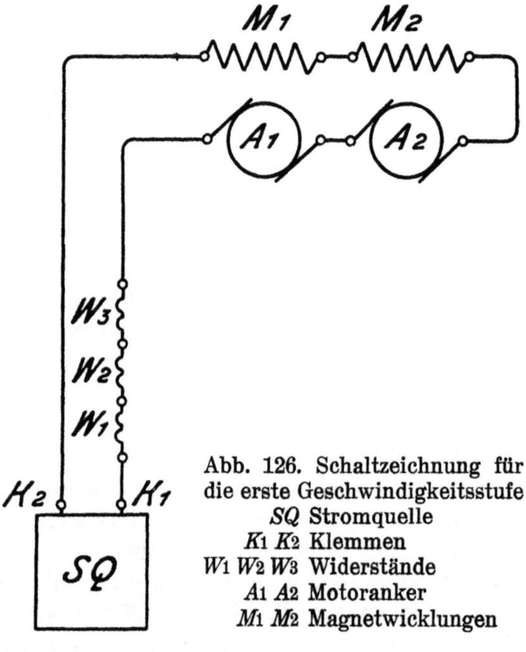

Abb. 126. Schaltzeichnung für die erste Geschwindigkeitsstufe
SQ Stromquelle
*K*1 *K*2 Klemmen
*W*1 *W*2 *W*3 Widerstände
*A*1 *A*2 Motoranker
*M*1 *M*2 Magnetwicklungen

Nun wollen wir natürlich schneller fahren. An der Stromquelle soll nichts geändert werden. Also Widerstand verkleinern! Dazu gibt es zwei Mittel: entweder die Länge verkürzen oder den Querschnitt vergrößern. Wir wählen das erste und schalten den Widerstand W_1 einfach aus; natürlich muß jetzt der Punkt *a* (Abb. 127) an den Widerstand W_2 unmittelbar angeschlossen werden. Der Gesamtwiderstand hat also um den Wert W_1 abgenommen; damit ist der Stromwert entsprechend gestiegen und treibt die Motoren jetzt schneller: zweite Stufe.

Ganz genau so verfahren wir bei der nächsten Stufe. Wieder schaltet man einen Widerstand (W_2) aus und verbindet *a* mit W_3 (in der Nebenskizze zu Abb. 127 angedeutet durch *a c*). Der Strom fließt also von *a* gleich über W_3 weiter: dritte Stufe.

Ebenso wie mit den Regulierwiderständen W_1, W_2, W_3 kann man aber auch mit den Magnet- und mit den Anker-

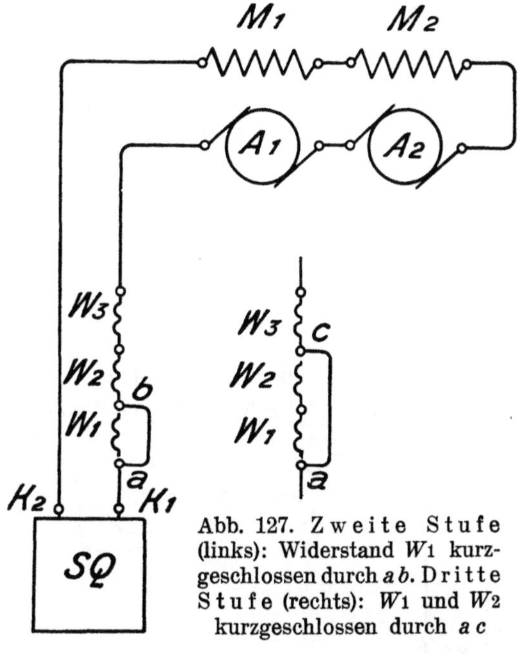

Abb. 127. Zweite Stufe (links): Widerstand W_1 kurzgeschlossen durch *ab*. Dritte Stufe (rechts): W_1 und W_2 kurzgeschlossen durch *a c*

wicklungen selbst schalten. Freilich, ausschalten darf man diese nicht. Aber wir haben ja noch das zweite Mittel zur Widerstandsverkleinerung: Querschnittsvergrößerung durch Nebeneinanderschaltung. So sehen wir in Abb. 128 die Magnetwicklungen, in Abb. 129 die Motoren selbst parallel gelegt. Im ersten Falle teilt sich der Strom bei I und fließt in zwei Armen gleichzeitig durch die Magnete, vereinigt diese Arme bei II wieder zu einem gemeinsamen Lauf und gelangt wie früher zur Quelle. Im zweiten Falle erfolgt die Teilung vor den Motoren bei 1, die Wiedervereinigung bei 2.

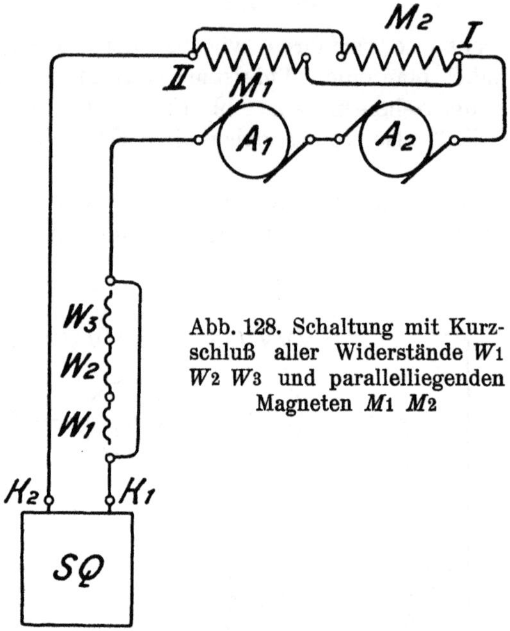

Abb. 128. Schaltung mit Kurzschluß aller Widerstände W_1 W_2 W_3 und parallelliegenden Magneten M_1 M_2

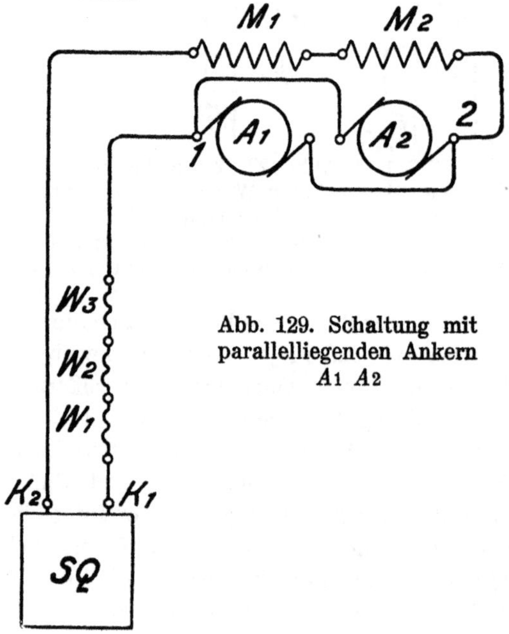

Abb. 129. Schaltung mit parallelliegenden Ankern A_1 A_2

9. Bremsen — Kontroller

Um den Wagen zum Stehen zu bringen,. sind natürlich auch beim Elektromobil die üblichen Reibungsbremsen wie beim Benzinwagen vorhanden. Aber ähnlich wie dort kann man auch hier im Notfall mit dem Motor selbst bremsen. Diese Art der Bremsung bezeichnet man als „Kurzschlußbremsung“. Dabei geht folgendes vor: Soll der Motor nicht mehr treiben, so muß ihm vor allem der Strom entzogen werden; denn der ist ja die Ursache seiner Bewegung. Das heißt, der Motor muß von der Stromquelle abgeschaltet werden. Was wird jetzt eintreten? Der Anker des Motors bekommt jetzt keinen Strom mehr, kann also nicht weiter arbeiten; aber er bleibt natürlich nicht plötzlich stehen, sondern wird sich infolge des eigenen Schwunges und des noch viel größeren Wagenschwunges noch eine Zeitlang drehen. Ein in einem magnetischen Feld umlaufender Anker ist aber bekanntlich ein Stromerzeuger, eine Dynamomaschine. So ist unser Motor ebenfalls derzeit zur Dynamo geworden und erzeugt einen Bremsstrom. Meist wird dieser auf Widerstände geleitet, in denen er sich unter Wärmeerzeugung verbraucht; der Kreis der Dynamo wird durch diese Widerstände „kurzgeschlossen“. Die gesteigerte Bremswirkung kommt dadurch zustande, daß man den im Schwung begriffenen Motor nicht einfach auslaufen läßt, wobei er langsam auch zur Ruhe käme, sondern die im Schwung steckende Arbeitsfähigkeit einfach sofort Strom erzeugen läßt. Dabei verbraucht sich eben der Schwung und der Motor bleibt rasch ganz stehen.

Schließlich kann man mit dem elektrischen Wagen auch rückwärts fahren (reversieren), wenn man den von der Stromquelle kommenden Strom nicht in der ursprünglichen, sondern in der umgekehrten Richtung durch den Anker fließen läßt, d. h. die Anschlüsse vertauscht. Denn die Richtung, nach der sich der Anker dreht, wird von der Richtung der in ihm fließenden Ströme bestimmt; darum muß der Anker beim Umkehren dieser Stromrichtung auch seine Drehrichtung umkehren. Daß man nach diesem Vertauschen der Anschlüsse alle anderen Schaltungen wie beim gewöhnlichen Vorwärtsfahren wieder anwenden kann, ist klar; so hat man zum

Rückwärtsfahren ebensoviel Geschwindigkeitsstufen wie zum Vorwärtsfahren zur Verfügung.

Jede dieser Schaltungen läßt sich durch einen einzigen Hebel herbeiführen. Sämtliche Widerstände führen nämlich zu einem gemeinsamen Schaltwerke, dem sogenannten „Kontroller" (Abb. 130). Das ist eine drehbare Walze *W*, die mit einem gewöhnlich seitlich vom Führersitz angeordneten Handhebel *H* bewegt werden kann. Auf ihrem Umfang sind streifenförmig metallene Kontakte *K*, *K* befestigt, die mit isolierten

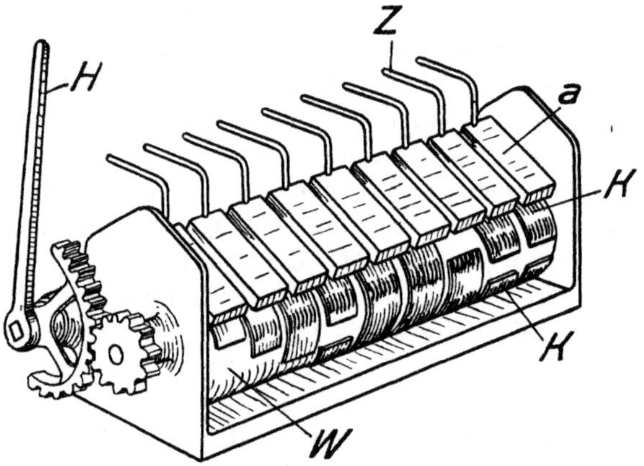

Abb. 130. Kontroller
W Kontrollerwalze mit den Kontaktstreifen *K*, *K*, auf denen die Zungen *a* gleiten
Z Kabelzuleitungen *H* Schalthebel

Stellen abwechseln. Beim Drehen der Walze gleiten bald die Kontaktstreifen, bald die Isolierstellen an einer Reihe zungenartiger ruhender Kontakte *a*, *a* ... vorbei. An diese ruhenden Kontakte sind die zu den Widerständen und Wicklungen führenden Kabel *Z* angeschlossen; je nach der Stellung des Kontrollers werden daher einzelne ruhende Kontakte mit Walzenkontakten zusammentreffen, andere mit isolierten Stellen der Walze. Wo Metall auf Metall liegt, erfolgt ein Stromübergang in die dort angeschlossene Leitung. Es ist klar, daß der gesamte aus der Stromquelle kommende Strom zuerst zum Kontroller geführt werden muß; hier wird ihm durch die gerade vorgefundene

Stellung der Kontakte der weitere Weg gewiesen, der, wie bekannt, über die Widerstände, oder mit ihrer Umgehung unmittelbar in die Motoren und von diesen zur Stromquelle zurückführt.

10. Zusammenfassung

Womit also wird ein elektrischer Wagen betrieben?

Mit elektrischem Strom, der in einen oder mehrere Motoren geleitet wird und diese in Bewegung versetzt.

Woher stammt der Strom?

Aus einer Stromquelle, die entweder auf dem Wagen selbst oder außerhalb dessen untergebracht sein kann.

Was für Stromquellen kommen in Betracht?

Entweder Akkumulatoren oder Dynamomaschinen. Die Erstgenannten werden gewöhnlich im Wagen selbst mitgeführt (so bei allen Droschken). Sie bestehen aus einer Reihe von sekundären Elementen; diese können auf verschiedene Arten untereinander verbunden werden: man schaltet sie entweder alle hintereinander oder teilt sie in mehrere Gruppen, so daß innerhalb jeder Gruppe alle Elemente hintereinandergeschaltet bleiben, die einzelnen Gruppen selbst aber parallel gelegt werden.

Die Dynamomaschine als Stromquelle kann wohl auch auf dem Wagen mitgeführt werden, braucht dann aber noch einen antreibenden Motor (Benzinmotor), um Strom geben zu können. In der Regel findet sich nicht diese Bauart, sondern es wird der Wagen durch eine Oberleitung mit einer Elektrizitätszentrale verbunden, in der die Dynamo arbeitet.

Was geschieht mit dem Strom der Stromquelle?

Dieser Strom wird den Motoren zugeführt, aber nicht unmittelbar, da man sonst immer nur den gleichen Strom mit stets gleicher Wirkung verwenden könnte. Vielmehr geht der Strom zuerst zu einer Verteilstelle, dem Kontroller, von wo er durch die Stellung metallener Kontaktstreifen in jene Wege geleitet wird, die dieser Stellung entsprechen. Diese Wege stellen nämlich verschiedene Widerstände vor, je nachdem sie dem Strom durch verschiedene Längen und verschiedene Querschnitte einen mehr oder weniger bequemen Durchgang bieten. Auf dem Wege zum Kontroller sind noch einige Apparate eingebaut, so ein Ausschalter, mit dem man den Stromkreis öffnen und schließen kann, eine Blitzschutzsicherung, Bleisicherungen gegen zu starke Ströme, ferner gewöhnlich ein Ampèremeter, das die Stromstärke anzeigt, und ein Voltmeter, an dem man die Spannung, die Volts ablesen kann.

Wie werden die verschiedenen Geschwindigkeiten erzielt?

Durch Veränderung des Gesamtwiderstandes, den der Strom zu durchfließen hat. Bei Verkleinerung des Gesamtwiderstandes, nämlich durch Ausschalten einzelner Widerstände oder teilweise durch Parallelschalten, erzeugt die gleichbleibende Spannung einen stärkeren Strom und damit eine höhere Umlaufzahl der Motoren. Durch Zuschalten von Widerständen vergrößert man den Gesamtwiderstand, verkleinert so den Strom und verringert die Geschwindigkeit der Motoren und des Wagens.

Wie fährt man rückwärts?

Durch eine besondere Schaltung kann die Richtung des in die Anker fließenden Stromes und damit die Drehrichtung des Motorankers selbst umgekehrt werden.

Wie bremst man?

Entweder auf gewöhnlichem, mechanischem Wege durch Hand- oder Fußbremse, oder auf elektrischem Wege mit der sogenannten Kurzschlußbremse. Bei dieser Schaltung, die wie alle anderen durch eine besondere Stellung des Kontrollers herbeigeführt wird, findet eine selbsttätige Abtrennung des Motors von der Stromquelle statt. Der noch infolge des Schwunges weiter umlaufende, aber stromlos gewordene Anker erzeugt jetzt durch seine Bewegung einen eigenen Bremsstrom und bezahlt dies mit seiner Schwungkraft. Der Bremsstrom wird auf Widerstände geleitet und dort in Wärme verwandelt.

Anhang

I. Auszug aus der Automobilverordnung für Österreich

(Ministerialverordnung vom 28. April 1910, Reichsgesetzblatt Nr. 81) [1])

Im folgenden soll das Auffinden der Kernpunkte einzelner Absätze durch stärkeren Druck erleichtert werden

I. Abschnitt

Allgemeine Bestimmungen

§ 1. Die Bestimmungen dieser Verordnung gelten für Kraftfahrzeuge (Automobile, Motorzüge und Motorräder), welche öffentliche Verkehrswege befahren, aber nicht auf Schienen laufen. Ausgenommen sind Automobil-Feuerlöschwagen sowie solche Kraftfahrzeuge, welche weder zur Beförderung von Personen noch zum Transporte von Lasten bestimmt sind, wie Straßendampfwalzen und Traktoren (landwirtschaftliche Zugwagen, wenn sie nachweislich keine höhere Geschwindigkeit als 8 km in der Stunde entwickeln können).

II. Abschnitt

Bestimmungen über die Konstruktion und Ausrüstung der Kraftfahrzeuge

§ 2. Jedes Kraftfahrzeug muß betriebssicher und insbesondere derart gebaut, eingerichtet und ausgerüstet sein, daß übermäßiges Geräusch, belästigende Rauchentwicklung, Dampf- und Gasausströmung, ferner das Herausfallen glühender Teile des Brennmaterials oder von Rückständen verhindert wird.

§ 3. Jedes Kraftfahrzeug muß mit einer verläßlichen Lenkvorrichtung versehen sein, die ein sicheres und rasches Wenden des Fahrzeuges gestattet.

§ 4. Jedes Kraftfahrzeug muß mit **mindestens zwei voneinander unabhängigen, kräftig wirkenden Bremsvorrichtungen** versehen sein, von denen eine unmittelbar auf die Triebräder oder auf Bestandteile, die mit den Rädern fest verbunden sind, einwirken muß.

Jede einzelne der beiden Bremsen muß allein hinreichen, den Wagen in angemessener Zeit zum Stillstande zu bringen.

---

[1]) Derzeit noch in Geltung. Einzelne Bestimmungen, wie die internationalen Vereinbarungen, haben sich geändert, worauf der Text Rücksicht nimmt.

Der Text selbst ist fast überall wortgetreu aus der Verordnung übernommen. Der Verfasser hätte sich gerne der Mühe unterzogen, ihm eine knappere und leichter verständliche Form zu geben. Doch hätte sich dies kaum gelohnt, da die Verordnung bald durch eine neue ersetzt werden soll, deren Inhalt hoffentlich auch in besserer Form erscheinen wird.

§ 5. Jedes Automobil ist mit einer nach rückwärts wirkenden Brems- oder sonstigen zuverlässigen Vorrichtung zu versehen, die selbst bei starken Steigungen die **unbeabsichtigte Rückwärtsbewegung** verhindert.

§ 6. Automobile, deren Eigengewicht 350 Kilogramm übersteigt, müssen eine **Reversiervorrichtung** besitzen, die vom Führersitze aus betätigt werden kann.

§ 7. Sämtliche Hebel und Griffe zur Bedienung des Fahrzeuges sind so anzubringen, daß sie der Führer, ohne sein Augenmerk von der Fahrtrichtung abzulenken, leicht und ohne Gefahr einer Verwechslung handhaben kann.

§ 8. Die zur Aufnahme leicht brennbarer Stoffe, als Benzin, Petroleum, Spiritus, Gas, dienenden Behälter sind aus feuerfestem, genügend starkem Materiale, dicht schließend, herzustellen und derart anzubringen, daß sie gegen Wärmeeinflüsse und äußere Beschädigung tunlichst geschützt sind. Die **Füllöffnungen sind mit Sicherheitsvorkehrungen** gegen Explosionsgefahr zu versehen.

Akkumulatoren müssen derart gesichert eingebaut sein, daß ein **Verspritzen von Säure** ausgeschlossen ist.

§ 9. Automobile sind mit einer tieftönenden, Motorräder mit einer hochtönenden **Signalhupe** auszustatten.

§ 10. Bei Eintritt der Dunkelheit und wenn Nebel die Fernsicht beeinträchtigt, müssen Automobile an der Vorderseite mit **zwei gutleuchtenden Laternen mit farblosen Gläsern** ausgerüstet sein, die die seitliche Begrenzung anzeigen; die Fahrbahn ist nach vorn auf eine hinreichende Entfernung zu erhellen.

Beim **Motorrad** genügt **eine Laterne.** Ist dem Motorrad ein Beiwagen seitlich angehängt, so hat auch der **Beiwagen eine Laterne** zu erhalten, die die äußere seitliche Begrenzung anzeigt.

Blendende Scheinwerfer dürfen in Ortschaften mit stadtartiger Verbauung nicht verwendet werden.

§ 11. Jedes Kraftfahrzeug ist mit einer Vorrichtung auszurüsten, welche verhindert, daß das Fahrzeug von Unberufenen in Bewegung gesetzt werden kann.

§ 12. Jedes Kraftfahrzeug hat an sichtbarer Stelle **Schilder** zu tragen, welche die Firma, die das Fahrgestell hergestellt hat, die Fabriksnummer des Fahrgestelles, die Anzahl der Pferdestärken des Motors (oder die Zahl und die Bohrung der Zylinder) und das Eigengewicht des betriebsfertigen Fahrzeuges angeben.

§ 13. Bei Motorzügen sind die **Anhängewagen** mit einer sicher wirkenden Bremse zu versehen. Wird die Bremse des Anhängewagens nicht unmittelbar vom Motorwagen bedient, dann muß auf dem Anhängewagen ein Bremser mitfahren; in diesem Falle muß eine Verständigung zwischen Führer und Bremser möglich sein.

Der Motorwagen muß mit einer Sandstreuvorrichtung versehen sein.

Zwischen dem **Anhängewagen** und dem Motorwagen muß außer einer verläßlichen **Hauptkupplung** noch eine **Sicherheitskupplung** (Notkupplung) vorhanden sein.

Die Verbindung der Anhängewagen mit dem Motorwagen muß so beschaffen sein, daß die Räder des Anhängewagens auch in Krümmungen möglichst **auf den Spuren der Räder des Motorwagens** laufen.

III. Abschnitt

Prüfung und Genehmigung der Kraftfahrzeuge

§ 14. Im öffentlichen Straßenverkehre dürfen in der Regel (§§ 21, 38, 40, 42 und 43) nur solche Kraftfahrzeuge benützt werden, welche behördlich geprüft und genehmigt worden sind.

Die **Prüfung** und **Genehmigung** kann für eine Type oder für ein einzelnes Fahrzeug stattfinden.

§ 15 Das **Ansuchen um Genehmigung** der Type eines Kraftfahrzeuges ist vom Erzeuger oder seinem Vertreter bei der politischen Landesbehörde einzubringen. Das Ansuchen ist bei der politischen Landesbehörde, in deren Verwaltungsgebiete die Erzeugungsstätte gelegen ist, wenn es sich aber um Typen ausländischer Herkunft handelt, bei jener politischen Landesbehörde zu überreichen, in deren Verwaltungsgebiet der Aufenthaltsort des Vertreters des ausländischen Erzeugers gelegen ist. Das Ansuchen hat den Namen und Wohnsitz des Erzeugers zu enthalten.

Als Beilagen sind in je zwei Exemplaren anzuschließen:

1. die kotierte Zeichnung des Fahrzeuges, aus welcher besonders der Motor samt Übersetzungs- sowie die Lenk- und Bremsvorrichtungen zu ersehen sein müssen, in mindestens 1/10 natürlicher Größe;

2. die technische Beschreibung der zu überprüfenden Type; diese hat folgende Angaben zu enthalten:

a) eine allgemeine Beschreibung des Fahrzeuges;
b) die Kraftquelle und das System des Motors;
c) die Leistung des Motors in Pferdestärken, die Zylinderzahl, Hub und Bohrung und die größte Tourenzahl in der Minute;
d) bei Verbrennungs- und Explosionsmotoren die Beschreibung der Zünd- und Kühlvorrichtungen, bei Dampfmotoren die Beschreibung des zugehörigen Dampferzeugers und bei elektrischen Motoren die Beschreibung der Akkumulatoren oder der verwendeten Dynamomaschine samt Antrieb;

e) die Beschreibung der Kraftübertragung und der Lenkvorrichtung;
f) die Zahl und Art der Bremsvorrichtungen sowie das Übersetzungsverhältnis derselben;
g) die Beleuchtungs- und Signalvorrichtungen;
überdies bei Automobilen:
h) die größte Länge, Breite und Höhe des Wagens, den Radstand, die Spurweite, das Wagengewicht und den Felgenbelag, bei Lastwagen auch die Felgenbreite und die Tragfähigkeit;
i) die Zahl und das Adhäsionsgewicht der gebremsten Räder.

§ 16. Die Entscheidung über die Zulassung einer Type steht der Landesbehörde zu.

Vor der Entscheidung ist im Wege einer Prüfung festzustellen, ob die vorgelegte Type zur **Zulassung für den öffentlichen Straßenverkehr** geeignet ist. Behufs Vornahme dieser Prüfungen haben die politischen Landesbehörden eine oder nach Bedarf mehrere aus Fachmännern bestehende Kommissionen zu bestellen. Die Kommission erstattet ihr Gutachten auf Grund der vorgelegten Beschreibungen und Zeichnungen und auf Grund einer Probefahrt, welche mit einem der Beschreibung und Zeichnung entsprechenden Fahrzeuge vorzunehmen ist.

§ 17. Wenn der Zulassung der Type Bedenken nicht im Wege stehen, so hat die politische Landesbehörde dem Gesuchsteller über die Genehmigung der Type eine amtliche Bescheinigung auszufertigen, welche Namen und Wohnsitz des Erzeugers und die im § 15, Punkt 2, bezeichneten Daten, ferner eine schematische Zeichnung des Fahrzeuges und das behördliche Typenzeichen zu enthalten hat. Andernfalls ist das Ansuchen unter Angabe der Gründe abzuweisen.

§ 18. Der Erzeuger der genehmigten Type bzw. der inländische Vertreter derselben hat bei der Ablieferung eines der Type entsprechenden Fahrzeuges dem Käufer eine **Abschrift der amtlichen Bescheinigung** auszufolgen und derselben die Angabe der fortlaufenden Erzeugungsnummer sowie eine Bestätigung darüber beizufügen, daß das Fahrzeug in bezug auf die maschinellen und Sicherheitseinrichtungen mit der genehmigten Type vollständig übereinstimmt. Für die Richtigkeit der Bestätigung ist der Erzeuger bzw. sein Vertreter verantwortlich.

Jedes solches Zertifikat muß mit dem **Visum** jener politischen Bezirks- bzw. landesfürstlichen Polizeibehörde versehen sein, in deren Bezirk oder Rayon die Erzeugungsstätte oder der Aufenthaltsort des inländischen Vertreters des ausländischen Erzeugers gelegen ist.

Im Falle eines späteren **Wechsels im Besitze des Fahrzeuges** hat der Verkäufer dem Besitznachfolger das Zertifikat zu übergeben. Die Überlassung des Zertifikates an den Besitzer eines anderen Fahrzeuges ist unstatthaft.

§ 19. Für Kraftfahrzeuge, deren Übereinstimmung mit einer genehmigten Type nicht durch das im § 18 bezeichnete Zertifikat nachgewiesen ist, dann für solche Fahrzeuge, welche infolge nachträglicher konstruktiver Änderungen an wesentlichen Bestandteilen des Betriebsmechanismus der genehmigten Type nicht mehr entsprechen, hat der Besitzer vor der Benützung des Fahrzeuges im öffentlichen Verkehre die Genehmigung zu erwirken.

Hinsichtlich des Einschreitens, der Prüfung und Genehmigung finden die Bestimmungen der §§ 15, 16 und 17 mit der Maßgabe Anwendung, daß die im § 15 geforderte kotierte Zeichnung durch eine schematische Zeichnung oder durch eine entsprechend deutliche Photographie des Fahrzeuges ersetzt werden kann.

§ 20. Die Mitglieder der Prüfungskommission erhalten für ihre Mühewaltung eine Entschädigung (Prüfungstaxe), deren Höhe von der politischen Landesbehörde festgesetzt wird.

Die Prüfungstaxe ist von dem Prüfungswerber zu entrichten und bei der Überreichung des Gesuches zu erlegen.

§ 21. Die dem Militärärar gehörigen Kraftfahrzeuge sind von den vorstehenden Bestimmungen über die Prüfung und Genehmigung der Kraftfahrzeuge ausgenommen.

IV. Abschnitt

Führung der Kraftfahrzeuge

§ 22. Von der selbständigen Führung von Kraftfahrzeugen sind solche Personen ausgeschlossen, die nicht **mindestens 18 Jahre alt** sind.

Die selbständige Führung eines **mehr als einspurigen Kraftfahrzeuges** ist nur demjenigen gestattet, der nach erbrachtem Ausweise seiner fachlichen Befähigung die behördliche Bewilligung hiezu **(Führerschein)** erlangt hat. Diese Bewilligung kann verweigert werden, wenn solche Tatsachen vorliegen, die die Annahme rechtfertigen, daß der Bewerber zum Führen von Kraftfahrzeugen ungeeignet ist (z. B. körperliche Mängel, Neigung zur Trunksucht, schwere Delikte gegen die körperliche Sicherheit und die Sicherheit des Eigentums).

§ 23. Die fachliche Befähigung zur Führung eines Kraftfahrzeuges ist durch eine **Prüfung** darzutun.

Von der Ablegung dieser Prüfung sind die Führer der dem Militärärar gehörigen Kraftfahrzeuge dann befreit, wenn sie sich über ihre Befähigung durch ein Zeugnis des Leiters des Automobilwesens im Heere ausweisen.

§ 24. Zur Vornahme der Führerprüfung bestellt die politische Landesbehörde Prüfungskommissäre in der erforderlichen Anzahl und bestimmt die Stelle, wo um die Zulassung zur Prüfung anzusuchen ist. Jeder Gesuchsteller hat anzugeben, für welche Gattung bzw. Gattungen von Kraftfahrzeugen er die Prüfung ablegen will.

Gegenstand der Prüfung

Die Prüfung hat sich auf den Nachweis der Kenntnis der für den Führer eines Kraftfahrzeuges maßgebenden **gesetzlichen und polizeilichen Vorschriften** und jener Kenntnisse der **maschinellen Einrichtungen von Kraftfahrzeugen** zu erstrecken, welche zur sicheren Führung eines Fahrzeuges der vom Gesuchsteller bezeichneten Gattung bzw. Gattungen erforderlich sind. Außerdem ist im Wege einer Probefahrt die praktische Fähigkeit zur Führung eines solchen Fahrzeuges nachzuweisen.

Die Prüfung zerfällt (laut einer besonderen Instruktion) in einen theoretischen und einen praktischen Teil.

1. Die **theoretische Prüfung** erstreckt sich auf:

a) die Kenntnis der für den Lenker eines Kraftfahrzeuges maßgebenden **gesetzlichen** und **polizeilichen Vorschriften** unter besonderer Berücksichtigung **der für Wien geltenden Verkehrsvorschriften.** Zu den in den Bereich der Prüfung zu ziehenden Vorschriften gehören, abgesehen von der Verordnung vom 28. April 1910, R. G. Bl. Nr. 81 **(Automobilverordnung),** insbesondere die **Straßenpolizeiverordnungen** für Niederösterreich, die Kundmachung der Statthalterei vom 12. Juli 1852, Z. 21.840, die §§ 11 und 12 der kaiserlichen Verordnung vom 20. April 1854, R. G. Bl. Nr. 96, sowie die wichtigeren, vom Magistrate und der Polizeidirektion erlassenen **Kundmachungen auf dem Gebiete der Verkehrspolizei;**

b) die allgemeine **Kenntnis der Hauptteile des vorgeführten Fahrzeuges,** genaue Kenntnis der für die Beurteilung seiner Verkehrssicherheit in Betracht kommenden Teile (Lenkvorrichtung, Bremsen, Geschwindigkeitswechsel, Rücklauf und Radbereifung usw.);

c) Verhalten in besonderen Fällen (z. B. bei Schleudern des Wagens, bei Feuersgefahr am Fahrzeuge usw.);

d) Beurteilung der Verkehrssicherheit des Fahrzeuges vor Antritt der Fahrt;

e) **Erkennen und Beheben von Defekten am Motor und am Übertragungsmechanismus.**

2. Die praktische Übung hat zu umfassen:

a) Feststellung der Wirksamkeit der Bremsen und Lenkvorrichtungen, Ingangsetzen des Motors nach vorheriger Prüfung der Zündvorrichtungen und **einfache Fahrübungen auf kurzer Strecke** (z. B. Einhaltung einer gegebenen Fahrtrichtung, Ausweichen vor angedeuteten Hindernissen, schnelles Halten mit Benützung der verschiedenen Bremsen, **Rückwärtsfahren, Wenden mit und ohne Benützung der Rückwärtsfahrt, Achterfahren vor- und rückwärts);**

b) **Probefahrt auf freier Strecke** bei mäßigem Verkehre mit Begegnen und Überholen von Fuhrwerk, Ausfahrt aus einem Grundstücke, **Einbiegen in Straßen,** Anwendung von Warnungszeichen, Wechsel der Geschwindigkeit (wenn möglich auch in Steigungen und im Gefälle) unter Benützung der verschiedenen zu Gebote stehenden Hilfsmittel, Handhabung der Bremsen unter verschiedenen Verhältnissen;

c) abschließende Prüfung in freier **Fahrt auch durch belebtere Verkehrsstraßen** unter Benützung aller in der Umgebung des Prüfungsortes zu Gebote stehenden Geländeverhältnisse.

Der Prüfungswerber hat, falls die Landesbehörde nichts anderes bestimmt, das zur Vornahme der Probefahrten dienende Fahrzeug beizustellen. Fahrzeuge, die infolge ihrer Konstruktion oder infolge mangelhafter Instandhaltung eine sichere Beurteilung der praktischen Kenntnisse des Prüfungswerbers nicht ermöglichen, sind zurückzuweisen.

Über die mit Erfolg abgelegte Prüfung ist ein Zeugnis auszustellen.

Hinsichtlich der Prüfungstaxen gelten die Bestimmungen des § 20.

§ 25. Auf Grund der in den §§ 23 und 24 bezeichneten Zeugnisse werden den Bewerbern über ihr Ansuchen von der politischen Bezirksbehörde ihres Wohnortes oder, wenn ihr Wohnsitz im Rayon einer landesfürstlichen Polizeibehörde gelegen ist, von dieser die Führerscheine ausgestellt, falls nicht der Erteilung ein Bedenken im Sinne des § 22 entgegensteht. In jedem **Führerschein** ist anzugeben, auf welche Gattung bzw. Gattungen von Fahrzeugen der Führerschein sich bezieht. Der Führerschein ist mit der Photographie des Berechtigten zu versehen.

§ 26. Macht sich der Inhaber eines Führerscheines solcher strafbarer Handlungen schuldig, die seine Verläßlichkeit als Führer eines Kraftfahrzeuges zu beeinträchtigen geeignet sind, so ist er von der politischen Bezirks- bzw. landesfürstlichen Polizeibehörde seines jeweiligen Aufenthaltsortes schriftlich zu **verwarnen.**

Die bezeichnete Behörde kann den Führerschein nach wiederholter fruchtloser Verwarnung oder ohne vorherige Verwarnung dann **entziehen,** wenn Tatsachen festgestellt werden, die die Annahme rechtfertigen, daß der Berechtigte zum Führen von Kraftfahrzeugen ungeeignet ist.

Bei der Entziehung ist auszusprechen, ob sie für eine bestimmte Zeit oder dauernd erfolgt, und im zweiten Falle, ob bei einer etwaigen Wiederbewerbung die Prüfung neuerlich abzulegen ist.

Nach der Entziehung ist der Führerschein der Behörde abzuliefern.

§ 27. Der Führer eines aus dem Auslande kommenden Kraftfahrzeuges ist von der Verpflichtung zur Erwirkung des im § 22 vorgeschriebenen Führerscheines dann befreit, wenn er einen gültigen **internationalen Fahrausweis** (§ 38), in dem er als zur Führung des Kraftfahrzeuges berechtigt eingetragen ist, besitzt.

Unter den gleichen Voraussetzungen, unter welchen nach § 26 der Führerschein entzogen werden kann, kann jenen Führern, die nach vorstehendem Absatze von der Erwirkung eines Führerscheines befreit sind, von der politischen Bezirks- bzw. landesfürstlichen Polizeibehörde ihres jeweiligen Aufenthaltsortes der Betrieb ihres Fahrzeuges im Inlande untersagt werden.

Trifft die im ersten Absatze bezeichnete Voraussetzung nicht zu, so ist der Führer eines aus dem Auslande kommenden Kraftfahrzeuges, der keinen hierländigen Führerschein besitzt, den Fall des § 42, Alinea 2, ausgenommen, verpflichtet, längstens binnen acht Tagen einen solchen Führerschein zu erwirken. Innerhalb dieser Frist ist ihm das Fahrzeug selbständig zu lenken nur solange gestattet, als ihm dies nicht aus sicherheitspolizeilichen Rücksichten durch eine Verfügung einer politischen Bezirks- oder landesfürstlichen Polizeibehörde untersagt wird.

V. Abschnitt

Kennzeichen der Kraftfahrzeuge

§ 28. Die Kraftfahrzeuge müssen mit den von der Behörde bestimmten Kennzeichen versehen sein.

Um die **Zuteilung des Kennzeichens** haben die Besitzer jener Kraftfahrzeuge, welche ihren Standort im Inlande haben, bei der politischen Bezirksbehörde, in deren Bezirk der Standort gelegen ist, wenn aber der Standort sich im Rayon einer landesfürstlichen Polizeibehörde befindet, bei dieser anzusuchen.

§ 29. Die Kennzeichen bestehen aus einem **Buchstaben** in lateinischer Schrift und aus einer **Zahl (Evidenznummer)** in arabischen Ziffern.

Der Buchstabe bezeichnet das Land bzw. den Rayon (§ 30), in welchem die Kennzeichen ausgefolgt wurden, während die Zahl der Registernummer im Evidenzverzeichnisse entspricht.

§ 30. Jedem Land wird ein Buchstabe[1]) zugewiesen; der Rayon der Polizeidirektion in Wien wird mit einem besonderen Buchstaben bezeichnet. Die Verteilung der Buchstaben ist aus dem beiliegenden Verzeichnisse zu ersehen.

---

[1]) Verzeichnis der Kennzeichenbuchstaben (ad § 30):

Wiener Polizeirayon	A	Tirol	E
Niederösterreich mit Ausnahme des Wiener Polizeirayons	B	Kärnten	F
Oberösterreich	C	Steiermark	H
Salzburg	D	Burgenland	M
		Vorarlberg	W

Die Polizeidirektion in Wien gibt die **Nummern von eins angefangen** je für Automobile und Motorräder fortlaufend aus, den übrigen in § 28 bezeichneten Behörden werden Zahlenreihen von den betreffenden Landesbehörden zugewiesen, welche dieselbe Zahlenreihe je für Automobile und Motorräder zu verwenden haben. Mehr als dreistellige Zahlen dürfen nicht in Anwendung kommen. Sind in einem Lande oder einem Rayon alle Zahlenreihen innerhalb der dreistelligen Zahlen erschöpft, so ist dem Erkennungsbuchstaben die Zahl I bzw. II usf. in römischen Ziffern beizufügen, und hat die Numerierung wieder fortlaufend von eins an zu beginnen.

§ 31. Die im § 28 bezeichneten Behörden (Evidenzbehörden) haben den Fahrzeugbesitzern, welche um die Kennzeichen angesucht haben, die Kennzeichen in schriftlicher, mit dem Amtssiegel versehener **Ausfertigung** hinauszugeben. Diese Ausfertigung ist auf den nach § 18 bzw. § 19 ausgestellten Zertifikaten bzw. Bescheinigungen einzutragen.

Jede Evidenzbehörde hat je ein Register, u. zw. abgesondert für Automobile und für Motorräder zu führen. In das Register ist bei jeder Ausfertigung die Evidenznummer, der Name und die Wohnung des Besitzers und der Standort des Fahrzeuges einzutragen.

§ 32. **Die Kennzeichen sind in schwarzer Schrift auf weißem Grunde in gut lesbaren Schriftzügen auszuführen.** Die Anbringung von Verzierungen ist unzulässig.

Bei **Automobilen** sind die Kennzeichen vorn und rückwärts, u. zw. entweder auf der Wand des Wagens selbst mit Farbe oder mittels einer aus dauerhaftem Material mit möglichst glatter Oberfläche hergestellten, entsprechend befestigten **Tafel** an einer leicht sichtbaren Stelle anzubringen. An der Rückseite sind die Kennzeichen so anzuordnen, daß der Buchstabe und eventuell die römische Zahl oben und darunter in einem Abstande von 2 Zentimetern die Evidenznummer steht. Die Höhe der rückwärtigen Kennzeichen hat mindestens 12 Zentimeter, ihre Stärke im Grundstriche mindestens 2 Zentimeter zu betragen. An der Vorderseite können die Kennzeichen entweder in derselben Anordnung wie an der Rückseite oder horizontal nebeneinander angebracht werden. Im zweiten Falle hat der Abstand des Buchstabens bzw. der römischen Zahl von der Evidenznummer mindestens 7 Zentimeter zu betragen. Die vorderen Kennzeichen müssen mindestens 8 Zentimeter hoch und im Grundstriche 1 Zentimeter stark sein.

Bei **Motorzügen** ist das rückwärtige Kennzeichen stets an der Rückseite des letzten Anhängewagens anzubringen.

Bei **Motorrädern** sind die Kennzeichen vorn an einer gut sichtbaren Stelle anzubringen; ihre Höhe hat mindestens 8 Zentimeter und ihre Stärke im Grundstriche mindestens 1 Zentimeter zu betragen.

Ist einem Motorrade seitwärts oder rückwärts ein **Beiwagen** angehängt, so ist nicht nur das Motorrad, sondern auch die Rückwand des Beiwagens mit dem Kennzeichen zu versehen. Für diese Kennzeichen am Beiwagen gelten die gleichen Vorschriften wie für die bei Automobilen an der Rückseite anzubringenden Zeichen.

§ 33. Diejenigen, welche mehrere Kraftfahrzeuge besitzen, haben in der Regel für jedes ihrer Fahrzeuge um die Ausfolgung der Kennzeichen anzusuchen, so daß jedes Fahrzeug seine Evidenznummer erhält.

Gewerbetreibenden, welche sich mit der Herstellung von Kraftfahrzeugen befassen oder mit solchen Fahrzeugen Handel treiben, kann jedoch über ihr Ansuchen zur Bezeichnung ihrer Fahrzeuge bei **Probefahrten** eine Anzahl von Evidenznummern zugewiesen werden, welche nicht an bestimmte Fahrzeuge gebunden sind.

§ 34. Wird ein mit dem Kennzeichen versehenes Fahrzeug **veräußert** oder sein Standort oder der Wohnort des Besitzers bleibend verlegt, so hat derjenige, auf dessen Namen die Kennzeichen ausgefertigt wurden, der Evidenzbehörde binnen acht Tagen nach eingetretener Veränderung hierüber die Anzeige zu erstatten. Die Evidenzbehörde hat, wenn der neue Standort des Fahrzeuges in ihrem Bezirke oder Rayon gelegen ist, die Daten in dem Register richtigzustellen, wenn aber der Standort in den Rayon oder Bezirk einer anderen Evidenzbehörde verlegt wurde, die Evidenznummer zu löschen. In diesem zweiten Falle hat derjenige, in dessen Besitz sich das Fahrzeug befindet, binnen acht Tagen nach eingetretenem Besitzwechsel bzw. nach der Verlegung des Standortes bei jener Evidenzbehörde, in deren Bezirk oder Rayon der neue Standort gelegen ist, um Ausfolgung neuer Kennzeichen anzusuchen. Bis zur Zuweisung der neuen Kennzeichen hat sich der Besitzer der früheren Kennzeichen zu bedienen.

Eine **vorübergehende Verlegung des Standortes** des Fahrzeuges oder des Wohnortes des Besitzers verpflichtet nicht zu einer Anmeldung und Lösung neuer Kennzeichen.

§ 35. Den Kraftfahrzeugen aus einem der Staaten, die der Pariser Konvention (§ 36) nicht beigetreten sind, werden **beim Eintritte über die Zollgrenze** die Kennzeichen von dem Grenzzollamte ausgefolgt. Diese Kennzeichen haben nebst dem Buchstaben des betreffenden Verwaltungsgebietes und der Evidenznummer noch den Buchstaben „Z“ in roter Farbe zu führen.

Über die Ausfolgung der Kennzeichen haben die Grenzzollämter Register zu führen, in welche die Evidenznummer, der Name und Wohnsitz der Fahrzeugbesitzer und der Tag der Ausstellung einzutragen ist.

Jedes Grenzzollamt erhält von der betreffenden politischen Landesbehörde Zahlenreihen als Evidenznummern zugewiesen.

Die Nummerntafeln können auch aus entsprechend starkem Papier hergestellt werden. Solche Tafeln werden von den Zollämtern über Begehren ausgefolgt. Im übrigen gelten bezüglich der Anbringung und der Art der Ausführung der Kennzeichen die im § 32 enthaltenen Bestimmungen.

Sind an dem Fahrzeuge bereits andere Kennzeichen angebracht, so sind sie abzunehmen oder durch Verdecken, Überkleben u. dgl. unkenntlich zu machen.

Die von den Grenzzollämtern ausgefolgten Kennzeichen gelten nur für die Dauer von acht Tagen.

Nach erfolgter Prüfung und Genehmigung des Fahrzeuges (§ 42) hat der Benützer bei jener politischen Bezirks- bzw. bei jener landesfürstlichen Polizeibehörde, in deren Bezirk bzw. Rayon er sich aufhält, um die Ausfolgung von Kennzeichen gemäß § 28 anzusuchen. Kraftfahrzeugbenützer, welche das Kennzeichen auf Grund dieser Bestimmung erhalten haben, haben der Evidenzbehörde die Anzeige zu erstatten, wenn das Fahrzeug das Inland verläßt.

Wenn jedoch derlei Kraftfahrzeugbenützer mit ihren Fahrzeugen häufig in das Inland kommen, so können ihnen nach erfolgter Prüfung und Genehmigung des Fahrzeuges von einer jener politischen Bezirks- oder landesfürstlichen Polizeibehörden, deren Bezirk oder Rayon nahe an der Grenze gelegen ist, ständige Kennzeichen ausgefolgt werden. Auf diese Kennzeichen finden die Bestimmungen der §§ 29 bis 32 Anwendung. Eine Überlassung dieser Kennzeichen an andere Personen ist nicht gestattet. Domiziländerungen hat der Kraftfahrzeugbesitzer der Evidenzbehörde bekanntzugeben.

VI. Abschnitt

Auslandsverkehr

§ 36. Personen, die sich mit ihrem Kraftfahrzeuge in die Länder der heiligen ungarischen Krone oder in einen andern der der Pariser Konvention vom 11. Oktober 1909 beigetretenen Staaten[1]) begeben wollen, haben vorher unter Bekanntgabe der Staaten, in die sie sich zu begeben beabsichtigen, einen **internationalen Fahrausweis** bei jener Vereinigung von Kraftfahrzeugbesitzern zu beheben, die hiezu vom Ministerium des Innern ermächtigt wird.

Dieser Fahrausweis ist auf Grund der im § 18 bzw. § 19 angeführten Zertifikate oder Bescheinigungen und des im § 25 angeführten Führerscheines gegen Entrichtung der amtlich festgesetzten Gestehungskosten und Stempelgebühren auszufertigen, von der

---

[1]) Siehe Verzeichnis auf Seite 190.

politischen Bezirks- bzw. landesfürstlichen Polizeibehörde, in deren Bezirk die ausstellende Vereinigung ihren Sitz hat, zu vidieren und gilt für die Dauer eines Jahres vom Tage der Ausstellung.

Überdies ist das Fahrzeug an der Rückseite oberhalb der Kennzeichen mit dem **internationalen Unterscheidungszeichen** zu versehen. Es besteht bei Automobilen aus einem länglich-runden Schilde von 30 cm Breite und 18 cm Höhe, das auf weißem Grunde in schwarzer Farbe den lateinischen Druckbuchstaben A trägt. Der Buchstabe muß wenigstens 10 cm hoch sein und eine Strichbreite von 15 mm haben.

Beim Motorrade, das in diesem Falle auch rückwärts mit dem Kennzeichen (§ 32) versehen sein muß, hat das Unterscheidungszeichen 18 cm in der Breite und 12 cm in der Höhe zu messen; der Buchstabe muß 8 cm hoch sein und eine Strichbreite von 10 mm haben.

§ 37. Dem **Führer eines einspurigen Kraftfahrzeuges** kann der internationale Fahrausweis nur dann ausgestellt werden, wenn er nach Ablegung einer Prüfung über seine Befähigung zur Führung des Fahrzeuges den Führerschein erlangt hat.

Bezüglich dieser Prüfung und der Erteilung des Führerscheines finden die Bestimmungen des § 24 und § 25 Anwendung.

§ 38. **Zum vorübergehenden Verkehre im Inlande** sind ausländische Kraftfahrzeuge, die aus einem der der Pariser Konvention beigetretenen Staaten (§ 36) nach Österreich kommen, zuzulassen, wenn sie an der Rückseite außer den heimatlichen Kennzeichen das aus dem beiliegenden Verzeichnisse ersichtliche Unterscheidungszeichen[1])

[1]) Verzeichnis der dem internationalen Abkommen über den Verkehr mit Kraftfahrzeugen vom 11. Oktober 1909 beigetretenen Staaten:

Staaten	Unterscheidungszeichen	Staaten	Unterscheidungszeichen
Deutschland	D	Italien	J
Belgien	B	Luxemburg	L
Bulgarien	BG	Monako	MC
Dänemark	DK	Die Niederlande	NL
Danzig	DA	Niederländisch-Indien	JN
Finnland	SF	Norwegen	N
Frankreich nebst Algerien und Tunis	F	Österreich	A
Griechenland	GR	Polen	PL
Großbritannien nebst Gibraltar, d. Inseln Guernsey u. Jersey sowie Malta	GB	Portugal	P
Britisch-Indien (mit Ausnahme der unter britischer Oberhoheit stehenden Gebiete eingeborener Fürsten und Stammeshäupter)	BJ	Rumänien	RM
		Rußland	R
		Schweden	S
		Schweiz	CH
		Spanien	E
		Die tschechoslowakische Republik	CS
		Ungarn	H

tragen und mit einem ordnungsmäßig ausgefertigten internationalen Fahrausweise, in dem auch das für Österreich gültige Einlageblatt enthalten ist, gedeckt sind.

Der **Aufenthalt im Inlande** ist auf die Dauer der Gültigkeit des Fahrausweises beschränkt.

§ 39. Die Benützer der im § 38 bezeichneten Kraftfahrzeuge sind verpflichtet, **beim Eintritte über die Zollgrenze** ihren internationalen Fahrausweis dem nächstgelegenen Grenzzollamte vorzuweisen, das den Tag des Eintrittes auf dem für Österreich bestimmten Blatte zu bescheinigen hat.

Der Fahrausweis ist auch **beim Austritte über die Zollgrenze** dem Grenzzollamte vorzuweisen, das den Tag des Austrittes auf jenem Blatte zu bescheinigen hat, auf dem der Eintritt über die österreichische Zollgrenze bescheinigt ist.

§ 40[1]).

§ 41. Ein durch einen internationalen Fahrausweis gedecktes Kraftfahrzeug kann von der politischen Bezirks- bzw. landesfürstlichen Polizeibehörde des jeweiligen Aufenthaltsortes nur dann vom inländischen Verkehr ausgeschlossen werden, wenn es augenscheinlich den Vorschriften des II. Abschnittes nicht entspricht.

§ 42[1]).

§ 43. Wenn Kraftfahrzeuge aus einem Staate, der der Pariser Konvention (§ 36) nicht beigetreten ist, nach Österreich kommen, so hat der Benützer eines im Sinne der Bestimmungen dieser Verordnung noch nicht genehmigten Kraftfahrzeuges binnen längstens acht Tagen die Prüfung und Genehmigung seines Fahrzeuges bei jener Landesbehörde zu erwirken, in deren Verwaltungsgebiet er sich gerade aufhält. Bis zum Ablaufe dieser Frist ist die Benützung des Fahrzeuges in der Regel gestattet; sie kann aber aus besonderen sicherheitspolizeilichen Gründen durch Verfügung einer politischen Bezirks- oder landesfürstlichen Polizeibehörde untersagt werden.

Über den Tag des Eintrittes in das Inland wird dem Reisenden von den Eintrittsgrenzzollämtern eine Bestätigung erteilt, welche über Verlangen behördlicher Organe jederzeit vorzuweisen ist.

§ 44[1]).

VII. Abschnitt

Sicherheitsvorschriften für den Verkehr

§ 45. Die Fahrgeschwindigkeit ist unter allen Umständen so zu wählen, **daß der Führer Herr seiner Geschwindigkeit ist** und die Sicherheit der Personen und des Eigentums nicht gefährdet wird. Der Führer

---

[1]) Der Inhalt dieses Paragraphen, der sich auf Ungarn, Bosnien und Herzegowina bezieht, ist heute belanglos.

des Fahrzeuges hat die Fahrgeschwindigkeit entsprechend zu mäßigen, nötigenfalls auch stehen zu bleiben und den Motor **abzustellen**, wenn durch sein Fahrzeug Unfälle oder Verkehrsstörungen hervorgerufen werden könnten. Diese **Vorsichten** sind insbesondere auch beim Herannahen von Reit- und Zugtieren oder von Viehtrieben zu beobachten.

§ 46[1]. **In geschlossenen Ortschaften** darf die Geschwindigkeit keinesfalls größer sein als **15 Kilometer per Stunde** (Geschwindigkeit eines leichten schnellen Fuhrwerkes). Außerhalb der geschlossenen Ortschaften darf die Fahrgeschwindigkeit nicht über **45 Kilometer per Stunde** gesteigert werden.

Keinesfalls schneller als mit **6 Kilometer per Stunde** (Tempo eines Pferdes im Schritt) darf gefahren werden: wenn starker **Nebel** die Fernsicht verhindert sowie an solchen Stellen, wo die **Straße nicht überblickt** werden kann, wie insbesondere an **Kreuzungen,** bei starken **Straßenkrümmungen,** beim **Einfahren in Tore, Herausfahren aus Häusern,** dann auf **Brücken,** in schmalen Gassen, wo zwei Wagen nicht nebeneinander vorbeifahren können, **bei außergewöhnlich starkem Verkehr** und **bei größeren Menschenansammlungen.**

§ 47. Bei Fahrten in geschlossenen Ortschaften muß der Auspuff durch einen **Schalldämpfer** ins Freie geleitet werden.

§ 48. Das **Warnungszeichen** ist im Bedarfsfalle stets rechtzeitig zu geben.

Außerhalb geschlossener Ortschaften können außer der vorgeschriebenen Signalhupe auch **andere Signalvorrichtungen** (Fanfarentrompete, Signalpfeife, Sirene u. dgl.) verwendet werden.

Das Abgeben von Warnungszeichen, die Ähnlichkeit mit militärischen oder mit **Feuersignalen** haben, ist verboten.

§ 49. Die **Kennzeichen und Unterscheidungszeichen** auf den Kraftfahrzeugen sind in gutem Zustand und gut lesbar zu erhalten. Sie dürfen während der Fahrt weder ganz noch teilweise verdeckt werden. Nötigenfalls sind sie während der Fahrt öfter vom Staub oder Straßenschmutz zu reinigen.

§ 50. Die auf Automobilen und Motorzügen an der Rückseite angebrachten Kennzeichen und Unterscheidungszeichen sind, wenn sich das Fahrzeug zur Nachtzeit auf öffentlichen Verkehrswegen befindet, hell zu **beleuchten** oder durch eine **transparente Aufschrift** zu ersetzen.

Dasselbe gilt für Motorräder dann, wenn sie an der Rückseite mit dem Kennzeichen versehen sein müssen (§ 32, Alinea 4, und § 36).

---

[1] Die folgenden Bestimmungen über die zulässigen Fahrgeschwindigkeiten sind zwar in Geltung, entsprechen aber, wie allgemein zugegeben wird, nicht mehr den heutigen Verkehrsbedingungen und Bedürfnissen. Ihre Abänderung im Sinne der Erhöhung der zulässigen Geschwindigkeit steht bevor

Die **Beleuchtung** hat derart zu erfolgen, daß alle Zeichen deutlich sichtbar sind, daß keine Blendung des Beschauers erfolgt und daß die Lampe, welche mit farblosen Gläsern zu versehen ist, gleichzeitig auch als Deckungslicht dient.[1])

§ 51. Der Führer darf das Fahrzeug nicht **verlassen,** bevor er die Maschine abgestellt, die Bremse angezogen und Vorsorge getroffen hat, daß das Fahrzeug nicht von Unberufenen in Bewegung gesetzt werden kann.

§ 52. Der Führer eines Kraftfahrzeuges hat das amtliche Zertifikat über die Genehmigung seines Fahrzeuges bzw. die Type (§§ 18, 19 und 43), seinen Führerschein und die die Kennzeichen enthaltende Ausfertigung bzw. den internationalen Fahrausweis (§ 38) oder die behördliche Erlaubnis (§ 42) **auf der Fahrt stets mit sich zu führen** und über behördliches Verlangen vorzuweisen.

Auf Verlangen der Sicherheits- oder Straßenaufsichtsorgane ist der Führer verpflichtet, sofort anzuhalten, desgleichen auch bei einem durch sein Fahrzeug hervorgerufenen **Unfall** oder bei einer durch dasselbe herbeigeführten **Sachbeschädigung.**

Ist bei einem derartigen Unfall eine Verletzung einer Person eingetreten, so hat der Führer für die **nötige Hilfe** nach Möglichkeit Sorge zu tragen.

§ 53. Die Besitzer von Kraftfahrzeugen haben für die entsprechende **Instandsetzung** der für den sicheren Betrieb des Fahrzeuges wichtigen Bestandteile Sorge zu tragen.

Sie sind dafür verantwortlich, daß ihre Fahrzeuge nur von solchen Personen geführt werden, welchen dies nach den Bestimmungen dieser Verordnung gestattet ist.

§ 54. **Wettfahrten** mit Kraftfahrzeugen sind nur mit Bewilligung der politischen Landesbehörde gestattet, welche die beteiligten Lokalbehörden einzuvernehmen hat.

Schlußbestimmungen

VIII. Abschnitt

§ 55. **Übertretungen** der Vorschriften dieser Verordnung sind, insoferne sie nicht unter das allgemeine Strafgesetz fallen, nach der Ministerialverordnung vom 30. September 1857, R. G. Bl. Nr. 198, zu bestrafen.

§ 56. Diese Verordnung tritt am 1. Mai 1910 in Kraft.

Im gleichen Zeitpunkte tritt die Ministerialverordnung vom 27. September 1905, R. G. Bl. Nr. 156, außer Kraft.

---

[1]) Danach dürften **rote Decklichter** nicht verwendet werden. Sie sind trotzdem üblich und werden auch geduldet. Übrigens wurde ihre Zulassung vor kurzem international vereinbart. Die Anerkennung dieser Vereinbarung in Österreich wird wohl nicht lange ausbleiben.

§ 57. Die vor Erlassung dieser Verordnung auf Grund der bisherigen Vorschriften ausgestellten Fahrlizenzen zur selbständigen Lenkung von Kraftfahrzeugen und Zertifikate über die Prüfung und Genehmigung von Kraftfahrzeugen behalten auch weiterhin ihre Gültigkeit.

§ 58. Die nach den bisherigen Vorschriften zum öffentlichen Verkehre zugelassenen Kraftfahrzeuge sind binnen drei Monaten vom Tage des Inkrafttretens dieser Verordnung mit den im § 12 vorgeschriebenen Schildern zu versehen.

§ 59. Die Anwendung der in den Gesetzen über die Straßenpolizei enthaltenen Bestimmungen auf Kraftfahrzeuge sowie die Anwendung der Vorschriften über die Erprobung und periodische Untersuchung von Dampfkesseln, über die Sicherheitsvorkehrungen gegen Dampfkesselexplosionen und über den Nachweis der Befähigung zur Bedienung und Überwachung von Dampfkesseln und Dampfmaschinen wird durch die gegenwärtige Verordnung nicht berührt.

II. Auszug aus der Kundmachung des Landeshauptmannes für Niederösterreich-Land vom 28. Jänner 1921 (L. G. Bl. Nr. 50)

betreffend die Prüfung der Kraftfahrzeuge sowie deren Führer

Auf Grund der Verordnung des Ministeriums des Innern im Einvernehmen mit dem Handelsministerium, dem Ministerium für öffentliche Arbeiten und dem Finanzministerium vom 28. April 1910, R. G. Bl. Nr. 81, betreffend die Erlassung sicherheitspolizeilicher Bestimmungen für den Betrieb von Kraftfahrzeugen (Automobilen, Motorzügen und Motorrädern), werden für das Land Niederösterreich nachfolgende Durchführungsverfügungen getroffen:

Prüfung der Führer von Kraftfahrzeugen

§ 4. Zur Vornahme der Befähigungsprüfung sind für Niederösterreich-Land Prüfungskommissäre bestellt.

§ 5. **Die Gesuche um Zulassung zur Prüfung** — nach deren befriedigender Ablegung erst bei der zuständigen politischen Bezirksbehörde oder in Wien bei der Polizeidirektion um den Führerschein angesucht werden kann — sind bei der Landesregierung für Niederösterreich-Land in Wien I, Herrengasse 11, einzubringen und haben nachstehende Angaben und Belege zu enthalten:

1. Name und Stand des Prüfungswerbers,
2. Geburtsjahr und -tag, Geburtsort und -land,
3. Heimatsgemeinde (eventuell politischer Bezirk),
4. Wohnort (in Städten auch nähere Adresse),
5. Photographie des Prüfungswerbers in Visitkartenformat,

6. Angabe, für welche Gattung bzw. für welche Gattungen von Kraftfahrzeugen die Ablegung der Prüfung angestrebt wird.

Hiebei sind zu unterscheiden:

a) Kraftwagen mit Explosionsmotor,

b) Kraftwagen mit Dampfmotor,

c) Kraftwagen mit Elektromotor,

d) einspurige Motorräder (§ 37 der Ministerialverordnung), mehrspurige Motorräder bzw. Motorräder mit Beiwagen.

7. Angabe, wo der Prüfungswerber die Fahrzeuglenkung erlernt hat.

Die Angabe 2 und 3 ist dokumentarisch nachzuweisen.

Das System des Kraftfahrzeuges, nämlich Zylinderzahl und Leistung bei Explosionsmotoren, Zahl und Stärke der Motoren bei Elektromotoren bzw. System und Leistung der Dampfmaschine bei Dampfmotoren ist bei der Prüfung durch Beibringung des Prüfungszeugnisses desjenigen Kraftfahrzeuges, auf welchem die Ablegung der Prüfung angestrebt wird, zu erweisen.

Zu 6 b) ist auch das Zeugnis über die abgelegte Kesselwärter- eventuell, wenn nötig, Maschinenwärterprüfung beizubringen.

§ 6. Die Prüfung kann in der Regel nur in Wien abgelegt werden.

§ 7. Jeder Prüfungswerber ist von der Zulassung zur Prüfung unter Bekanntgabe des Tages, Ortes und der Stunde derselben mit der Aufforderung zu verständigen, die für jede Prüfung festgesetzte Taxe[1]) bei der Prüfung zu erlegen.

Für das Zeugnis ist eine Stempelmarke[1]) zu erlegen.

Die Beistellung des Fahrzeuges ist Sache des Prüfungswerbers.

§ 8. Diejenigen Prüfungswerber, welche infolge ungenügender Kenntnisse zurückgewiesen werden, können erst nach einer angemessenen, mindestens aber vier Wochen betragenden Frist zur Wiederholungsprüfung zugelassen werden; das erforderliche neuerliche Ansuchen, welchem nur die Photographie (§ 5, Punkt 5) des Prüfungswerbers anzuschließen ist, ist bei der Landesregierung für Niederösterreich-Land in Wien einzubringen.

Gegen die Reprobierung und die Fristbestimmung für die Wiederholungsprüfung ist ein Rechtsmittel nicht zulässig.

§ 9. Diese Kundmachung tritt sofort in Kraft; gleichzeitig verliert die Kundmachung vom 22. Mai 1912, L. G. Bl. Nr. 75, ihre Wirksamkeit.

Eine wesentlich gleichlautende Kundmachung hat der Bürgermeister von Wien als Landeshauptmann erlassen.

III. Verkehrsvorschriften

Außer der gründlichen Kenntnis der Automobilverordnung verlangt die theoretisch-polizeiliche Prüfung auch das Notwendigste aus

[1]) Die Taxen und Stempel werden vorläufig von Zeit zu Zeit geregelt.

den Straßenpolizeiverordnungen für Niederösterreich und namentlich Vertrautheit mit den Vorschriften, die dem Verkehre im Wiener Gemeindegebiet gelten.

Alle diese Verordnungen, Kundmachungen, Dekrete, Erlässe mit genauer Angabe ihrer Titel, Aktzahlen, Geburtstage und mit vollständigem Texte hier abzudrucken, erscheint mir nicht zweckmäßig. Der Fahrer kann sich begnügen, den für ihn wichtigen Inhalt zu kennen. Ich lasse daher im folgenden alles weg, was sich nicht unmittelbar auf den Automobilverkehr anwenden läßt. Den Rest möge sich der Lernende um so sicherer einprägen!

Außerdem sind in den längeren und wichtigen Paragraphen jene Worte durch **dickeren Druck** herausgehoben, die den **Kernsatz** bilden, so daß beim Überlesen des Absatzes der Hauptinhalt in die Augen springt.

A. Aus der Straßenpolizeiordnung für die **öffentlichen, nichtärarischen Straßen**[1]

(Wirksam für Österreich unter der Enns)

I. Bestimmungen zur Verhütung von Straßenbeschädigungen

§ 1. Beschädigung der Straße

Jede absichtliche oder durch Mangel der gehörigen Obsorge veranlaßte **Beschädigung der Straße** selbst oder der dazugehörigen Objekte, als Bankette, Parapetwand- und Stützmauern, Streifsteine, Geländer, Sicherheitspflöcke, Kanäle, Brücken, Straßengräben sowie der auf oder an der Straße gepflanzten Alleebäume und Baumpfähle, Distanzzeichen, Wegweiser, Schneestangen, Schneeschauflungs-Einteilungspflöcke, Warnungstafeln, Einräumerhäuser, dann Mauthäuser mit den dazugehörigen Schranken-, Tarifs- und Verbotstafeln usw. **wird,** insoferne sie weder unter das Allgemeine Strafgesetz fällt, noch nach den für das Straßenpersonal bestehenden Dienstvorschriften als eine Verletzung der Dienstpflicht zu behandeln ist, **als eine Übertretung gegen die Straßenpolizei** erklärt. (§ 27.)

§ 3. Straßengräben

Das Überfahren der Straßengräben ohne Überbrückung oder Auspflasterung ist jedermann verboten.

§ 7. Geleiseverhütung

Die Fahrenden haben dort, wo behufs der Straßenerhaltung Steine oder Hölzer zur **Verhütung der Geleisebildung** aufgelegt sind, die **Fahrseite zu wechseln** und dürfen die zu diesem Zwecke **aufgelegten Steine oder Hölzer weder verrücken noch überfahren.** Die Straßeneinräumer sind verpflichtet, derlei Ausweichsteine oder Hölzer vor Eintritt der Nachtzeit zu entfernen.

---

[1]) Zu den nichtärarischen Straßen gehören die Bezirks- und Gemeindestraßen.

§ 8. Schleifen von Bäumen u. dgl.

Das Schleifen von Bäumen, Stämmen sowie überhaupt sonstiger die Straßenbahn aufreißender Gegenstände ist außer bei Bestand der Schlittenbahn untersagt.

§ 9. Holzbrücken

Das **schnelle Fahren auf Brücken** mit hölzerner Fahrbahn ist verboten.

§ 10. Bremsen

Zur Hemmung der Räder dürfen **nur Radschuhe** oder **Schleifen** (Bremsen) und letztere auch nur dann verwendet werden, wenn hiedurch die Umdrehung der Räder nicht ganz gesperrt wird. Hemm- oder Sperrketten dürfen nie, Reißketten (Eisketten) aber nur bei Glatteis verwendet werden.

II. Von der Regelung und Sicherung des Verkehres

§ 13. Verkehrshinderung

Der Verkehr auf öffentlichen Straßen darf weder bei Tag noch bei Nacht gehindert werden.

§ 14. **Jede** absichtliche oder durch Sorglosigkeit herbeigeführte **Hinderung des Verkehres,** jede Handlung oder Unterlassung, wodurch in Absicht des Straßenverkehres die Sicherheit der Person oder des Eigentums gefährdet wird, jede Nichtbeachtung der in diesem Gesetze angeordneten Gebote oder Verbote, insoferne nicht das Allgemeine Strafgesetz Anwendung findet, **werden als eine Übertretung der Straßenpolizei** erklärt.

§ 16. Notwege

Bei Eintritt des Winters sind für jene Straßenstrecken, die bei Schneefall erfahrungsgemäß unfahrbar werden, die erforderlichen **Notwege** mit wenigstens zwei Meter hohen Stangen oder Baumästen zu **bezeichnen.**

Die Fuhrwerke sind gehalten, bis zur erfolgten Freimachung der Straße diese **Notwege** unter Einhaltung der für den Straßenverkehr bestehenden Vorschriften zu **benützen.**

§ 17. Stehenbleiben

Unbespannte Wagen dürfen auf der Straße **nicht stehen bleiben.** — Wo dies jedoch infolge eines Unfalles unausweichlich wird, darf der Wagen **nicht ohne Aufsicht** und außerdem nachts **nicht ohne Beleuchtung** gelassen werden.

Bei Wirtshäusern dürfen die Wagen nur außerhalb der Fahrbahn, bei Nacht überdies nur mit der nötigen Beleuchtung aufgestellt werden.

§ 18. Anhängewagen

Das **Anhängen eines Wagens** an einen anderen ist **untersagt.** — Ausgenommen hievon ist nur das Anhängen eines als Frachtgut bestimmten Wagens oder eines Handwagens an einen Frachtwagen oder das Zusammenhängen von zwei leeren Fracht- oder Wirtschaftswagen.

Außerdem können Ausnahmen von diesem Verbote dort, wo es die Ortsverhältnisse erheischen, für bestimmte Gattungen von Fuhrwerken von der politischen Behörde nach Einvernehmung der betreffenden Straßenverwaltung bewilligt werden.

§ 19. Breite der Ladung

Die **Breite der Ladung** eines Lastwagens darf **drei Meter** nicht übersteigen. Eine Ausnahme ist nur bei jenen unteilbaren Gegenständen zulässig, bei deren Verfrachtung ihres Umfanges wegen das obige Maß der Ladungsbreite nicht eingehalten werden kann.

An keinem Wagen dürfen **Sitze** angebracht werden, welche **über die Breite des Wagens** oder über jene der jeweiligen Ladung hinausragen.

§ 20. Laterne. Glocken

Bei Nacht müssen die Fuhrwerke mit einer beleuchteten, von weitem wahrnehmbaren **Laterne** versehen sein. Das Fahren mit Schlitten ohne Schellen oder Glocken ist ausnahmslos verboten.

§ 21. Allgemeine Fahrvorschriften

Alle Fuhrwerke ohne Unterschied **haben,** wenn nicht der Fall des § 7 eintritt und nicht besondere Umstände eine Ausnahme unausweichlich machen, auf jeder Straße **links in der Fahrbahn** zu bleiben, **links auszuweichen** und **rechts vorzufahren** und **den vorfahrenden** oder **entgegenkommenden Wagen** ohne Weigerung **Platz zu machen.**

Das Fahren auf den Straßenbanketten und **das Vorfahren auf Brücken ist verboten.**

Ebenso hat dem **Postwagen jedes andere Fuhrwerk auszuweichen,** und zwar hat das leichte Fuhrwerk ganz die Seite der Fahrbahn, wo die Post fährt, zu verlassen und das schwere Fuhrwerk nach Tunlichkeit dergestalt auszuweichen oder stehen zu bleiben, daß der Post das Vorbeifahren möglich wird.

Dem Feuerlöschfuhrwerke ist in gleicher Weise wie dem Postwagen auszuweichen.

§ 22. Beim Fahren darf der Fuhrmann sein Fuhrwerk nicht verlassen.

§ 24. Das Schlafen des Kutschers auf dem Wagen ist strengstens verboten.

III. Handhabung der Straßenpolizeiordnung und Strafbestimmungen

§ 27. Strafen

Übertretungen dieser Straßenpolizeiordnung, § 1 und § 14, werden, insofern sie nicht unter die allgemeinen Strafgesetze fallen, mit einer Geldstrafe von 1 bis 10 fl. ö. W.[1]) und im Falle der Zahlungsunfähigkeit mit einer Freiheitsstrafe von 6 bis 48 Stunden geahndet.

Die Geldstrafe ist sogleich zu entrichten oder sicherzustellen.

Die Strafe enthebt den Schuldtragenden nicht von der Verpflichtung, auf seine Kosten die Herstellung in den vorigen Stand zu veranlassen, Verkehrshindernisse ohne Aufschub zu entfernen sowie jeden verursachten Schaden zu ersetzen.

§ 28. In Betretungsfällen einer zu schweren oder zu breiten Ladung, des Mangels an Schellen oder Glocken oder auch an beleuchteten Laternen, ferner in Fällen vorschriftswidriger Vorrichtungen zur Hemmung der Räder, vorschriftswidrig hergestellter Radreifen, verbotwidrig angehängter Wagen oder verbotwidriger Leitung zweier oder mehrerer Wagen durch einen Fuhrmann ist die Fortsetzung der Fahrt in dem vorschriftswidrigen Zustande nur bis dahin zu gestatten, wo die Abstellung des Gesetzwidrigen möglich ist.

§ 29. Handhabung

Zur **Handhabung der Straßenpolizei** ist der **Vorsteher** jener **Gemeinde** verpflichtet, in deren Gebiet die Straße liegt.

Begeht ein Fahrender eine **Übertretung dieser Straßenpolizeiordnung,** so ist er dem nächsten Gemeindevorsteher, und zwar vorzugsweise jenem, der in der Richtung der Fahrt den Wohnsitz hat, zum Zwecke der Strafamtshandlung anzuzeigen oder nach Umständen dahinzustellen.

Der Gemeindevorsteher hat über die zu seiner Kenntnis kommenden Übertretungen die Erhebung zu pflegen, nach Befund das Erkenntnis zu fällen und zu vollziehen und über die verhängte Strafe sowie über die ausgesprochenen Schadenersätze dem Bestraften über sein Verlangen eine Bescheinigung auszustellen.

Beschwerden

Beschwerden gegen Erkenntnisse der Gemeindevorsteher gehen an die vorgesetzte **politische Behörde.**

§ 30. Aufsichtsorgane

Zur **Beaufsichtigung** und zum Schutze der Straßen, des Straßenverkehres und der Alleen sind insbesondere die **Organe der Straßenadministration, der Orts- und Flurenpolizei und die Gendarmerie verpflichtet.**

[1]) Jetzt entsprechend geändert.

Die mit der unmittelbaren Beaufsichtigung der nichtärarischen Straßen beauftragten Organe der Straßenadministration sind durch die politischen Behörden auf ihre Dienstpflicht zu beeiden, haben im Dienste ein **Dienstabzeichen** zu tragen und sind in Ausübung ihres Dienstes den öffentlichen Wachorganen gleichzuhalten.

Jedermann, der von den genannten Organen wegen einer Straßenpolizeiübertretung angehalten wird, hat ihnen unbedingt Folge zu leisten.

B. Aus dem Bundesgesetze (vom 8. Juli 1921) betreffend die

Bundesstraßen

§ 29

Der Bundesstraßenverwaltung bleibt es ausschließlich vorbehalten, das Befahren bestimmter enger oder vom Verkehr besonders stark in Anspruch genommener oder nach ihrer Beschaffenheit hiezu weniger geeigneter Straßenstrecken mit Kraftfahrzeugen oder Fahrrädern auf bestimmte Zeitabschnitte zu beschränken oder gänzlich zu verbieten.

§ 30

(1) Jede absichtliche oder durch Mangel pflichtmäßiger Aufmerksamkeit verursachte **Beschädigung** einer Bundesstraße, der dazu gehörigen baulichen Anlagen, insbesondere von Brücken und anderen Kunstbauten, Wegweisern, Warnungstafeln, Bäumen u. dgl. sowie jede absichtlich oder durch Sorglosigkeit herbeigeführte **Behinderung des Verkehres,** dann jede Außerachtlassung der in diesem Gesetze oder in einer Durchführungsverordnung oder auf Grund derselben von der Behörde getroffenen straßenpolizeilichen Anordnungen wird, insofern nicht das allgemeine Strafgesetz Anwendung findet, als Übertretung von der politischen Behörde mit Geldstrafen geahndet.

(2) Die Strafe enthebt den Schuldigen nicht von der Pflicht, auf seine Kosten den vorigen Stand wieder herzustellen, Verkehrshindernisse ohne Aufschub zu beseitigen sowie jeden verursachten Schaden zu ersetzen.

§ 32

(1) Zur **Überwachung** der Einhaltung der straßenpolizeilichen Vorschriften sind die Organe der Bundespolizei und die Straßenaufsichtsorgane, die Bundesgendarmerie und die Sicherheitsorgane der Gemeinden verpflichtet. Die Straßenaufsichtsorgane haben im Dienst ein **Dienstabzeichen** zu tragen. Sie sind als öffentliche Wachen anzusehen, wenn sie in Ausübung ihres Dienstes handeln und dabei das vorgeschriebene Dienstabzeichen tragen. Jedermann, der von den

angeführten Organen wegen einer Straßenpolizeiübertretung angehalten wird, hat ihren Anordnungen unbedingt Folge zu leisten.

(2) Die genannten Organe sind auch berechtigt, wenn sie eine Person bei einer Verletzung straßenpolizeilicher Vorschriften betreten haben und zu besorgen ist, daß der Schuldige sich der Strafe entziehen könnte, einen angemessenen Betrag als Sicherstellung der Geldstrafe gegen Empfangsbestätigung einzuheben. Die eingehobenen Geldbeträge sind ohne Verzug an die politische Behörde abzuführen.

C. Aus der Straßenpolizeiordnung für die **Bundesstraßen** in Österreich unter der Enns

I. Abschnitt

Verhütung von Beschädigungen der Straße

§ 2. Benutzung von Brücken

(1) Auf **Brücken**, auf welchen das schnelle Fahren durch Anschlag verboten ist, darf nur im Schritt gefahren werden.

(2) Fuhrwerke, deren Gesamtgewicht das auf den Brückenbelastungstafeln angegebene zulässige **Höchstgewicht** übersteigt, dürfen Brücken nur nach vorheriger Bewilligung der politischen Bezirksbehörde befahren. Diese hat auch zu entscheiden, ob der Verkehr solcher Fuhrwerke erst nach Stützungen oder Verstärkungen von Straßenbauwerken zulässig ist und in welchem Ausmaße die Kosten solcher Vorkehrungen von dem Fuhrwerksbesitzer zu bezahlen sind.

§ 3. Nachschleifen von Baumstämmen und anderen Gegenständen

Das **Nachschleifen** von Baumstämmen, Klötzen und anderen die Fahrbahn beschädigenden **Gegenständen** ist nur während der Dauer der Schlittenbahn gestattet.

§ 4. Verhütung der Geleisebildung

Die Fuhrleute haben dort, wo zur **Verhütung der Geleisebildung** Steine oder Hölzer auf die Fahrbahn gelegt werden **(Kreuzsperren)**, die Fahrseite zu wechseln. Niemand darf solche Steine oder Hölzer eigenmächtig verschieben, beseitigen oder überfahren.

§ 5. Außenfläche der Radreifen und Radschuhe

(1) Die **Außenfläche der Radreifen** und der Radschuhe muß der ganzen Breite nach eben sein und darf weder wulstartige Erhöhungen noch hervorragende Nägel oder Schraubenköpfe aufweisen.

(2) Diese Bestimmung gilt jedoch nicht für die üblichen **Gleitschutzvorrichtungen** bei den Gummireifen der Kraftwagen.

(3) Wird in Ausnahmsfällen der Verkehr eines Fuhrwerkes (Dampfpfluges u. dgl.) mit unebenen Radkränzen zugelassen, so hat der Besitzer für die Kosten der hiedurch erforderlichen Instandsetzung der Straße aufzukommen.

§ 6. Breite der Radfelgen

(1) Die **Radfelgen** von beladenen Lastwagen müssen je nach dem Gewichte des Wagens samt Ladung mindestens jene Breite haben, die im Lande für die anderen Gattungen von Straßen vorgeschrieben ist, jedenfalls müssen sie aber bei vierrädrigen Wagen im Gesamtgewichte von mehr als 2000 kg mindestens 10 cm, im Gewichte von mehr als 4000 kg mindestens 15 cm und bei zweirädrigen Karren im Gesamtgewichte von mehr als 1500 kg mindestens 10 cm breit sein.

(2) Diese Bestimmung findet keine Anwendung auf Wirtschaftsfuhren, das sind Fuhren, welche zum Betriebe der eigenen Wirtschaft oder zur Verfrachtung land- und forstwirtschaftlicher Erzeugnisse zur Deckung des eigenen Haus- und Wirtschaftsbetriebes dienen.

(3) Wird im Durchzugsverkehr die Grenze des Bundesgebietes oder eines Landes überschritten, so genügt die Einhaltung der am Standorte des Lastwagens vorgeschriebenen Felgenbreite.

II. Abschnitt

Regelung und Sicherung des Verkehres im allgemeinen

§ 7. Bezeichnung der Fuhrwerke

(1) Alle zur Verfrachtung dienenden Fuhrwerke sind mit einer **deutlich lesbaren Aufschrift** zu versehen, welche den Vor- und Zunamen sowie den Wohnort des Fuhrwerksbesitzers oder die Firma und den Sitz der Unternehmung zu enthalten hat.

(2) Diese Bestimmung gilt nicht für Wirtschaftsfuhren (§ 6, Absatz 2), insolange sie innerhalb des betreffenden Gemeindegebietes oder eines zusammenhängenden Grundbesitzes verkehren.

§ 8. Hemmvorrichtungen

(1) Alle Fahrzeuge müssen mit sicher wirkenden **Hemmvorrichtungen** versehen sein.

(2) Zur Hemmung der Räder dürfen **Bremsen** nur in der Art verwendet werden, daß die Umdrehung der Räder **nicht ganz gesperrt** wird. **Hemm-** oder **Sperrketten** dürfen nur im Notfalle, **Reißketten** (Eisbänder) aber nur bei hartem Schnee oder bei Glatteis verwendet werden.

§ 10. Beleuchtung der Fahrzeuge

(1) Fahrzeuge jeder Art müssen bei Fahrten vom Eintritt der Dunkelheit bis zur Morgendämmerung an der Vorderseite mit einer

Laterne mit helleuchtendem, von weitem wahrnehmbarem Lichte versehen sein.

(2) Die Verwendung farbiger Gläser bei Wagenlaternen ist verboten[1]).

§ 11. Breite und Höhe der Ladung

(1) Die **Breite der Ladung** darf 2,5 m nicht übersteigen, ausgenommen hievon sind nur Ernte-, Heu- und Strohfuhren sowie unteilbare Gegenstände, bei deren Verfrachtung diese Breite nicht eingehalten werden kann. Zur Verfrachtung solcher Gegenstände ist die Bewilligung der politischen Bezirksbehörde einzuholen.

(2) Die Höhe eines beladenen Wagens darf in der Regel das Maß von 4,5 m nicht überschreiten, muß aber jedenfalls der Höhe der die Straße übersetzenden elektrischen Leitungen, Brücken oder anderer Bauwerke entsprechen, so daß jede Beschädigung dieser Anlagen sowie von Personen und Ladung ausgeschlossen ist. Das beladene Fuhrwerk muß auch eine genügende Sicherheit gegen Umkippen besitzen.

(3) An keinem Wagen dürfen Sitze angebracht werden, die über die zulässige Breite und Höhe des Wagens hinausragen.

§ 12. Begleitung der Wagen

(1) Zum Lenken von Fuhrwerken dürfen nur in jeder Hinsicht hiefür geeignete und verläßliche Personen verwendet werden.

(2) Es ist nicht gestattet, zwei oder mehrere bespannte Wagen von einem einzigen Fuhrmanne lenken zu lassen, ausgenommen die zur Verfrachtung von Erde, Schutt und dergleichen dienenden zweirädrigen Karren oder einspännigen landwirtschaftlichen Fuhren.

(3) Muß wegen der bedeutenden Länge der Ladung die Last auf geteilte Wagen oder Schlitten aufgelegt werden, so ist dem Fuhrwerk zur Beaufsichtigung des rückwärtigen Teiles eine zweite Person beizugeben.

(4) Es ist nicht gestattet, die Straße mit zwei oder mehreren aneinandergehängten Wagen zu befahren. Ausgenommen hievon ist das Anhängen eines als Frachtgut bestimmten oder eines Handwagens und das Zusammenhängen von zwei leeren Wagen, wenn die Befestigung derart erfolgt, daß ein Abreißen ausgeschlossen ist. Unter derselben Voraussetzung können auch zwei mäßig beladene Wagen bei Wirtschaftsfuhren (§ 6, Absatz 2) aneinandergehängt werden, insolange diese innerhalb des betreffenden Gemeindegebietes oder eines zusammenhängenden Grundbesitzes verkehren.

---

[1]) Danach dürften auch **rote Decklichter** nicht verwendet werden. Sie werden aber geduldet, weil ihre allgemeine Einführung auf Grund internationaler Abmachungen bevorsteht (Pariser Konvention, 1926), (siehe auch Fußnote auf S. 193).

(5) Weitere Ausnahmen von den Bestimmungen der Absätze 2 und 4 können dort, wo es die örtlichen Verhältnisse erfordern, von der politischen Bezirksbehörde für bestimmte Gattungen von Fuhrwerken bewilligt werden.

§ 13. Verhalten des Wagenlenkers während der Fahrt

(1) Der Fuhrmann darf während der Fahrt sein **Fuhrwerk nicht verlassen.**

(2) Fuhrleute, die während der Fahrt **betrunken** oder auf dem Wagen **schlafend** angetroffen werden, sind straffällig.

(3) Das **Schnalzen mit der Peitsche ist** in geschlossenen Ortschaften unbedingt, auf freier Straße beim Begegnen anderer Fuhrwerke oder Reiter und beim Vorüberziehen eines Viehtriebes verboten.

(4) Bei der Fahrt bergab muß jeder Fuhrmann den Wagen hemmen, bei schwererer Ladung und stärkerem Gefälle sowie wenn das Gespann nur mit einem Leitseil gelenkt wird, überdies neben dem Fuhrwerk hergehen.

§ 14. Stehenlassen von Wagen auf der Straße

(1) **Unbespannte Wagen** dürfen auf der Fahrbahn nicht stehen gelassen werden, außer wo dies infolge eines Unfalles oder zur gegenseitigen Vorspannleistung bei größeren Straßensteigungen auf kurze Strecken notwendig wird. In diesen Fällen muß der Wagen womöglich an den Straßenrand geschoben und nachts gut sichtbar beleuchtet werden; die Deichsel ist gegen den Straßenrand zu richten, abzunehmen oder hochzustellen.

(2) Vor Wirtshäusern oder Schmieden dürfen die Wagen nur außerhalb der Fahrbahn, die Zugtiere angebunden oder unter ausreichender Aufsicht aufgestellt werden. Auch darf hiedurch der Platz für den Verkehr der Fußgänger nicht verstellt werden.

§ 16. Verbleiben auf der Fahrbahn

(1) Zum Befahren mit Wagen ist ausschließlich die Fahrbahn bestimmt. Die Benützung der Bankette, der Seitengräben und Böschungen zu diesen Zwecken ist verboten.

(2) Das mutwillige Überfahren der auf der Straße geschlichteten Schotterhaufen ist untersagt.

§ 17. Fahrgeschwindigkeit

(1) In den freien Straßenstrecken ist die Fahrgeschwindigkeit derart zu regeln, daß der Lenker **stets Herr der Geschwindigkeit des Fuhrwerkes bleibt** und **die Sicherheit der Person** und **des Eigentums nicht gefährdet wird.**

(2) In **geschlossenen Ortschaften** darf die Geschwindigkeit eines Fuhrwerkes nicht größer sein als die eines Pferdes in kurzem Trab. An **engen Durchfahrtsstellen,** bei **Straßenkrümmungen** oder bei **Menschenansammlungen** auf der Straße darf nur im Schritt gefahren oder geritten werden. Bei Gefährdung von Menschen oder Tieren hat das Fuhrwerk anzuhalten.

§ 18. Fahrtrichtung und Ausweichen

(1) Alle Fuhrwerke haben im allgemeinen die linke Straßenseite einzuhalten; sie haben, wenn nicht besondere Umstände eine Ausnahme verlangen, links auszuweichen und rechts vorzufahren und dem vorfahrenden oder entgegenkommenden Wagen ohne Weigerung Platz zu machen. In **Vorarlberg** ist bis auf weiteres beim Fahren, Ausweichen und Vorfahren die entgegengesetzte Straßenseite einzuhalten.

(2) **In der Regel hat das leichte Fuhrwerk dem schweren auszuweichen.** Wenn sich beladene Wagen auf abschüssiger Straße begegnen, hat der Bergabfahrende dem Bergauffahrenden auszuweichen. Fußgänger haben auf der Fahrbahn den Fuhrwerken auszuweichen.

(3) **Bei Straßenkreuzungen ist dem Fuhrwerk auf der Bundesstraße der Vorrang zu lassen.**

(4) Das Fahren mehrerer Wagen nebeneinander und das **Vorfahren auf Brücken** ist untersagt.

(5) Beim Begegnen marschierender Truppenabteilungen, von Prozessionen und Leichenzügen, dann der in Dienste fahrenden Feuerlösch- und Krankenwagen hat jedes Fuhrwerk auszuweichen, nötigenfalls anzuhalten.

§ 19. Abstellung von Ordnungswidrigkeiten

Wird der Lenker eines Fahrzeuges wegen dessen vorschriftswidriger Beschaffenheit oder Beladung beanstandet, so ist die Fortsetzung der Fahrt in dem vorschriftswidrigen Zustande, sofern dessen Behebung nicht sofort erfolgen kann, nur bis zum nächsten Orte gestattet, an welchem dies möglich ist.

§ 20. Viehtrieb

(1) Das Treiben des Viehs auf den Straßenbanketten, Radfahrwegen, an Böschungen und in den Straßengräben ist verboten, desgleichen das Lagern von Tieren auf irgendeinem Teile der Straße.

(2) Jeder Viehtrieb muß je nach der Gattung des Viehs von einer entsprechenden Anzahl von geeigneten Personen als Treibern begleitet sein Gebrechliche Leute und Kinder unter zehn Jahren dürfen als Treiber nicht verwendet werden. Bei Stieren ist für eine besondere Begleitung zu sorgen und die erforderliche Vorsicht zu beobachten.

§ 21. Straßenarbeiten

Die **Arbeitsstelle** muß gehörig abgesperrt, mit weit sichtbaren Warnungszeichen versehen und bei Eintritt der Dunkelheit ausreichend beleuchtet sein.

§ 22. Sportliche Veranstaltungen

Für **Wettfahrten** mit Kraftfahrzeugen oder Fahrrädern und für andere sportliche Veranstaltungen auf einer Bundesstraße ist außer der etwa sonst vorgeschriebenen behördlichen Genehmigung die Bewilligung der politischen Bezirksbehörde rechtzeitig einzuholen.

§ 23. Verkehrsbeschränkungen

(1) Verbote des Kraftwagen- oder Radfahrverkehres oder sonstige **Verkehrsbeschränkungen** sind in deutlich sichtbarer Weise an den Endpunkten der betreffenden Straßenstrecke kundzumachen.

(2) Die bestehenden Fahrverbote oder sonstigen Verkehrsbeschränkungen bleiben bis auf weiteres aufrecht.

(3) Bei Feuersbrünsten, Überschwemmungen, Unruhen und sonstigen Fällen einer Gefahr im Verzuge ist die Ortspolizeibehörde berechtigt, bezüglich der Straßenbenützung die im Interesse der öffentlichen Sicherheit und Ordnung notwendigen Anordnungen zu treffen.

§ 24. Schließung der Straße

(1) Die politische Bezirksbehörde kann aus zwingenden Gründen, insbesondere wenn es der gefahrdrohende Zustand der Straße oder die Ausführung von Straßenarbeiten notwendig macht, die **Benützung der Straße** vorübergehend ganz oder teilweise **einstellen.** Hiebei ist nach Tunlichkeit für die Aufrechterhaltung des Verkehres in anderer Weise zu sorgen.

(2) In gleicher Weise kann das Bundesministerium für Handel und Gewerbe, Industrie und Bauten die **Schließung** einer Straßenstrecke während des Winters verfügen, wenn in dieser Zeit ein erheblicher Verkehr nicht besteht und die Offenhaltung der Straße ungewöhnlich hohe Kosten verursachen würde.

§ 25. Benützung der Notwege

Die von der Straßenverwaltung hergestellten **Notwege** sind von allen Fahrzeugen bis zur Freimachung der Straße unter Einhaltung der für den Straßenverkehr im allgemeinen bestehenden und der für solche Notwege etwa erlassenen besonderen Vorschriften zu benützen.

III. Abschnitt

Radfahrverkehr

(gilt sinngemäß auch für Motorräder und Motorläufer)

§ 28. Vorsichten beim Radfahren

(1) Der Radfahrer hat auf Fußgänger, Reitpferde, Zug- und andere Tiere beim Vorfahren, insbesondere aber beim Einbiegen in die Straße, beim Verlassen und beim Kreuzen derselben zu achten und das Warnungszeichen stets rechtzeitig zu geben. Es ist verboten, in unnötiger Weise Signale zu geben.

(2) Bei gemeinsamen Fahrten dürfen Radfahrer bei Begegnung mit Fuhrwerken, Reitern, Viehtrieben und Fußgängern an engen Straßenstellen nur hintereinander und in angemessener Entfernung fahren. Dasselbe gilt überhaupt bei stärkerem Straßenverkehr, namentlich in geschlossenen Ortschaften.

(3) Die **Fahrgeschwindigkeit** ist in den freien Straßenstrecken gemäß § 17, Absatz 1, zu regeln, sie ist entsprechend zu verringern, wenn die Verkehrssicherheit dies erfordert, insbesondere wenn die Aussicht nicht ganz frei ist oder der Radfahrer Fußgängern vorfahren will, ferner bei Straßenkrümmungen und Kreuzungen, endlich innerhalb geschlossener Ortschaften.

(4) An Stellen, an welchen das Fahren im Schritt angeordnet ist, hat der Radfahrer abzusteigen. Falls Tiere scheuen sollten, hat der Radfahrer abzusteigen und darf erst weiterfahren, wenn keine Gefahr mehr besteht.

(5) Innerhalb geschlossener Ortschaften, dann auf Straßenstrecken mit stärkerem Verkehr darf der Radfahrer nur mit der Lenkstange in beiden Händen und den Füßen auf den Fußtritten fahren. Solche Straßenstrecken dürfen nicht zur Erlernung des Radfahrens oder zu Übungszwecken benutzt werden.

(6) Der Radfahrer ist verpflichtet, auf Anruf der Straßenaufsichts- oder Polizeiorgane sofort abzusteigen.

(7) Das Mitnehmen von Kindern auf dem Fahrrade und das Anbinden von Hunden ist verboten.

IV. Abschnitt

Kraftwagenverkehr

§ 30. Allgemeine Bestimmungen für Kraftfahrzeuge

(1) Die für Kraftfahrzeuge (Automobile, Motorzüge, Motorräder) erlassenen allgemeinen Bestimmungen gelten auch für den Verkehr auf Bundesstraßen. Im übrigen sind die dort für Fuhrwerke bestehen-

den straßenpolizeilichen Vorschriften, auf Motorräder und Motorläufer auch jene des § 28 sinngemäß anzuwenden.

(2) Der Verkehr von Kraftfahrzeugen mit Raupenantrieb ist nur mit besonderer Bewilligung des Bundesministeriums für Handel und Gewerbe, Industrie und Bauten zulässig.

(3) Für Fahrten behufs Erprobung von neuen, noch nicht zugelassenen Typen von Kraftfahrzeugen ist die Bewilligung der politischen Bezirksbehörde erforderlich.

§ 31. Lastkraftwagenverkehr

(1) **Der Verkehr von Lastkraftwagen oder Anhängewagen ohne Gummibereifung ist verboten.**

(2) Der Verkehr von Lastkraftwagen mit einem **Eigengewichte** von mehr als fünf Tonnen und einem **Gesamtgewichte** im beladenen Zustande von mehr als zehn Tonnen ist verboten. Inwieweit für das Befahren von Brücken nur ein geringeres Höchstgewicht zulässig ist, bestimmt sich nach § 2, Absatz 2.

(3) Die **Gesamtnutzlast** eines Lastkraftwagentransports mit Anhängewagen darf zehn Tonnen nicht übersteigen.

(4) **Die Verwendung von mehr als einem Anhängewagen ist unzulässig.**

(5) Ausnahmen von den vorstehenden Verboten und Einschränkungen können für einzelne Fahrzeuge und Straßenstrecken von der politischen Bezirksbehörde oder für bestimmte Typen allgemein vom Bundesministerium für Handel und Gewerbe, Industrie und Bauten bewilligt werden.

V. Abschnitt

Allgemeine und Schlußbestimmungen

Mit Inkrafttreten dieser Verordnung erlischt die Wirksamkeit aller bisher für die vormaligen Reichsstraßen in Geltung gestandenen straßenpolizeilichen Vorschriften. Auch finden bezüglich der in der Verordnung geregelten Angelegenheiten die bisher für alle Gattungen von öffentlichen Straßen und Wegen geltenden straßenpolizeilichen Bestimmungen auf Bundesstraßen keine Anwendung, jedoch bleiben die für das Gebiet der Bundeshauptstadt Wien und der Landeshauptstädte erlassenen örtlichen Verkehrsvorschriften auch für die Durchzugsstrecken der Bundesstraßen aufrecht. Insbesondere finden von dem angegebenen Zeitpunkte an die in den einzelnen Ländern über den Verkehr von Fahrrädern bestehenden Vorschriften auf Bundesstraßen keine Anwendung.

C. Vorschriften für den Verkehr in Wien

Fahrordnung

Im Jahre 1852 wurde die noch heute geltende Fahrordnung eingeführt, deren knapper Inhalt ist:

Links fahren,
links ausweichen,
rechts vorfahren!

Dazu gehört auch das Verbot, aus der Wagenreihe auszubrechen, wenn ein Wagen in einer geordneten Kolonne fährt.

Wichtig zu wissen ist, wo man fahren darf und wo nicht. Da ist zunächst die Innere Stadt. Hier gelten folgende Bestimmungen:

I. Bezirk

Die **Durchfahrt** durch den von der Ringstraße und dem Franz Josefs-Kai umschlossenen Teil des I. Bezirkes ist allen Fuhrwerken, mit Ausnahme der Personenwagen, verboten.

Dieses Verbot gilt auch für die Ringstraße, jedoch nicht für den Franz Josefs-Kai.

Durch die innerste Stadt dürfen also nur Personenwagen **durchfahren.** Wenn aber ein anderes Fuhrwerk in diesen Teil der Inneren Stadt **zufahren** muß, hat es sich an die Vorschriften zu halten, die für die betreffende Fuhrwerksgattung und für die betreffenden Straßen gelten, und muß überdies folgendes beachten:

Soweit als möglich ist die sogenannte **Lastenstraße** zu benützen. Die übrigen Straßen des I. Bezirkes dürfen nur soweit befahren werden, daß das Fahrtziel auf dem kürzesten Wege erreicht wird und die Rückfahrt wieder auf dem kürzesten Wege zur Lastenstraße führt.

Für Lastenautomobile ist ferner die Zufahrt **nur ohne Anhängewagen** erlaubt. **Auf der Ringstraße ist der Lastenverkehr überhaupt verboten.**

Die Durchfahrt durch die **Hofburg** ist nunmehr für alle Fahrzeuge, **ausgenommen die Schwerfuhrwerke,** freigegeben. Es gilt also auch hier die allgemeine Geh- und Fahrordnung.

Auf dem Michaelerplatz ist seit 1. Jänner 1927 probeweise ein Kreisverkehr (Karusselfahren) in einer einzigen Richtung eingeführt, die durch große weiße, rotumrandete Pfeile bezeichnet ist.

Ein gleicher Verkehr ist vorläufig auch vorgeschrieben im II. Bezirk auf dem **Praterstern.**

Ferner der **Praterverkehr:**

Elektrisch betriebene Automobile dürfen in der ganzen Hauptallee und in allen anderen Teilen des sogenannten hofärarischen Praters fahren, nur nicht in der Abzweigung der Prater-Gürtelstraße, die zwischen der Hauptallee und der Laufbergergasse liegt.

Das Befahren dieses letztgenannten Straßenteiles ist für Automobile, Fahr- und Motorräder untersagt.

Ferner dürfen Benzinwagen von der Hauptallee nur das letzte Stück zwischen dem Lusthaus und dem sogenannten zweiten Rondeau befahren.

Übungen im Automobilfahren sind auf den hofärarischen Straßen des Praters untersagt.

Allgemeine Bestimmungen

Allgemein gelten noch folgende Bestimmungen:

Die öffentlichen Straßen, Gassen, Wege und Plätze im Wiener Gemeindegebiete dürfen mit Lokomobilen, Straßenwalzen und Wagen von mehr als 10000 kg (10 Tonnen) Gesamtgewicht (samt Ladung) nur nach den besonders bekanntzugebenden Weisungen des Magistrates und der Polizeidirektion befahren werden.

Der Magistrat gibt in jedem einzelnen Falle der Partei auf ihre Kosten für die Fahrt eine Begleitperson, deren Weisungen zu befolgen sind.

Zu diesem Zwecke muß die Partei beim Magistrat, Abteilung 20, 48 Stunden früher den Fahrweg von Ausgang bis Ziel und das Wagengewicht angeben.

Besondere Verfügungen aus der Fahr- und Gehordnung für Wien

a) Allgemeines:

Alle Fuhrwerke haben so nahe dem Rande des Gehweges zu fahren, als es ohne Gefährdung oder Belästigung der Fußgeher und ohne Beschädigung von Objekten (Laternenständer, Kundmachungstafeln, Bäume, Geländer, Randsteine usw.) möglich ist. Hiebei sind insbesondere auch hervorragende Teile des Wagens oder der Ladung in Rücksicht zu ziehen.

Das **Vorfahren** ist nur dann erlaubt, wenn es ohne Gefährdung der persönlichen Sicherheit und ohne Behinderung des übrigen Verkehres geschehen kann.

Das **staffelförmige Fahren** ist verboten.

Das **Umkehren in besonders engen** oder belebten **Straßen** ist allen Fuhrwerken verboten.

Mehr als zwei Wagen dürfen (auch bei Lastautomobilen) nicht zusammengehängt werden; diese Wagen müssen so nahe als möglich aneinander befestigt werden und es darf durch ihre Fortbewegung keine unzulässige Bodenerschütterung oder Lärmbelästigung hervorgerufen werden. Von zwei aneinander gehängten Wagen, von welchen der erste mit Tieren bespannt ist, darf nur einer beladen sein.

Die Absicht, die Fahrgeschwindigkeit herabzusetzen, stehen zu bleiben oder die Fahrtrichtung zu ändern, haben die Lenker aller Fuhrwerke den nachfahrenden Fuhrwerken (§ 1), Reitern und Radfahrern durch **ortsübliche Zeichen** mit der Peitsche oder der Hand anzuzeigen.

Alle Fuhrwerke müssen auf öffentlichen Straßen bei eintretender Dunkelheit oder bei starkem Nebel vorschriftsmäßig beleuchtet sein.

b) Feuerwehr- und andere Wagen:

Den Wagen der **Feuerwehr** und der **Rettungsgesellschaft**, den **städtischen Sanitätswagen**, den **Rüstwagen der städtischen Straßenbahnen** und **Elektrizitätswerke**, den städtischen **Wasserleitungsrüstwagen** sowie den im Betriebe befindlichen **Straßensäuberungswagen** ist selbst mit Verlassen des linksseitigen Fahrbahnstreifens die Bahn freizugeben.

Geschlossene **Truppenabteilungen, Leichenzüge, Prozessionen** und sonstige **Aufzüge** dürfen, insolange sie nicht etwa über Weisung der Polizeiorgane eine Unterbrechung erfahren, nicht gekreuzt werden.

Beim **Herausfahren aus Haustoren** und beim **Einfahren** in diese ist besondere Vorsicht anzuwenden und durch Zurufe sowie Zeichengeben dafür zu sorgen, daß hiebei die Sicherheit des Verkehres auf dem Gehwege und der Straße nicht gefährdet werde.

Vor **Schulen** ist zur Zeit des Beginnes und Schlusses des Unterrichtes **im Schritte** zu fahren.

In **engen Straßen** ist die Aufstellung von Fuhrwerken in der Regel nur auf einer Seite gestattet; hat ein Wagen bereits auf der einen Seite Aufstellung genommen, so ist in dessen unmittelbarer Nähe für später anlangende Wagen die Aufstellung auf der gegenüberliegenden Straßenseite verboten.

Ist bei **Auffahrten** das Anfahren der Fuhrwerke in einer Reihe vorgeschrieben, so hat jedes neu hinzukommende Fuhrwerk dem letzten in der Reihe sich anzuschließen. Das Ausbrechen aus dieser Reihe ist verboten.

Bevor **unübersichtliche Straßenkreuzungen** überquert werden, sind Warnungszeichen zu geben und ist eine Fahrgeschwindigkeit zu wählen, die es ermöglicht, im Falle der Notwendigkeit rasch anzuhalten. Besondere Vorsicht ist bei der Übersetzung von Straßenkreuzungen anzuwenden, die einen lebhaften Fuhrwerks- und Fußgängerverkehr aufweisen.

Auf **Straßenkreuzungen** darf ohne zwingenden Grund nicht angehalten werden.

Die Aufstellung von Fuhrwerken bei Haltestellen der Straßenbahn und der städtischen Kraftstellwagen ist verboten, und zwar ist bei ersteren ein Raum in der Länge eines ganzen Straßenbahnzuges, bei letzteren ein solcher von je 15 m vor und hinter der Haltestelletafel entlang dem Gehsteige freizuhalten.

c) Straßenbahn:

Die **Straßenbahngeleise** dürfen in der **Längsrichtung** von keinem Fuhrwerk befahren werden, wenn der übrige Teil der Fahrbahn benützbar ist.

In einzelnen Strecken hat die Straßenbahn ihre eigenen **Fahrstreifen,** die sonst niemand befahren darf (z. B. auf dem Ring, in der Prater- und Mariahilfer Straße).

Es ist nur selbstverständlich, daß **bei den Haltestellen** größte Vorsicht geboten ist. Solange Menschen aus- oder einsteigen, ist das Vorbeifahren nicht oder nur im langsamsten Tempo möglich.

Unmittelbar **vor dem Herannahen des Zuges** dürfen die Geleise nicht mehr gekreuzt werden. Beim Ertönen des Warnungszeichens sind die Geleise freizugeben.

Polizeiwidriges Verhalten

Schließlich soll auch der Chauffeur die Verfügungen bei polizeiwidrigem Verhalten kennen und beherzigen. Ein solches ist ausdrücklich mit Strafe bedroht, wenn es an öffentlichen Versammlungsorten, namentlich in Hörsälen, Theatern, Ballsälen, Wirts- und Kaffeehäusern, auf Eisenbahnen, Dampfschiffen, Postwagen u. dgl. betätigt wird.

Den politischen und polizeilichen Organen ist bei ihren Amtshandlungen mit Achtung zu begegnen.

Ungestümes und beleidigendes Benehmen ist daher in solchen Fällen strafbar.

Signale und Warnungszeichen.

Im Kraftwagenverkehr haben sich für die gegenseitige Verständigung der Wagenlenker **Handzeichen** herausgebildet, die zwar noch nicht gesetzlich festgelegt sind, aber dennoch allgemein bekannt und geübt sein müssen.

Wo Linksfahren, wie in Österreich, mit Ausnahme von Vorarlberg, vorgeschrieben ist, wird die Absicht, **rechts einzubiegen,** durch Ausstrecken des rechten Armes angedeutet (Abb. 131). Da viele Wagen den Lenkersitz links haben oder infolge ihrer geschlossenen Bauart diese Art des Zeichengebens nicht gut möglich machen, sind sogenannte Winker aufgekommen, die statt des menschlichen Armes einen hölzernen oder metallenen Pfeil auszustecken gestatten. Statt dessen kann auch ein Lichtsignal benützt werden, wozu gewöhnlich Laternen mit aufgemaltem Pfeil dienen, die im Bedarfsfalle aufleuchten (Abb. 132).

Abb. 132

Abb. 131

Abb. 133

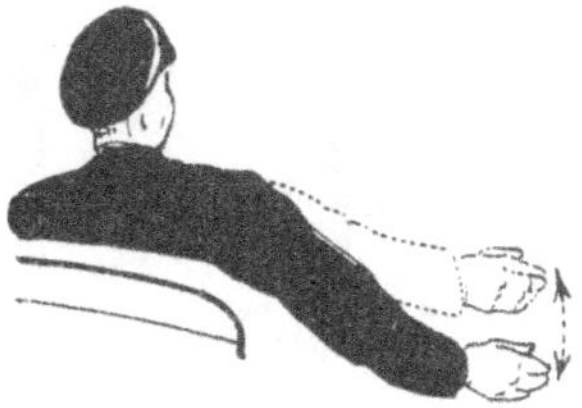

Abb. 134

Abb. 135

Abb. 136

Abb. 137

Abb. 138

Abb. 139

Abb. 140

Abb. 141

Abb. 142

Abb. 143

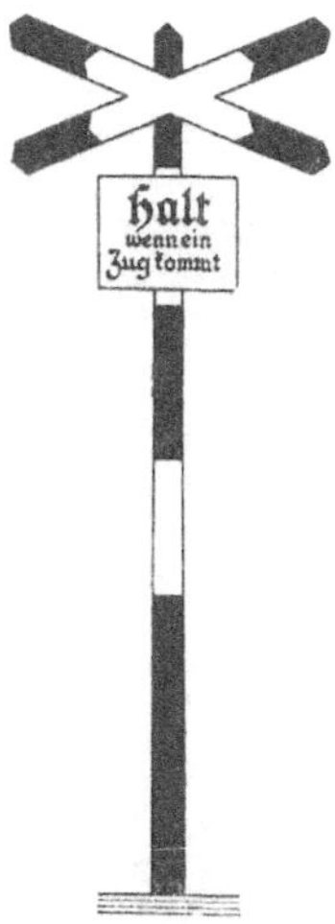

Abb. 144

Abb. 145

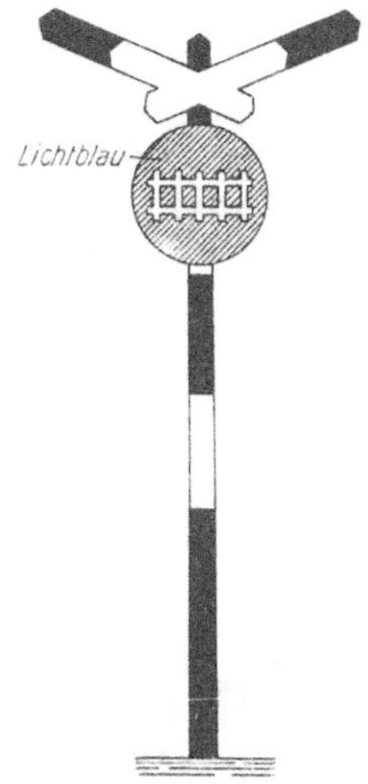

Abb. 146

Abb. 147

Das **Einbiegen links** muß eigentlich nicht angezeigt werden; da man aber **vor** dem Einbiegen jedenfalls **langsamer werden** muß, so ist wenigstens das hiefür übliche Zeichen am Platze, nämlich eine wippende Bewegung des mit Handrücken oben ausgestreckten rechten Armes (Abb. 133). In den Ländern, wo rechts gefahren wird, ist entsprechend nur das Linksabbiegen anzuzeigen.

Will man einen nachfahrenden Wagen **vorlassen,** so wird auf der Vorfahrseite der Arm ausgestreckt und in der Fahrtrichtung mehrmals vorwärtsgeschwenkt (Abb. 134).

Der gerade oder im Winkel hochgehobene Arm soll anzeigen, daß der Fahrer **halten** will (Abb. 135).

Ebenso wichtig ist es, die Zeichen und Signale zu kennen und zu beachten, die der Schutzmann gibt.

Sein hoch erhobener Arm verlangt **Anhalten** (Abb. 136). Schwenkt er den Arm nach unten durch (Abb. 137), so gibt er die Weiterfahrt damit frei. An manchen Kreuzungen macht er sein Zeichen mit besser sichtbarem **weißen Schläger** bei Tag, bei Dunkelheit mitunter auch mit einem in eine Laterne endenden **Stabe.** Die Laterne hat grüne und rote Gläser, die so gestellt sind, daß bei hochgehobenem Stabe in einer Richtung das Licht grün, in der kreuzenden Straße rot gesehen wird. **Grün gibt allgemein die Straße frei, rot sperrt sie.**

Derartige **Lichtsignale** sind auch als Hängelichter über der Fahrbahnmitte, z. B. in Wien auf der Kärntnerkreuzung, ausgeführt, wo sie auch tagsüber als Signale dienen. Es sind hiebei gewöhnlich 3 Lichter, rot—gelb—grün, übereinander angeordnet, wobei der **Wechsel des Signales** durch das zwischen rot und grün zu durchlaufende gelbe Licht angekündigt wird.

Auf freier Strecke werden nach Bedarf auch **Warnungstafeln** angebracht. Durch internationale Vereinbarung sind wenigstens für diese gleiche Zeichen eingeführt.

Das allgemeinste Warnungszeichen ist **das rote gleichseitige Dreieck** (Abb. 138), das hier in der Abbildung natürlich schwarz wiedergegeben ist. Auf den rechten hinteren Kotflügel gemalt sagt es dem Kundigen: Der Wagen hat Vierradbremse! Das heißt, er kann auf kürzerem Wege stehen bleiben, also Vorsicht!

Durch die in den Abb. 139 bis 143 dargestellten Zeichen, die weiß auf blauem Grunde zu denken sind, werden der Reihe nach Wasserrasten, scharfe Kurven, Straßenkreuzungen, Bahnschranken und unabgeschrankte Bahnübergänge schon rechtzeitig vor dem betreffenden Hindernis angekündigt. Diese Zeichen sind selbstverständlich dazu da, den Fahrer zur Mäßigung seiner Geschwindigkeit zu verhalten.

Besondere Vorsicht ist bei **Bahnübersetzungen** geboten, wo sich Straße und Bahn in gleicher Höhe kreuzen. In der Regel werden die

Bahngeleise vor Nahen eines Zuges durch **Schranken** gesperrt. Meist warnt auch noch ein **Läutewerk.**

Lokalbahnen haben aber gewöhnlich nur an besonders gefährdeten, z. B. verkehrsreichen oder unübersichtlichen Kreuzungsstellen Schranken. Ein herannahender Zug kündigt sich dann durch **Pfeifsignale** rechtzeitig und vernehmlich an.

Neue Zeichen sind bei **Hauptbahnen** für solche Wegübergänge eingeführt, die **weder abgeschrankt noch bewacht** sind. Sie werden bei **eingeleisigen Strecken** durch ein **Warnkreuz** (Abb. 144) mit zwei schräg gekreuzten Armen angezeigt; auf mehrgeleisige Strecken deutet ein solches mit doppeltem Kreuz (Abb. 145) hin. Auf verkehrsreicheren Straßen kann etwa 250 m vor dem eigentlichen Warnkreuz noch ein **Vorkreuz** (Abb. 146) auf dieses Zeichen vorbereiten; mitunter sind auch nur einfache **Warnpfähle** (Abb. 147) am Platze. Alle diese Warnzeichen sind schwarz und weiß gestrichen, die Rückseite der Kreuze ist grau. Mit den Warnkreuzen sind, wie die Abbildungen zeigen, noch Warnungstafeln mit der Aufschrift: „Halt, wenn ein Zug kommt!" verbunden. Auf Vorkreuzen kann das internationale Kennzeichen für Bahnübergänge (Rundscheibe mit fünfständrigem Gitter) angebracht sein.

Das Warnkreuz, das nur dort angebracht ist, wo die Bahnstrecke übersehen werden kann, bedeutet: Schau links und rechts, ob ein Zug naht!

Ist die Bahnstrecke auch nur nach einer Seite hin nicht dauernd oder nicht genügend übersichtlich, dann wird künftig die Übergangsstelle auch bei Tag, ähnlich wie bei elektrischen Bahnen, durch (rote) Lichtzeichen gesichert werden, die aufleuchten, wenn sich ein Zug auf Sichtweite nähert, und die erlöschen, sobald er den Übergang erreicht.

Tritt bei Tage Nebel ein, so werden alle 3 bis 4 Minuten langanhaltende, kräftige Achtungssignale mit der Dampfpfeife (Hupe) gegeben.

Was soll der Chauffeur von der Unfall-, Haftpflicht- und Wagenversicherung wissen?

I

Jeder Chauffeur **muß** bei der staatlich errichteten Arbeiter-**Unfall**-Versicherungs-Anstalt angemeldet sein. Nach § 11 des Gesetzes vom 9. August 1908 (Auto-Haftpflichtgesetz) sind alle Personen, die beim Betriebe von Kraftfahrzeugen in Ausübung ihres vertragsmäßigen Dienstes verwendet werden, nach den Bestimmungen des Arbeiter-Unfallversicherungsgesetzes versichert; als Unfälle im Betriebe gelten jedoch solche Unfälle nicht, die sich bei Wettrennen oder bei den Vorbereitungen zu Wettrennen (Training) ereignen. Der Eigentümer des Kraftfahrzeuges gilt als Unternehmer des versicherungspflichtigen Betriebes.

Anmerkung: Da das Gesetz dem Chauffeur nicht in allen Fällen ausreichende Entschädigungen bieten kann, pflegen manche Autobesitzer den Chauffeur auch noch privat bei einer Versicherungsanstalt versichern zu lassen.

II

Die Grundlage der **Haftpflicht** des Chauffeurs ist durch den § 1 des oben zitierten Gesetzes gegeben, welcher wörtlich lautet:

„Wird durch den Betrieb eines durch elementare Kraft auf öffentlichen Straßen und Wegen, nicht auf Schienen bewegten Straßenfahrzeuges (Kraftfahrzeuge) jemand verletzt oder getötet oder aber Schaden an Sachen verursacht, so **haften der Lenker und der Eigentümer** oder jeder Miteigentümer für den Ersatz des verursachten Schadens. Mehrere Ersatzpflichtige haften zur ungeteilten Hand."

Der Chauffeur haftet also für alles, was sich **durch** den Betrieb des Kraftfahrzeuges, also auch **ohne sein Verschulden,** ereignet, solidarisch mit dem Eigentümer, kann also, wenn letzterer gar nicht oder nicht alles zahlt, zur Entschädigungszahlung verhalten werden! Der Eigentümer hat in der Regel aus freien Stücken eine Haftpflichtversicherung abgeschlossen, durch welche die Haftpflicht des Chauffeurs mitgedeckt ist; die allgemeine Forderung der Chauffeure dagegen, daß ihnen eine gesetzlich vorgeschriebene Haftpflichtversicherung geboten werde, ist noch nicht erfüllt worden. Deshalb liegt es im Interesse des Chauffeurs, dem Eigentümer den Abschluß einer Haftpflichtversicherung dringend nahezulegen.

Wichtig ist auch die Bestimmung des § 3 des Haftpflichtgesetzes, wonach das allgemeine bürgerliche Recht etwa sich ergebende gegenseitige Ersatzansprüche regelt. Beim Zusammenstoß zweier Kraftfahrzeuge oder eines Kraftwagens mit der Eisenbahn kommt es auf die Frage des Verschuldens an, welches sonst — außer in § 2 — im Auto-Haftpflichtgesetz keine Rolle spielt.

Der § 2 des Haftpflichtgesetzes erklärt, daß der Chauffeur von der Pflicht zur Schadensersatzleistung nur dann **befreit wird**, „wenn er beweist, daß das schädigende Ereignis durch Verschulden eines Dritten oder des Beschädigten selbst verursacht wurde oder daß es trotz der vorschrifts- und sachgemäßen Vorsichten in Führung und Behandlung des Kraftfahrzeuges nicht abgewendet werden konnte und auch nicht auf die Beschaffenheit des Kraftfahrzeuges oder auf die Eigenart, das Versagen oder die Mängel seiner Funktion zurückzuführen ist. Dies gilt insbesondere auch für den Fall, daß der Schaden aus dem Scheuen von Tieren herrührt oder in der Beschädigung von auf öffentlichem Wege ohne Aufsicht umherlaufenden Tieren besteht."

Der Chauffeur soll sich demnach bei einem Unfall ruhig und reserviert verhalten, soll sich die Zeugenschaft unbeeinflußter Beobachter sichern, soll keinerlei Entschädigungszusagen machen und lediglich um objektive Klarstellung des Sachverhaltes bemüht sein.

III

Es ist für den Chauffeur wichtig, darüber informiert zu sein, ob das **Kraftfahrzeug selbst** vom Eigentümer versichert wurde. Die Versicherung des Fahrzeuges bezieht sich in der Regel auf **Beschädigungen** durch einen Unfall, auf **Feuer** und Explosionsschäden sowie auf die **Entwendung** des ganzen Wagens oder fester Teile durch betriebsfremde Personen. Ist der Wagen versichert, dann bekommt der Eigentümer die Entschädigung von der Anstalt und kann gegen den Chauffeur keine Ansprüche geltend machen.

Sach- und Namenverzeichnis

„Steyrermühl", Wien VI

DUNLOP
CORD
BALLON
DUNLOP CORD BALLON
Die Vollendung der Reifentechnik

Springer-Verlag Berlin Heidelberg GmbH

Motorwagen und Fahrzeugmaschinen für flüssigen Brennstoff

Ein Lehrbuch für den Selbstunterricht und für den Unterricht an technischen Lehranstalten

Von

Dr.-techn. **A. Heller**-Berlin

Zweite, vermehrte und verbesserte Auflage

In zwei Bänden

Erster Band: Motoren und Zubehör. Mit 811 Textabbildungen IV, 438 Seiten. 1925

Geb. RM 33.—

Zweiter Band in Vorbereitung

Das Automobil, sein Bau und sein Betrieb. Nachschlagebuch für die Praxis. Von Dipl.-Ing. **Frhr. Löw von und zu Steinfurth,** beauftragter Dozent für Kraftwagen an der Technischen Hochschule zu Darmstadt. Fünfte, umgearbeitete Auflage. Mit 414 Abbildungen im Text. VI, 376 Seiten. 1924. (C. W. Kreidel's Verlag in München.) Geb. RM 8.40

Springer-Verlag Berlin Heidelberg GmbH

Neuere Vergaser und Hilfsvorrichtungen für den Kraftwagenbetrieb mit verschiedenen Brennstoffen. Nachschlagebuch für die Praxis von Doz. Dipl.-Ing. **Frhr. Löw von und zu Steinfurth** (Darmstadt). Zweite, wesentlich erweiterte Auflage. Mit 71 Abbildungen und 28 Tabellen im Text. IV, 94 Seiten. 1920. (C. W. Kreidel's Verlag in München.) RM 2.50

Kleinigkeiten zur Verbesserung des Automobils. Ein Leitfaden für Automobilisten und Fabrikanten. Von Doz. Dipl.-Ing. **Frhr. Löw von und zu Steinfurth.** Mit 60 Abbildungen. X, 54 Seiten. 1914. (C. W. Kreidel's Verlag in München.) RM 1.60

Private und gewerbliche Garagen. Ein praktischer Ratgeber für Planung und Bau von Garagenanlagen. Von Dr. Ing. **Richard Koch** (Berlin). Mit 50 Abbildungen. IV, 68 Seiten. 1925. RM 3.—

Der Lastkraftwagenverkehr seit dem Kriege, insbesondere sein Wettbewerb und seine Zusammenarbeit mit den Schienenbahnen. Von Dr. **Emil Merkert,** Diplom-Kaufmann (Feuerbach). Mit 2 Textabbildungen. VIII, 112 Seiten. 1926. RM 6.60

GPSR Compliance

The European Union's (EU) General Product Safety Regulation (GPSR) is a set of rules that requires consumer products to be safe and our obligations to ensure this.

If you have any concerns about our products, you can contact us on ProductSafety@springernature.com

In case Publisher is established outside the EU, the EU authorized representative is:

Springer Nature Customer Service Center GmbH
Europaplatz 3
69115 Heidelberg, Germany

Batch number: 10682564

Printed by Printforce, the Netherlands